Stefan Gröner
Stephanie Heinecke

KOLLEGE

Stefan Gröner
Stephanie Heinecke

KOLLEGE
KI

Künstliche Intelligenz
verstehen und sinnvoll im
Unternehmen einsetzen

REDLINE | VERLAG

Bibliografische Information der Deutschen Nationalbibliothek:
Die Deutsche Nationalbibliothek verzeichnet diese Publikation in der Deutschen National-
bibliografie; detaillierte bibliografische Daten sind im Internet über **http://d-nb.de** abrufbar.

Für Fragen und Anregungen:
info@redline-verlag.de

1. Auflage 2019

© 2019 by Redline Verlag, ein Imprint der Münchner Verlagsgruppe GmbH,
Nymphenburger Straße 86
D-80636 München
Tel.: 089651285-0
Fax: 089652096

Redaktion: Britta Fietzke, Frankfurt
Umschlaggestaltung: Marc Fischer, München
Umschlagabbildung: shutterstock.com/GrAl
Satz: Die Buchmacher, Köln
Druck: GGP Media GmbH, Pößneck
Printed in Germany

ISBN Print 978-3-86881-749-2
ISBN E-Book (PDF) 978-3-96267-113-6
ISBN E-Book (EPUB, Mobi) 978-3-96267-114-3

Weitere Informationen zum Verlag finden Sie unter

www.redline-verlag.de

Beachten Sie auch unsere weiteren Imprints unter
www.m-vg.de

Inhalt

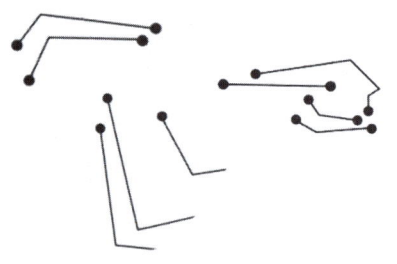

Vorwort:
Das Zeitalter der »Künstlichen Intelligenz« – wer jetzt nicht handelt, hat das Nachsehen!

»Probleme kann man niemals mit derselben Denkweise lösen, durch die sie entstanden sind.«

Albert Einstein

Die Digitalisierung ist in vollem Gange – sich dem Wandel nicht zu stellen, ist keine Lösung. Dadurch werden die Probleme aber nicht kleiner. Denn die Bewältigung der schnellen technologischen Veränderungen erfordert völlig neue Denkweisen. Warum? Aufgrund der neuen digitalen Möglichkeiten verändern sich die Bedürfnisse von nachwachsenden Zielgruppen dramatisch und erfordern ein vollständiges Umdenken in Bezug auf die Geschäftsfelder und deren Bearbeitung. Teilweise löst die Diskussion über den digitalen Wandel aber nur ein genervtes Augenrollen aus. Denn es gibt jetzt zusätzlich ein neues Buzzword: die Künstliche Intelligenz (KI). Ja, alles wird anders. Das sagen die angeblichen Experten schon seit Jahren. Aber was ist wirklich passiert?

Die Antwort darauf hängt ganz von der Perspektive ab. Während die digitale Disruption einige Branchen bereits schmerzhaft und umfassend getroffen hat, steht der große Umbruch in anderen Industrien erst noch bevor. Er wird nicht weniger tiefgreifend und heftig sein, denn die technologische Entwicklung der vergangenen Jahre bringt nochmals neue Optionen mit sich. Damit gehen Ängste einher: Welche Rolle spielt der Mensch in der Arbeitswelt der Zukunft? Was müssen wir eigentlich können, um gegen smarte Anwendungen oder Maschinen bestehen zu können? Oder ist es am Ende gar kein Gegeneinander, sondern ein Miteinander? Fakt ist: Die Vorreiterkonzerne technologischer Entwicklungen – allen voran die Internetgiganten aus den USA und China – bauen ihre Geschäftsfelder zu ganzheitlichen Ökosystemen aus. Ein Produkt baut logisch auf dem anderen auf, die Unternehmen werden immer unabhängiger von externen Partnern. Im Fokus der Bemühungen steht dabei seit einiger Zeit die Künstliche Intelligenz, die KI. Mit ihrer Hilfe lassen sich verschiedene Geschäftsbereiche zu einer komplett vernetzten und sich gegenseitig bestärkenden Umgebung bündeln. Für andere Unternehmen bedeutet dies: Wer hier nicht selbst Kompetenz aufbaut, wird über kurz oder lang keine Rolle mehr spielen.

Wie allumfassend dieser Wandel sein wird, ist für den einzelnen Menschen schwer nachvollziehbar. Hat es nicht bisher immer irgendwelche Nischen gegeben? Erlebt nicht die Schallplatte gerade eine große Renaissance? Wer hätte vor zehn Jahren gedacht, dass Vinyl noch einmal auferstehen wird? Es muss doch nicht immer alles digital sein! Keiner kennt die eigene Branche und die Kundenbedürfnisse schließlich so gut wie die dort seit vielen Jahren ansässigen Unternehmen. Wirklich? Die Argumente sind bekannt, jedoch: Die klassischen Unternehmen aus den meisten Branchen haben im Zuge der Digitalisierung hohes Lehrgeld zahlen müssen, weil sie die Zeichen der Zeit nicht erkannt haben.

Ein Beispiel dafür ist die Medienindustrie. Erinnern wir uns an die Wochenendausgaben der Zeitungen mit ihren zentimeterdicken Immobilien-, Stellen- und Kleinanzeigen. Wo suchen Sie Angebote dieser Art heute? Im Internet natürlich. Und zwar in den meisten Fällen nicht auf den Webseiten der Zeitungen, sondern in einschlägigen Portalen, die nur selten an einen Verlag angebunden sind. Die Scout24-Gruppe, welche verschiedene dieser Plattformen bündelt, gehörte ab 2004 für fast zehn Jahre zur Deutschen Telekom. Ein branchenfremdes Telekommunikationsunternehmen verdiente also Geld mit einer ehemals zentralen

Säule im Geschäftsmodell der Verlage: Seit der Jahrtausendwende sind enorme Umsätze aus dem Mediensystem abgewandert. Das tat nicht nur weh, sondern hatte im Laufe der Jahre umfangreiche Umwälzungen zur Folge, nicht zuletzt auf Kosten der Beschäftigten. Die Medienindustrie stand unter Zugzwang: Christoph Keese beschreibt in seinem Buch *Silicon Germany*, wie der Springer-Verlag 2008 das Onlineunternehmen StepStone kaufte. Strategisch wurde das damals noch integrierte Softwaregeschäft wieder abgestoßen, das Stellenportal systematisch ausgebaut. Mit Erfolg. So gelang es Springer, alte Konkurrenten aus der Zeitungswelt auf dem neuen Onlinemarkt für Stellenanzeigen auszustechen und sich als einer der Marktführer zu etablieren. Aber: Warum ist StepStone heute eigentlich nicht genauso groß wie LinkedIn? Der erste Schritt war vollkommen richtig, warum aber ist man den Weg nicht konsequent weiter in Richtung Social Media gegangen? Blickt man auf den gesamten Markt, gelang es nur wenigen der alten Player, ihre Marktposition zu halten oder gar auszubauen.

Die Frage ist, ob es möglich gewesen wäre, die Entwicklung vorauszuahnen. Das Internet war zu dem Zeitpunkt schließlich schon da, irgendwie. Im Nachhinein lässt sich das natürlich leicht sagen; Fakt ist: Die Verlage haben die technologische Entwicklung weitgehend unterschätzt. Fakt ist aber ebenso: Mit einer lehrbuchgemäßen, klassischen Wettbewerbsbeobachtung innerhalb der Branche wären sie auch nicht weit gekommen. Die neuen Konkurrenten kamen von außen und haben die Medien an einem Punkt angegriffen, an dem sie sich ihrer einzigartigen Position sicher glaubten. Die Gründe für diesen Denkfehler sind durchaus nachvollziehbar: Wenn man nicht weiß, wo die Reise hingeht und keine Fehlentscheidung treffen möchte, scheint das Vertrauen auf die eigene Kernkompetenz logisch. Die digitale Disruption fordert jedoch von uns ein verändertes Denken, einen weiteren Blickwinkel, ein anderes Vorgehen als bisher. Nur so kann es gelingen, die Marktentwicklung nicht nur nachzuvollziehen, sondern proaktiv zu antizipieren und somit die eigene Position zu sichern.

Nun also Künstliche Intelligenz. Sie ist schon da und wird unsere Arbeitswelt in den kommenden Jahren nachhaltig verändern, sie wird außerdem die Rolle des Menschen auf den Prüfstand stellen. *Kollege KI* hat wenig mit Science-Fiction-Anmutungen zu tun, die wir gerne mit diesem Thema verbinden – es wird hier weniger um den Terminator, die Matrix oder R2D2 gehen (wobei wir auch diese Themen im Verlauf aufgreifen, keine Sorge!). KI finden wir bereits an vielen Stellen, ohne dass wir es als Nutzer bemerken: Als Spamfilter in unserem E-Mail-Postfach, bei der Gesichtserkennung als biometrisches Verfahren zur Authentifizierung, als Bildoptimierung im iPhone X oder in Form von Amazons Sprachassistent Alexa. Körperlichkeit im Sinne eines Roboters ist für einige Einsatzszenarien wie etwa als elektronischer Kundenberater in einem Geschäft überaus sinnvoll. In anderen Fällen jedoch kommt es nur auf die intelligente Leistung an, etwa bei der Analyse von Röntgenbildern. Ein Körper wird hier nicht erwartet und ist somit nicht notwendig.

Für Unternehmen ist das Verständnis dafür entscheidend, welche Möglichkeiten diverse Formen von KI in ihrer Branche bieten und welche neuen Anforderungen sich daraus ergeben. Zum einen an das strategische Denken, zum anderen an die Unternehmenskultur.

Dieses Buch will ein Wegweiser sein; eine Schulung des Denkens, um die komplexen Veränderungen der digitalen Welt nicht nur nachvollziehen, sondern auch mitgestalten zu können. Denn eines ist klar: Wer sich jetzt nicht mit den Gesetzen, Chancen und Einsatzmöglichkeiten von KI beschäftigt, gefährdet seine Existenz am Markt und wird sich schwertun, das Versäumte wieder aufzuholen. »AI is the new electricity«[1], so KI-Vordenker Andrew Ng, Mitgründer von Google Brain und ehemaliger Forschungschef der chinesischen Suchmaschine Baidu. Er verweist damit auf die zweite industrielle Revolution, die die Massenproduktion ermöglichte, welche wiederum einen enormen Wandel für das Leben der Menschen und weitreichende Folgen für viele Branchen mit sich brachte: Der Telegraf revolutionierte das Nachrichtenwesen,

Straßenbahnen lösten die Pferdekutschen im öffentlichen Personenverkehr ab. Kühlmöglichkeiten verlängerten die Haltbarkeit von landwirtschaftlichen Produkten wie Milch oder Fleisch. Könnten wir uns ein Leben ohne Elektrizität vorstellen? Selbst wenn wir Outdoor-Urlaub im Zelt machen, greifen wir auf gespeicherte Energie in Form von Taschenlampenbatterien zurück. Oder halt! Vielleicht tun wir selbst dies nicht mehr. Auch die Taschenlampe ist weitgehend ein Opfer der digitalen Disruption geworden. Wozu noch eine physische Taschenlampe, wenn das allseits präsente Smartphone diese Funktion ebenfalls abdeckt?

Welche Vorteile uns nun die KI genau bringen wird, ist zum jetzigen Zeitpunkt nicht in Gänze absehbar. Wohl aber, dass es entscheidend ist, sich frühzeitig nicht nur vage, sondern konkret und strategisch mit dem Thema auseinanderzusetzen. Vermutlich wird das Leben unserer Nachkommen nicht mehr ohne die Unterstützung intelligenter Systeme denkbar sein – vorausgesetzt natürlich, die Horrorszenarien aus Science-Fiction-Filmen bewahrheiten sich nicht und die KI rottet die Menschheit nicht aus. Kleiner Spoiler: Sie können beruhigt weiterlesen. Aus heutiger Perspektive werden wir Menschen noch eine Weile unsere Daseinsberechtigung haben.

Doch zurück zu unserem Eingangsbeispiel: Das Scheitern der Medienindustrie im Zuge der Digitalisierung stellt ein Worst-Case-Szenario für den Umgang mit Disruption dar. Die Denkfehler von damals dürfen sich heute an der Schwelle zum Zeitalter der Künstlichen Intelligenz in keiner Weise wiederholen. Warum haben wir ausgerechnet die Medienbranche gewählt? Aus mehreren Gründen: Erstens waren die Medien eine der ersten Industrien, die von der Digitalisierung und dem Angriff branchenfremder Unternehmen getroffen wurden; zweitens nutzt quasi jeder Mensch Medienprodukte, kann also mitreden, sich in strategische Überlegungen der Entscheider hineinversetzen und ihre Versäumnisse nachvollziehen; drittens lassen sich die großen Gesetzmäßigkeiten der Fehleinschätzungen der Entscheider in den Medien auf nahezu jede Branche übertragen. Am Beispiel der Print-, Musik- und

TV-Industrie werden wir aufzeigen, wo die Fallen der Disruption lauern: Die Verantwortlichen waren überzeugt, das Richtige zu tun. Nach bestem Wissen und Gewissen versuchten sie, die Herausforderungen des Marktes mit ihrer Branchenexpertise zu meistern – und sind oftmals gescheitert. Der schnelle digitale Wandel benötigt ein völlig anderes Mindset als bisher, ein Denken über den Tellerrand hinaus. Ein ähnliches Scheitern wie in den ersten Phasen der Digitalisierung wird der Einzug von Künstlicher Intelligenz nicht verzeihen, denn dann kann es sein, dass der Zug mit allen Kunden der Zukunft uneinholbar abgefahren ist.

Im zweiten Kapitel werden wir uns mit den Voraussetzungen für das Zeitalter von KI in den ersten Phasen der Digitalisierung befassen: Plattformen und Sharing, Social Media, Cloud Computing und der immer stärkere, allumfassende Einsatz von mobilen, internetfähigen Endgeräten. Eine zentrale Rolle spielt dabei Big Data, also die Generierung und Auswertung von enormen Datenmengen. Sie fallen aus sämtlichen digitalen Anwendungen und den immer präsenteren sowie allzeit empfangsbereiten Sensoren an. Sie können jedoch nur mittels entsprechender Rechenleistung und IT-Infrastruktur bewältigt werden.

Künstliche Intelligenz ist nicht per se neu, bereits seit Jahrzehnten wird zu der Thematik geforscht und sie weiterentwickelt. Aber erst heute ist der technologische Nährboden gegeben, damit die Anwendungen sinnvoll und flächendeckend zum Einsatz gebracht werden können. Damit verbunden ist eine gewisse Handlungsdringlichkeit, denn die Megatrends der Digitalisierung sind längst noch nicht in allen Unternehmen angekommen. Der Aufholbedarf an Wissen um die Grundlagen und Einsatzmöglichkeiten muss schnellstmöglich gedeckt werden, um fit für die Zukunft zu sein. KI ist künftig der Schlüssel, um wettbewerbsfähig zu bleiben.

Das haben die großen Tech-Unternehmen und Vorreiter der Szene längst verstanden und sich entsprechend strategisch aufgestellt. Daher wollen auch wir einen Blick auf Unternehmen wie Amazon oder Google werfen: Wie konnten sie so groß werden, wo sie doch alle in einer Nische angefangen haben? Liegt es nur an ihren Produkten? So viel vorweg: nein. Erneut geht es um eine disruptive Herangehensweise, aus der sich zentrale Learnings für andere Branchen ableiten lassen. Wir müssen verstehen, wie diese Unternehmen denken, welche Pläne sie haben und was das für ihr Wettbewerbsumfeld bedeutet – ganz bewusst nicht nur in der eigenen Branche. Durch ihr ganz besonderes Mindset und die Tatsache, dass KI einen zentralen Stellenwert in ihrer strategischen Ausrichtung einnimmt, ist es ihnen möglich, nahezu alle Branchen – früher oder später, direkt oder indirekt – unter Druck setzen zu können.

Es sind aber nicht nur die Konzerne aus dem Silicon Valley, die voranmarschieren. In China schicken sich Unternehmen wie Alibaba, Baidu oder Huawei an, den Weltmarkt zu erobern. KI ist hier viel mehr noch als in der westlichen Welt eine Selbstverständlichkeit, gezielt gefördert von der Regierung. Wobei »gefördert« das falsche Wort ist, denn das behauptet die Bundesregierung in Deutschland von sich auch. Vielmehr: gewollt.

Man kann das alles nun gut finden oder nicht, aufregend oder nervig, innovativ oder moralisch bedenklich. Aufhalten lässt sich die Entwicklung nicht. Auch wenn es Nischen geben kann, in denen KI keine entscheidende Rolle spielen wird, sind diese längst nicht so groß, um allen Zweiflern eine Heimat zu bieten. So kann ein Schreiner oder ein Physiotherapeut sein Kerngeschäft vielleicht in absehbarer Zeit noch ohne KI durchführen; bei der Auftragsannahme, dem Kundenservice oder der Vermarktung ist aber vielleicht gerade in kleineren Nischenmärkten KI bald eine kostengünstigere und kundenfreundlichere Option als das bisherige Vorgehen.

Um ein grundsätzliches Verständnis für KI zu schaffen, werden wir zunächst einmal den großen Kontext herstellen. Was genau ist KI eigentlich, wie hat sie sich entwickelt und welche Teilbereiche gibt es bereits? Ein großes Thema ist hier das maschinelle Lernen und seine verschiedenen Lernarten. Ebenso werden wir uns damit beschäftigen, wie man eine KI-Strategie entwickeln kann, sprich: Was braucht man, um loszulegen? Zentrale Aspekte sind dabei die notwendigen Daten und Algorithmen. Auch hier werden wir auf verständlichem Level einen kurzen Einblick in die grundsätzlichen Lernverfahren geben, die aktuell die meiste Praxisrelevanz besitzen.

Anschließend wenden wir uns verschiedenen Einsatzszenarien aus der Praxis zu. Was kann KI beispielsweise schon im Kundenservice, in der Finanzwelt, in der Gesundheitsbranche, in der Industrie oder in der Landwirtschaft – und wo kommen dann die Roboter ins Spiel, die wir gerne vor Augen haben, wenn wir uns dem Thema bisher eher beim Anschauen von Science-Fiction-Filmen gewidmet haben? Ziel dieser Veranschaulichung ist es, Inspiration und Anstoß für das eigene Tun zu geben, und zu überlegen, welche Funktionen für welche Aufgaben sinnvoll sind und wie wir sie eventuell selbst einsetzen können.

Es gibt also viel zu tun. Die Frage ist nur: wie? Wir liefern Ihnen dafür einen einfachen Wegweiser zur Überprüfung Ihrer Produkte und Dienstleistungen sowie Ihrer Markt- und Zielgruppensicht: das COSIMA-Prinzip.

Mit diesem Denkansatz können Sie pragmatisch und ohne großen personellen und technischen Aufwand überprüfen, ob Sie bereits die Bedürfnisse Ihrer Kunden in den sich wandelnden Märkten optimal befriedigen und ob Ihre Markteinschätzung noch relevant sowie zeitgemäß ist. Kollege KI ist dabei nicht Ihr Feind, sondern ein wertvolles Element Ihrer Strategie. Ausgezeichnet? Dann mal los!

Sie werden Zweifel haben. Sie kennen Ihr Unternehmen. So ein Buch klingt zwar logisch, die tagtägliche Umsetzung aber ist etwas ganz anderes. Sie sehen Ihre Kollegen und Mitarbeiter schon vor sich mit all ihren festgefahrenen Routinen und Bedenken. Klar ist: Veränderung geht immer mit Reibungsverlust einher. Alte Dogmen, Angst vor dem Unbekannten, kurzfristige Zielvorgaben sowie der Faktor Mensch erschweren die Innovation. Doch wenn Sie sich diese Stolpersteine bewusst machen, lassen sich diese bewältigen. Auch hier bekommen Sie wieder praktische Hilfestellungen an die Hand, wie Sie Veränderungen in Ihrem Unternehmen etablieren und wie Sie Ihr Team auf den Weg in die Zukunft mitnehmen können.

Im letzten Kapitel wollen wir schließlich ein paar Überlegungen über die Welt von morgen anstellen. Alles wird anders und KI wird dieser Entwicklung eine neue Dimension geben. Welche Jobs werden von Menschen gemacht und welche von Maschinen? Wer wird abgehängt, wer profitiert? Unsere Gesellschaft wird sich stark wandeln und die Bewertungen darüber werden äußerst unterschiedlich ausfallen. Wie lässt sich ein Auseinanderdriften der Gewinner und Verlierer verhindern – lokal, national, international? Oder sind die Weichen längst gestellt? Was bedeutet dies für Ihre Branche und Ihr Unternehmen? Welche Kompetenzen müssen Sie und Ihre Mitarbeiter von heute, aber vor allem von morgen mitbringen?

All diese Fragen drängen sich uns auf. Die Diskussion um KI wird von vielen Faktoren begleitet, nicht zuletzt von den eigenen Präferenzen, Nutzungsmotivationen und Ängsten. Persönliche Befindlichkeiten kompromittieren aber die Unternehmensstrategie. Man kann sich durchaus traditionellen Werten verbunden fühlen, aber dennoch gleichzeitig mit dem Markt gehen. Wer den Wandel verpasst, überlässt das Geschäft jemand anderem. Treffen Sie für sich die Entscheidung, den Herausforderungen der Digitalisierung nicht nur zu begegnen, sondern sie als Chance zu verstehen.

Begeben Sie sich also mit uns auf die spannende Reise in die Zeit der Künstlichen Intelligenz!

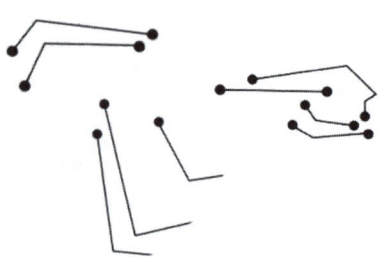

1. Die großen Versäumnisse der Medienindustrie und anderer Branchen auf dem Weg zum Zeitalter der Künstlichen Intelligenz

Für die meisten Leserinnen und Leser, die wahrscheinlich noch im letzten Jahrtausend geboren wurden: Erinnern Sie sich, warum Sie in Ihrer Jugend die Zeitschrift *Bravo* gekauft haben? Klar: Dank Dr. Sommer haben Sie dort Dinge erfahren, die Sie Ihre Eltern nicht unbedingt fragen wollten und von denen Ihre Eltern gehofft haben, dass Sie sie niemals fragen werden. Aber Sie wussten dadurch auch, was »in« ist, welche Klamotten man trägt, welche Stars gerade angesagt sind, worüber man eben so spricht in der Clique. Kurz, Sie haben ein vorselektiertes Paket an für Sie damals beinahe überlebenswichtigen Informationen bekommen, mit dem Sie im Haifischbecken des Schulhofs mithalten konnten. Komplettiert wurde das pubertätsrettende Angebot durch die CD-Reihe *Bravo Hits*. Wer die im Regal stehen hatte, konnte beim ersten zaghaften Date mit dem Schwarm aus der Parallelklasse einigermaßen sicher sein, sich zumindest in Sachen Musikgeschmack nicht vollständig zu blamieren. Kein Wunder, dass die *Bravo* über Jahrzehnte das wichtigste Leitmedium für Jugendliche war.

Falls Sie jedoch erst um die Jahrtausendwende oder später geboren worden sind, schütteln Sie jetzt möglicherweise irritiert den Kopf. War die *Bravo* wirklich so wichtig? Denn die Situation heute: Instagram und Co. geben den Takt der Jugend vor. Inspiration und Austausch haben sich in die sozialen Netzwerke verlagert. Wer mit wem zusammen ist, was »in« ist, ebenso wie weitere zentrale Fragen werden online in Echtzeit erörtert. Das Angebot hat sich deutlich individualisiert, man folgt den Marken, Haustieren und Freunden – meistens aber wahrscheinlich nur eher groben Bekannten. Natürlich gibt es auch noch Stars, die mehr oder weniger flächendeckend in der Zielgruppe Akzeptanz finden. Heute sind es aber vor allem auch Influencer, die dank ihrer Social-Media-Kanäle berühmt geworden sind und über die dann wiederum auch die *Bravo* berichtet. Allerdings: Die Webseite der Zeitschrift hat kaum einen Hauch von Exklusivität, sondern liest sich teils wie ein »How to« für Social Media, die eigenen Kanäle in den sozialen Netzen sind eher blass. Kein Wunder: Der attraktive Content wird nicht mehr in den traditionellen Medienhäusern produziert, sondern von Influencern auf ihren eigenen Kanälen gepostet – und sei es aus dem heimischen Kinderzimmer. Während Musikstars früher im engen Schulterschluss von Produzenten und Medien aufgebaut wurden, um schließlich als mehrteiliger Starschnitt an der Wand der pubertären Zielgruppe zu landen, brauchen die neuen Stars Zeitschriften wie die *Bravo* nicht mehr, um Bekanntheit aufzubauen. Die klassischen Medien sind oft nur noch Zweitverwerter von Content, der auch ohne das Zutun von Profis per Smartphone generiert werden kann. Die jungen Stars von heute wissen selbst am besten, wie sie ihre Inhalte an die Zielgruppe bringen.

Und in Sachen Musik, wie eben die Bravo Hits? CDs im Regal sind in Zeiten von iTunes und Streamingdiensten eine Seltenheit geworden oder ein Ärgernis (»Eigentlich habe ich ja alles digital, aber soll ich das jetzt wirklich wegwerfen?!«). Auch das Date ist safe: einfach über Spotify und Co. die Playlist des oder der Auserwählten streamen und sich für den ausgezeichneten Musikgeschmack bewundern lassen.

Digitale Kanäle haben den Medienmarkt seit Aufkommen des Internets also fundamental umgekrempelt. Um beim Beispiel zu bleiben: Die Auflage der Bravo ist seit Ende der 1990er Jahre erdrutschartig um fast 90 Prozent gesunken. Daran konnte auch eine Umstellung der Erscheinungsweise vom Wochenrhythmus auf ein 14-tägiges Format im Jahr 2015 nichts ändern. Die Verkaufszahlen der *Bravo Hits* sind heute weit entfernt von früheren Glanzzeiten, auch wenn im Februar 2018 die 100. Ausgabe gefeiert wurde (die aber möglicherweise eher von nostalgisch veranlagten 40-Jährigen gekauft wurde). Was solche Entwicklungen für ein gewinnorientiertes Unternehmen bedeuten, lässt sich leicht ausmalen.

Es handelt sich hierbei keineswegs um einen Einzelfall. Die Bravo steht an dieser Stelle symbolisch für den Niedergang einer Industrie, die den digitalen Wandel im ersten Schritt falsch eingeschätzt und im zweiten Schritt die falschen Maßnahmen getroffen hat. Deshalb konnten neue Wettbewerber in den angestammten Markt eindringen und mit innovativen Geschäftsmodellen die Kundenbedürfnisse besser befriedigen als die vermeintlichen Marktexperten.

Die Medienindustrie ist bei Weitem nicht die einzige Branche, in der diese Entwicklung stattgefunden hat und künftig stattfinden wird. Sie eignet sich aber als exzellentes Beispiel für die Probleme, die Unternehmen auch in anderen Industrien bei der Bewältigung der digitalen Disruption hatten und haben (werden). Die Herausforderungen durch KI sind nicht dramatisch anders, jedoch werden sich die Märkte und die Bedürfnisse der Kunden noch schneller und umfassender ändern als zuvor. KI ist zwar neu, aber das alte menschliche Denken und die damit oft verbundenen Fehleinschätzungen und -entscheidungen sind nach wie vor so aktuell wie früher. Unternehmen, denen es nicht gelingt, sich schnellstmöglich zukunftsfähig aufzustellen, werden in absehbarer Zeit den Zugang zu ihren Kunden verlieren. Perspektivisch wird es also deutlich schwieriger, einmal Versäumtes nachzuholen.

Was genau ist den Medien also passiert, und welche Schlüsse lassen sich daraus für andere Branchen ziehen, um diese Fehler nicht zu reproduzieren?

Der unersetzliche Wert von Zeitschriften?!

Bleiben wir im Beispiel: In den späten 1990er Jahren war noch nicht klar absehbar, ob sich diese Sache mit dem Internet wirklich durchsetzen würde. Wer zu dieser Zeit Abitur gemacht hat, mag sich an Diskussionen in der Abizeitungsredaktion erinnern: Drucken wir E-Mail-Adressen mit oder nicht? Mal ganz davon zu schweigen, dass nur Nerds tatsächlich einen eigenen Account hatten. Ein Kontaktpunkt für die ganze Familie schien vollkommen ausreichend. Diese Zweifel am neuen Hybridmedium gab es vielerorts. Nach dem *D21 Digital Index* nutzten noch im Jahr 2001 nur 37 Prozent der Deutschen ab 14 Jahren das Internet zumindest gelegentlich, verglichen mit 84 Prozent im Jahr 2018. Der Zugang gestaltete sich teils zäh, wie sich manch einer leidvoll erinnern mag – bloß nicht aus Versehen online gehen, diese Kosten! Von einer flächendeckenden Versorgung der Haushalte mit breitbandigen Internetanschlüssen ganz zu schweigen. Wir erinnern uns an den wirren Einwahlton, gefolgt von einem aus heutiger Sicht ewigen Seitenaufbau. Und wenn man endlich drin war, beschwerte sich garantiert irgendein Familienmitglied, dass man die Telefonleitung blockierte.

Die Medienindustrie hatte durchaus den Anspruch, am Puls der Zeit zu sein und hat entsprechend auf die neue Technologie reagiert. *Der Spiegel* war 1994 ein absoluter Pionier und als erstes Nachrichtenmagazin im Netz, damit war er einen Tag schneller als das *Time Magazine*. Die Inhalte waren selbstverständlich kostenfrei, so wie alles im Netz dieser Tage. Und so ist es auch lange geblieben. Warum? Weil es alle so gemacht haben. Und weil die Verleger am Glaubenssatz festhielten, Printprodukte könnten nicht durch andere Medien ersetzt werden. Sie nahmen an, das Internet könne den USP einer Zeitung oder Zeitschrift keineswegs gefährden. Ihre Argumente:

1. Der Leser will ein haptisches Erlebnis, also etwas zum Anfassen: Papier! In der Zeitschrift kann man blättern, vor- und zurückspringen, dabei Dinge entdecken, die man sonst nicht erfahren hätte.
2. Dieses Papier will er überallhin mitnehmen: Mobilität! Das war mit dem Fernseher als Nachrichtenmedium kaum mög-

lich, und lautes Radiohören machte sich gerade auf dem Weg zur Arbeit nicht gut. Papier ist leise, leicht und kann überall verwendet werden.

3. Es geht ihm um die journalistische Aufbereitung und Kompetenz, gerade bei den Artikeln mit guten Ratschlägen zu Themen wie Partnerschaft, Haushalt oder Styling.

Also hat man den Content aus dem Heft auf die nächste Technologiestufe befördert und online gestellt. Eine Selbstkannibalisierung war mit den obigen Annahmen kaum zu befürchten, das Kernprodukt auf Papier war ja wertvoll und nicht zu ersetzen. Alles klar also, wir haben das mit den digitalen Medien verstanden! Alles richtig gemacht!

Falsch! Alle drei Annahmen wurden eines Besseren belehrt.

»Print wirkt.« – Vielleicht kennen Sie diese Kampagne des Verbands Deutscher Zeitschriftenverleger noch. Lange Jahre setzte die Branche auf plakative Slogans in Fachmagazinen und auf Onlinekanälen, um den Budgetverantwortlichen der werbetreibenden Industrie zu verdeutlichen, dass die Zeitschrift auch im digitalen Zeitalter als Werbeträger überzeugt. An dieser Stelle muss auch auf den bunten Strauß zusätzlicher Werbemittel verwiesen werden: von Einkaufstüten (Aufdruck: »Print macht fette Beutel«, »Print überzeugt mit Inhalten«) über Bierdeckel (»Print lässt doppelt sehen«) bis hin zum Handtuch (»Mehrfachkontakte garantiert«) wurden alle Register gezogen. Erst im Jahr 2015 erfolgte ein Strategiewechsel und damit die leise Ablösung vom Schlüsselbegriff Print. Stattdessen rückte der Begriff Editorial Media in den Fokus und damit die Erkenntnis, dass man vielleicht lieber den professionellen Journalismus auf allen Kanälen als Werbeumfeld anpreisen sollte. Lange Rede, kurzer Sinn: Dieser aus heutiger Sicht viel zu späte Schritt zeigt klar auf, mit welchem Selbstbewusstsein die Verantwortlichen aller Digitalisierung zum Trotz auf ihr angestammtes Format beharrten.

Auch TV-Programmzeitschriften mussten im Zuge der Digitalisierung ordentlich Federn lassen. Für die *TV Movie* weist die

IVW (Informationsgemeinschaft zur Feststellung der Verbreitung von Werbeträgern) für Ende November 2018 eine verkaufte Auflage von rund 875.000 Exemplaren aus. 20 Jahre zuvor, Ende November 1998, lag dieser Wert bei rund 2,7 Millionen Exemplaren. Immerhin, die *TV Movie* existiert noch, ist dabei jedoch weit entfernt von früheren Glanzzeiten. Es ist anzunehmen, dass die Zeitschrift eher wegen der Treue und Gewohnheit einer älteren Zielgruppe noch ihren Weg auf den Couchtisch findet, und nicht wegen ihres einzigartigen Informationsgehalts. Mit den Möglichkeiten der Onlinewelt bastelte selbstverständlich auch die *TV Movie* eine Webseite. Programmhinweise, rund um die Uhr im Internet verfügbar, in Kombination mit den kompetenten Filmbewertungen der Redaktion schienen das Maß aller Dinge zu sein. Man konnte viel mehr Informationen hinterlegen und war nicht auf die Enge des Zeitschriftenformats sowie die strikt einzuhaltenden Zeilenvorgaben angewiesen. Dann kamen die Smartphones. Erneut hob man das Format auf die nächste Digitalisierungsstufe, eine App musste her, das machen jetzt alle, top. Nutzerfreundlich mit wenigen Klicks sehen, was die Redaktion so empfiehlt. Oder beim Sonntagsspaziergang mit der Gattin unauffällig checken, was abends im TV läuft. Rosamunde Pilcher? Lieber mal proaktiv den Vorschlag machen, doch um 20 Uhr schön essen zu gehen!

Das ist praktisch – aber möchte der Kunde dafür Geld bezahlen? Natürlich nicht. Und wer noch Wert auf die Printversion legte, fand inzwischen billigere Anbieter oder gar kostenlose Postwurfsendungen. Nicht immer waren die Empfehlungen der Redaktion wirklich das Nonplusultra. Wie oft wurde ein Film mit dem roten Movie-Star als sehenswert bezeichnet und entsprach dann überhaupt nicht dem eigenen Geschmack? Wie ist das heute: Wer schaut überhaupt noch lineares Fernsehen? Bei Netflix erübrigt sich die Programmsuche. Der Nutzer bekommt Inhalte passend zu seinen Vorlieben vorgeschlagen und kann diese jederzeit abrufen, ohne sich dem Diktat der Programmplaner von ProSieben und Co. unterwerfen zu müssen. Bequemer geht es kaum.

Auch bei *TV Movie* griffen die falschen Glaubenssätze. Anstatt das eigene Angebot komplett zu überdenken und auf die tatsächlichen Zielgruppenbedürfnisse abzustimmen, hat man den bestehenden Inhalt wieder nur auf die nächste Digitalisierungsstufe gehoben, in diesem Fall von »online« auf »mobile« Der Glaube an die Zukunft des Fernsehens in der bisherigen Form und den Wert der Programmempfehlungen der eigenen Redaktion machte die Verantwortlichen blind für die dramatischen Veränderungen auf dem Markt.

Dabei hatten die Verlage anfangs eigentlich noch Glück im Unglück. Ihr Produktionsverfahren und die Distribution an sich wurden durch die Digitalisierung zunächst nicht infrage gestellt. Gedruckte Worte auf Papier. Das ist schon seit der Erfindung des Buchdrucks so. Lange Zeit war der Druck durch Disruptoren eher gering, da es keinen illegalen Marktplatz für den Content gab (anders als in der Musikindustrie, wie wir im Folgenden noch sehen werden). Diese Sicherheit jedoch war trügerisch und führte zu einem fatalen Fehler: Es etablierte sich keine Bezahlkultur für journalistische Inhalte im Netz. Onlineartikel waren frei verfügbar und eine nette Ergänzung zur Printausgabe. Diese Doppelstrategie schlug jedoch doppelt hart zurück, als immer mehr Nutzer ihre News zum Beispiel bei Google oder Facebook aggregiert und auf ihre Bedürfnisse abgestimmt abriefen. Textinhalte der Verlagsseiten wurden in das Angebot der großen Plattformen eingegliedert, die Verlage wurden jedoch nicht finanziell beteiligt. Auch wenn in Deutschland 2013 das Leistungsschutzrecht für Presseverleger eingeführt wurde, das eine Veröffentlichung durch den Aggregator ohne Lizenz untersagt, saßen die Verleger in der Zwickmühle: Ließen sie den von Google und Co. geforderten unentgeltlichen Zugriff auf ihren Content zu, blieb alles wie zuvor. Widersprachen sie, wurden sie eben nicht mehr in Google News gelistet. Und das wäre zwar konsequent, jedoch höchst geschäftsschädigend gewesen, da der Großteil des Traffics auf den Verlagsseiten eben über diese Plattformen kam.

Neue Endgeräte machten den Verlegern Hoffnung auf Besserung. Weltbekannt wurde das Zitat von Mathias Döpfner, Vorstandsvorsitzender der Axel Springer SE, als er 2010 das iPad in höchsten Tönen lobte: »Jeder Verleger der Welt sollte sich einmal am Tag hinsetzen, um zu beten und Steve Jobs dafür zu danken, dass er die Verlagsbranche rettet.«[2] Leider war es mit der Rettung dann doch nicht ganz so einfach. Die Strategien zur Problemlösung blieben erneut an dem Punkt stehen, dass man nur eine neue Digitalisierungsstufe hinzugenommen, jedoch nicht das grundsätzliche Denken erweitert hat.

Die Konsequenz dieser Fehleinschätzung: Die Verlage waren zwar online, ihre Inhalte wurden verbreitet – aber draufgezahlt haben sie selbst. Die Kunden hatten sich an die Kostenlos-Mentalität des Netzes gewöhnt, was sich auch in den Zahlen widerspiegelt: Die Zeitungsverlage waren bereits 2003 fast flächendeckend im Netz vertreten, es dauerte jedoch noch mehrere Jahre, bis sich immerhin einige Mutige fanden, die es wagten, auch Geld für den Inhalt zu verlangen. Dabei setzten die Verlage zunächst auf individuelle Lösungen, insbesondere das E-Paper. Dieses war jedoch oftmals kaum günstiger als das Print-Abo. Auch der Download einzelner Artikel war unverhältnismäßig teuer. Außerdem waren hochwertige Bezahlartikel oft mit Zeitverzögerung doch wieder kostenlos verfügbar, um neue Kunden anzuziehen, was wiederum die zahlende Kundschaft vor den Kopf stieß.

Nach den ersten ernüchternden Einzelversuchen beim Thema Paid Content kamen immerhin ein paar Verlage auf die Idee, ihre Inhalte zu bündeln und über eine gemeinsame Plattform kostenpflichtig anzubieten. Diese Versuche krankten aber an der Tatsache, dass eben doch nicht sämtliche Konkurrenten zur Kooperation bereit waren, wie zum Beispiel im Fall Pubbles. Dieses Portal wurde 2010 von der Direct Group und dem Deutschen Pressevertrieb (Verlagsgruppe Bertelsmann) gestartet, allerdings bereits 2013 wieder eingestellt. Denn dort gab es zwar jede Menge elektronischer Bücher und Presseerzeugnisse, aber eben bei Weitem nicht von jedem Verlag. Die Enttäuschung des Kunden war also vorprogrammiert. Der iKiosk von Axel Springer wurde 2011 ebenfalls für einige andere Verlage geöffnet und hatte schon damals ein vergleichsweise umfangreiches Angebot, jedoch: Es gibt nur E-Paper einer gesamten Ausgabe, die von den Inhalten meist nicht über das Printprodukt hinausgehen. Es liegt auf der Hand, dass dies für junge, multimedial sozialisierte Zielgruppen nicht wirklich das Nonplusultra ist. Und nebenbei: Warum eine Zeitschrift komplett kaufen, wenn mich nur ein Artikel interessiert?

Eine Lösung für letzteres Problem schien Blendle zu sein, ursprünglich ein Erfolgsmodell aus Holland und seit 2014 in Deutschland verfügbar. Hier können einzelne Artikel gekauft werden, die Bindung an den gesamten Titel entfällt also und der Nutzer kann seinen Vorlieben entsprechend sein individuelles Medienmenü zusammenstellen – das alles zu moderaten Preisen. Klingt nach einer erstklassigen Strategie. Allerdings sind wieder nicht alle Verlage an Bord. Die Rückgabefunktion (schließt ein Leser innerhalb von zehn Sekunden den Artikel wieder, wird er nicht berechnet), schreckte etwa die Bild-Zeitung ab. Ihre Artikel seien insgesamt nicht auf eine lange Lesedauer ausgelegt.

Ein weiterer und zentraler Knackpunkt: Haben Sie schon einmal auf einer Zeitungs- oder Zeitschriftenseite Werbung für den Bezug über Blendle gesehen? Die meisten Verlage pochen auf ihre eigenen Kanäle. Man kann den *Spiegel* auf Blendle lesen – aber davon erfährt man auf *Spiegel Online* nichts, es wird nur das eigene Modell *Spiegel+* thematisiert. Darüber hinaus werden bestimmte Premiumartikel gar nicht über Blendle angeboten, sondern nur über die eigenen Kanäle. So zum Beispiel bei der *Zeit*. Das Argument ist dabei, dass der direkte Kontakt zum Kunden nicht an eine Plattform verloren gehen dürfe, um den Lesern weiterführende Angebote wie z. B. Abos direkt verkaufen zu können. Man kann das aus zwei Perspektiven sehen: Die Bindung zum Kunden ist das eine, aber was, wenn gar keine Kunden mehr kommen?

Die Liste der Portale ließe sich noch fortführen, allen gemein ist jedoch, dass niemand der Sache ganz traut. Lieber erst einmal die eigenen Kanäle stärken, statt die Kunden möglicherweise auf Wettbewerber aufmerksam zu machen. Kann man mit dieser Denkweise eine ganze Branche retten?

Ein weiteres Problem der Verlage war die Tatsache, dass zwar neue Plattformen sowohl online als auch mobil relativ früh etabliert wurden, die Produktion der Inhalte aber oft völlig unabhängig voneinander erfolgte. So gab es meist getrennt geführte Print- und Onlineredaktionen, die sich gegenseitig eher als Konkurrenten sahen, statt Inhalte konsequent miteinander zu einem multimedialen Informations- und Unterhaltungsangebot zu verknüpfen. Dieses starre Silodenken in vielen Verlagen ist modernen disruptiven Unternehmen völlig fremd. So ist es kein Zufall, dass eine der wenigen Erfolgsgeschichten bei der Umwandlung einer Print- zur Digitalmarke von einem Branchenfremden initiiert wurde. Der Amazon-Gründer Jeff Bezos erwarb 2013 die traditionsreiche US-Zeitung *Washington Post* und baute diese frei von allen branchentypischen Altlasten konsequent zu einer multimedialen Marke aus. Dabei vertraute er komplett auf die inhaltliche Kompetenz der Redaktion, gab aber allen Machern sämtliche modernen technischen Tools an die Hand, die nötig waren, um ein Medienunternehmen der Zukunft aufzubauen: Fokus auf den mobilen Abruf, hoher Grad an KI-Unterstützung für Redaktion und Vertrieb sowie konsequente crossmediale Verknüpfung aller Inhalte.

Die Musik spielt woanders

Auch die Musikindustrie hat leidvolle Erfahrungen mit der Digitalisierung gemacht. In den 150 Jahren bis zur Jahrtausendwende gab es verschiedene Produktinnovationen, vom Grammofon über die Schallplatte und die Kassette bis schließlich zur CD. Im Gegensatz zur Printindustrie war man also Kummer mit neuen Entwicklungen durchaus gewohnt, als die nächste Stufe der Digitalisierung anstand. Trotzdem konnten Branchenfremde angreifen und das klassische Geschäftsfeld zerstören, gerade als man sich in Sicherheit wähnte: Die CD hatte ein praktisches Format mit hoher

Tonqualität, die Sammlung ließ sich demonstrativ in der Wohnzimmerschrankwand oder im Kinderzimmer zur Schau stellen. CDs waren Ende der 1990er Jahre äußerst »in« und die Branche befand sich auf dem Gipfel ihres Erfolges. 1997 machte die deutsche Musikindustrie im Bereich CD 2,3 Milliarden Euro Umsatz; zehn Jahre später hatte sich der Wert mit 722 Millionen Euro Umsatz weit mehr als nur halbiert.[3] Was war passiert?

Im Jahr 2003 besaßen laut Statistischem Bundesamt bereits 61,4 Prozent aller deutschen Haushalte einen PC. 46 Prozent der Haushalte hatten einen Internetanschluss. Auch wenn man noch nicht genau wusste, wie sich alles entwickeln würde: Es war die Zeit, in der man online viele Dinge ausprobierte und begann, sich zu vernetzen und auszutauschen. Und in der man Möglichkeiten entdeckte, sich das Leben in vielerlei Hinsicht durch digitale Tricks zu erleichtern. Wie eben zum Beispiel diese Sache mit der Musik. Jeder konnte Songs von einer CD als MP3 auf den eigenen Rechner kopieren. Und wenn es jemand anderen gab, der genau diese Musik gerne haben wollte und dafür im Gegenzug Musik im Angebot hatte, die den eigenen Geschmack traf: Deal! Sogar automatisiert. Und kostenlos. Dank Peer-to-Peer (P2P) gruben illegale Tauschbörsen wie Napster der traditionellen Musikindustrie das Wasser ab, massive Umsatzeinbußen inklusive. Warum also noch CDs kaufen? Die MP3 kann man ja wieder selbst auf CD brennen und dem Schwarm aus der Parallelklasse nun statt zusammengestöpselter Kassettenaufnahmen aus dem Radio stolz eine eigens zusammengestellte CD überreichen. Die rechtlichen Aspekte? Nun ja. Sie waren zumindest nicht abschreckend genug.

Um der neuen Technologie des Downloads und dem illegalen File-Sharing zu begegnen, folgte die Musikbranche zunächst einer ähnlichen Strategie wie die Verlage. Die Label schufen Downloadportale, von denen die Nutzer Musik herunterladen konnten, allerdings meist nur die Künstler des jeweils eigenen Katalogs. Gleichzeitig wurde versucht, die Nutzer von Napster und Co. (die meist sogar treue CD-Käufer waren) mit Massenklagen abzuschrecken. Eingehen auf die wirklichen Zielgruppenbedürfnisse: Fehlanzeige.

Kein Wunder, dass auch hier ein Branchenfremder eine bessere Lösung parat hatte als die Verantwortlichen der Musikindustrie. Ein Technologieunternehmen, das sich gerade erst aus einer tiefen Krise berappelt hatte, brachte 2001 ein kleines Abspielgerät für Musikdateien auf den Markt. Schlicht, aber stylisch und intuitiv in der Bedienung: Apples iPod. Noch brummte zwar der illegale Download, in den Folgejahren aber wurde der iPod immer stärker zu einem Kultgerät, die Begehrlichkeit wuchs. 2003 kam mit iTunes der entsprechende Store dazu, in dem man das komplette Angebot der Musikindustrie mit einem einzigen Klick kaufen und herunterladen konnte. Der iPod stand für ein intuitives, hochwertiges Musikerlebnis, das Abspielgerät wurde zu einer Art Statussymbol. Das allein hätte aber noch nicht gereicht. Apple schaffte es, wozu die angezählte Branche aus altem Konkurrenzdenken nicht fähig war: alle Songs von allen Künstlern auf einer zentralen, hoch attraktiven Plattform zu einem Gesamtangebot zu verschmelzen. Als Konsequenz fingen sich die Umsatzverluste in der Musikindustrie wieder. Allerdings floss nun das Geld zum Teil nicht mehr in die eigene Tasche, sondern zu mehr als einem Drittel in die Kassen eines Tech-Konzerns, der vorher nichts mit Musik zu tun hatte.

Nur wenige Jahre später spricht kaum jemand mehr von Downloads. Heute sind Streamingdienste wie Spotify, Apple Music und Co. in aller Munde. Dank der flächendeckenden Verbreitung von Smartphones und mobilen Datendiensten steht auch hier das komplette Musikerlebnis zu jeder Zeit zur Verfügung. Allerdings werden einzelne Songs oder Alben nicht mehr gekauft, sondern nur temporär abgerufen. Statt also seine eigene Musikbibliothek zu füllen, kann der Kunde rund um die Uhr auf alle Songs der Welt zugreifen, ohne an Kosten per Download oder Speicherkapazitäten gebunden zu sein.

Für die Musikindustrie ist das gleichzeitig eine gute und eine schlechte Nachricht. Die gute Nachricht zuerst: Bei den Kunden besteht nach wie vor Zahlungsbereitschaft. Zwar verdient auch hier eine Plattform mit, jedoch ist durch die größere Zahl an

Konkurrenten, unter anderem auch Amazon und Google, die totale Abhängigkeit von Apple gesunken. Und die schlechte Nachricht? Streamingdienste sind nicht unumstritten, der kostenlose Zugang zu Musik widerspricht dem Gefühl der Wertigkeit, das Künstler für ihr Schaffen haben. Insbesondere die US-Sängerin Taylor Swift stand im Fokus der Diskussion. Im Jahr 2014 zog sie ihr gesamtes Werk von Spotify ab. Inzwischen jedoch erscheinen auch ihre Songs wieder auf dem Streamingportal, wenn auch teils mit einer gewissen Zeitverzögerung zum Release. Gerade die finanzielle Beteiligung der Künstler wurde in den vergangenen Jahren stark kritisiert, die Einnahmen gehen zu einem großen Teil an die Labels – welche natürlich auch die meisten Kosten tragen. Dennoch, ein Beigeschmack blieb für die Verfechter des klassischen Geschäftsmodells:

1. Sind nicht die Künstler die eigentlichen Stars, die entsprechend sorgsam von ihrem Label aufgebaut werden und denen entsprechend die maximale Anerkennung zukommen sollte?
2. Geht es nicht darum, einen Künstler exklusiv zu fördern und zu promoten?
3. Will der Fan nicht das Gesamtwerk eines Künstlers besitzen, sei es analog oder digital?

Die Antwort aus heutiger Perspektive: nein. Und nicht genug der schlechten Nachrichten für die Musikindustrie. Ganz ketzerisch gefragt: Wozu braucht man eigentlich noch Labels? Für den Vertrieb? Eher nicht. Der läuft über die Plattform, sei es nun Spotify, iTunes oder ein anderer Anbieter. Für die Entwicklung und Promotion des Künstlers? Das ist heutzutage eher eine Frage des Social-Media-Marketings. Künstler bauen ihre eigene Fanbase auf, werden direkt zu Festivals eingeladen und können ihre Werke eigenständig auf den Plattformen anbieten. Das »Ich bring dich ganz groß raus« der Label-Manager gehört der Vergangenheit an. Aber dann brauchen wir die Labels eben dafür, mit einem Künstler ein Album oder eine Compilation mehrerer Künstler zusammenzustellen, das dem eigenen Musikgeschmack optimal entspricht. Leider auch nicht mehr. Denn der Algorithmus von Spotify und Co. kennt unsere Vorlieben inzwischen besser als die Musikindustrie – und teilweise wir selbst.

Das letzte Lagerfeuer – abgebrannt?

Als drittes Beispiel für die Denkfehler der Medien soll die TV-Industrie dienen. Hier möchte man es vielleicht weniger zugeben, denn noch sinkt die Nutzungsdauer nicht so eklatant, wie Unkenrufe vor einigen Jahren befürchten ließen – nicht zuletzt der großen Zuschauergruppe im fortgeschrittenen Alter sei Dank. Der Mensch ist ein Gewohnheitstier. Vor Jahren wurde das lineare Fernsehen schon für tot erklärt – und es lebt immer noch. 2016 sprach Katja Hofem, COO der ProSiebenSat.1 TV Deutschland GmbH, vom starken Glauben an das Medium im deutschsprachigen Raum: »Streamingdienste sind eher zur additiven Nutzung. Das wohlbekannte Lagerfeuer kann nur das lineare TV erzeugen.«[4]

Die These mit dem linearen Fernsehen als Konstante des Familienlebens und des Small Talks an der Kaffeemaschine am Montagmorgen mit den Arbeitskollegen ergibt natürlich Sinn, wenn man die eigenen Werbekunden nicht verprellen will und ihnen signalisiert: TV ist stark. Immer noch. Und auch in Zukunft. Bei uns ist euer Budget richtig aufgehoben! Bleibt bei uns – und wenn ihr online was machen wollt, dann bitte auf unseren Seiten! Trotz aller Gewohnheiten und der Vertrautheit des linearen Fernsehens ist jedoch – wie bereits beschrieben – stark anzuzweifeln, ob der Kunde der Zukunft tatsächlich ein vorbestimmtes Programm zu einer festgelegten Zeit sehen möchte, wenn es bei Netflix und Co. alternativ hochwertigen Content gibt, der immer und an jedem Ort verfügbar und exakt auf die eigenen Nutzungsgewohnheiten abgestimmt ist. Manchmal braucht der Mensch eine gewisse Zeit, um sich umzustellen, dann aber tut er es mit aller Macht.

Historisch gesehen gibt es einige Gründe, daran zu glauben. »Television won't be able to hold on to any market it captures after the first six months. People will soon get tired of staring at a plywood box every night.«[5] Auf gut Deutsch: Das mit dem Fernsehen setzt sich nicht durch. Das Zitat ist aus dem Jahr 1946 und stammt von Darryl Zanuck, dem CEO von 20th Century Fox. Aus Perspektive der Kinobranche wäre das natürlich durchaus eine wünschenswerte Entwicklung gewesen. Lassen sich da nicht Parallelen verzeichnen?

Ähnlich wie bei den Verlagen und in der Musikindustrie hatten auch die TV-Verantwortlichen im Zuge der Digitalisierung vermeintlich äußerst gute Gründe, an die Überlegenheit ihres traditionellen Geschäfts zu glauben:

1. Unsere Programmplaner wissen dank ihrer jahrelangen Erfahrung ganz genau, was der beste Content für unsere Zuschauer ist!
2. Das lineare Fernseherlebnis ist einzigartig, weil alle Sendungen dank unserem Audience Flow passend ineinandergreifen, der Zuschauer kann sich entspannt fallen lassen und wird durch das Programm geleitet!
3. Eigenen Content produzieren wir nur für günstige Soaps, Shows und Reality-Sendungen, ansonsten möchte der Zuschauer hochwertige, bekannte Filme, Serien und Sportereignisse sehen, die wir aber problemlos einkaufen können. Denn nur wir erreichen Millionen von Zuschauer mit unseren Plattformen!

Bei allem Glauben an die dauerhafte Dominanz des linearen Fernsehens muss man der deutschen TV-Industrie zugestehen, dass sie durchaus innovative und marktgerechte Ansätze im Zuge der Digitalisierung verfolgt hat. Aber es war kompliziert, und manchmal kommt zu allem Unglück auch noch Pech dazu.

Im Laufe der 2000er Jahre nahm die Internetpenetration der deutschen Haushalte stetig zu, auch die Nutzung von Bewegtbildangeboten wuchs immer stärker. Dank steigender Bandbreite liefen die Bilder immer störungsfreier und brachen nicht mehr zuverlässig an der spannendsten Stelle ab, sodass die Nutzer dann doch wieder entnervt zur Fernbedienung greifen mussten. Die Nutzungszahlen für Onlinevideos stiegen an, auf dem Markt tummelte sich Ende des Jahrzehnts daher eine Mischung an Mediatheken der TV-Sender. Die meisten der Angebote waren werbefinanziert und damit für den Endkunden kostenlos. Allerdings war das Angebot inhaltlich stark eingeschränkt. 2006 wurde mit Maxdome ein damals vielbeachtetes Video-on-Demand-Portal in Zusammenarbeit von ProSiebenSat.1 und 1&1 Internet gegründet. Der Gedanke kam zur rechten Zeit, konnte sich jedoch nicht als Erfolgsmodell durchsetzen.

Der Löwenanteil der Videoabrufe lag allerdings nicht bei den Angeboten der TV-Sender, sondern bei Videoplattformen wie YouTube, Vimeo und Co. Die Beratungsfirma Goldmedia stellte für das Jahr 2011 in ihrem Web-TV-Monitor dar, dass 88 Prozent der erfassten Abrufe auf eben diese Portale fiel, lediglich fünf Prozent auf Mediatheken und Angebote aus dem traditionellen TV-Business.[6] In der klassischen Wettbewerbsbeobachtung der meisten TV-Sender spielten YouTube und Co. allerdings kaum eine Rolle: Das war doch kein Fernsehen, wie man es kannte! Wie sollte mit kleinen Videoschnipseln ohne redaktionelle Programmplanung die wohlbekannte Lagerfeueratmosphäre erzeugt werden?

Was die Konsequenz dieser Entwicklung für die Branche war, zeigt ein Blick in die USA, wo der TV-Markt Deutschland in Sachen Entwicklung ein paar Jahre voraus ist. Dort geisterte das Schreckgespenst »Cord cutting« durch die Branche: Kunden der TV-Anbieter (in den USA insbesondere der Pay-Kabelanbieter; Kabel = »cord«) kündigen ihren Anschluss (= durchschneiden im übertragenen Sinne) und greifen stattdessen nur noch auf das immer umfangreicher werdende Onlinevideoangebot zu. Sprich, dort passierte genau das, was die wenigen Visionäre unter den deutschen TV-Machern für ihre Branche befürchteten, sollte sich der Trend weiter fortsetzen. Mit dem Unterschied, dass die eigenen Angebote nicht einmal einer Kündigung bedurften (ein Hoch auf das breite Free-TV-Angebot in Deutschland!).

In den USA hatten die TV-Anbieter jedoch zur Gegenwehr gerüstet: Hulu, eine Onlineplattform, die den Programmcontent verschiedener Anbieter vereint, eben auch den der klassischen TV-Sender. Um die Sache mit der Plattform kam man offensichtlich nicht mehr herum, aber das Vorgehen schien strategisch klug: Fox, Disney, Comcast und AT&T, allesamt gut positioniert in der TV-Branche, hatten sich zusammengetan, um Onlinevideo-Emporkömmlingen den Kampf anzusagen. Welchen Emporkömmlingen? Zum Beispiel einer seltsamen Firma, die angefangen hatte, Leih-DVDs per Post zu verschicken. Anfangs wurde diese Idee belächelt. Per Post! So viel zum Thema Digitalisierung. Dann begann dieser Dienst allerdings, ebenfalls eine Onlineplattform aufzubauen, sich attraktive Filmrechte zu sichern und sogar international zu expandieren. Musste man sich die jetzt doch merken? Ja, musste man, denn der Name dieser Firma ist heute weltbekannt: Netflix.

Damals versuchten die US-Anbieter mit Hulu also ihre Branche zu retten. Und genau das hatten die TV-Unternehmen in Deutschland nun auch vor. ProSiebenSat.1 und RTL starteten das Projekt »Amazonas« und die öffentlich-rechtlichen Sender entwickelten gemeinsam »Germany's Gold«, um in Kooperation Plattformen mit attraktiven Inhalten aufzubauen. Leider kam es anders. Denn kaum stand das Konzept der TV-Verantwortlichen, war das deutsche Wettbewerbsrecht zur Stelle. Das Bundeskartellamt verhängte ein Verbot, da mit diesen Vorhaben die marktbeherrschende Stellung der Unternehmen untermauert worden wäre. Der Nachfolger des Lagerfeuers um das lineare Fernsehen landete somit auf dem Scheiterhaufen der deutschen Medienindustrie.

Hier haben wir es fast schon mit einer tragischen Dimension im Sinne von »schuldlos schuldig« zu tun. Aktuell gibt es einen neuen Versuch einer Allianz führender Sender gegen Netflix und Co. unter Federführung von ProSiebenSat.1. Aber RTL kündigte bereits an, lieber sein eigenes Angebot ausbauen zu wollen. Und das Kartellamt? Man sei im Kontakt, bisher laufe es sehr gut.

Print, Musik, Fernsehen: Drei Zweige der Medienbranche, die von der Digitalisierung schwer gebeutelt wurden. Die Verantwortlichen waren überzeugt, den richtigen Weg mit den neuen Technologien gewählt zu haben: Webseiten, mobile Angebote, Downloads, Video-on-Demand. Jede neue Technologie hat man umgesetzt. Keinen Trend verschlafen. Also alles richtiggemacht, mehr kann man doch nicht verlangen?! Oder eben doch?

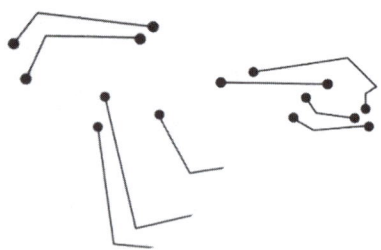

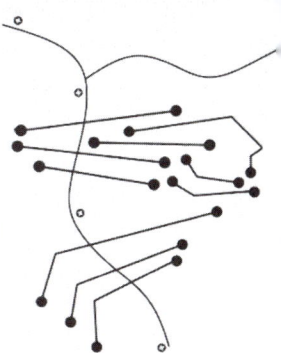

2. Die Vorboten der Künstlichen Intelligenz: Voraussetzungen für das Zeitalter der KI

Der digitale Wandel war, wie wir bereits festgestellt haben, keine Revolution, sondern eher eine Evolution. Er brach nicht plötzlich über die Welt herein, sondern entfaltete sukzessiv seine Wirkung. Die unterschiedlichen Branchen hatten also durchaus Zeit, sich auf die jeweiligen Entwicklungen einzustellen und ihr Geschäftsmodell entsprechend zu adaptieren. Mit der Evolution ist es allerdings so eine Sache. Um es nach Charles Darwin zu sagen: Nicht der Stärkste überlebt in Zeiten des Wandels, sondern derjenige, der es schafft, sich am besten auf die veränderten Umweltbedingungen anzupassen. Adaption ist also überlebensnotwendig. Klar, das war schon immer so. Und Menschen sind auch grundsätzlich dazu in der Lage, sonst würden wir kaum auf zwei Beinen durch die Welt laufen. Allerdings ist jede Veränderung unbequem und diejenigen, die sich anpassen müssen, werden häufig von Zweifeln geplagt, ob das nun alles so notwendig ist. Die Digitalisierung bildet da keine Ausnahme:

1. 1998 war Paul Krugman, der zehn Jahre später Nobelpreisträger werden sollte, noch überzeugt, dass das Internet nicht mehr Einfluss gewinnen würde als das Faxgerät. Er hat den Nobelpreis glücklicherweise nicht für diese Prognose erhalten.
2. Wer brauche schon Computer, so die Einschätzung von IBM-Chairman Thomas Watson im Jahr 1943. Es gebe global einen Markt für vielleicht fünf dieser Geräte. Nun ja.
3. Das iPhone? Mit 500 Dollar das teuerste Telefon der Welt und es habe nicht einmal eine Tastatur, sei also für das Schreiben

von E-Mails und somit für die berufliche Nutzung eher ungeeignet. Das sagte Microsoft-Chef Steve Ballmer im Jahr 2007 als Reaktion auf die Vorstellung des ersten iPhones.

Irren ist menschlich und Wandel muss keineswegs schlecht sein, auch wenn er uns zunächst aus der Komfortzone drängt. Die Angst, abgehängt und nicht mehr gebraucht zu werden, begleitet Veränderungsprozesse aller Art. Aber darin liegen auch Chancen: Ohne die moderne Technologie hätten wir heute beispielsweise niemals so viel Freizeit und Urlaub.

Ganz grundsätzlich lässt sich die Geschichte der Digitalisierung bisher in drei Phasen zusammenfassen. Ungefähr bis zum Jahr 2005 waren die Möglichkeiten des Internets ein Spielplatz für neue Ideen. Das Geschäft florierte und die Onlinewelt stand allen offen. Das Internet hatte quasi eine Unterstützungsfunktion für einzelne Teile der Wertschöpfung: Man erstellte eine Webseite und wurde über Suchmaschinen sogar gefunden, Produkte konnten digital vermarktet werden und der Kundenservice war per E-Mail oder Kontaktformular erreichbar. Kurz, die Verantwortlichen ließen Content und Services auf eine neue Technologieebene befördern, mit dem guten Gefühl, in Sachen Innovation jetzt ganz vorne mit dabei zu sein. In dieser Phase wurden die Unternehmen gegründet, die heute die Märkte prägen: Amazon, Yahoo, Google und Salesforce in den USA, aber auch Alibaba und Tencent in China.

In der anschließenden, etwa bis zum Jahr 2015 andauernden Phase wurde das Internet ganz zentraler Bestandteil der Geschäftsmodelle. Die gerade erwähnten Anbieter entfalteten ihr Potenzial mehr und mehr, neue Wettbewerber traten zusätzlich auf den Plan. Ihre Gemeinsamkeit: Oft waren es Tech-Firmen ohne originäre Branchenkompetenz, die jedoch den Kunden und dessen individuelle Bedürfnisse zu 100 Prozent in den Fokus ihres Tuns gerückt hatten. Mit diesem Ansatz konnten sie die tradierten Geschäftsmodelle untergraben. Wir sprechen in diesem Zusammenhang von der Plattformökonomie: Kunden, Partner und eigene Angebote kommen an einem digitalen Ort zusammen. Auf diesem Prinzip basiert der Erfolg vieler Giganten aus dem Silicon Valley. Neben den bereits erwähnten Konzernen wie Amazon und Google waren das innovative junge IT-Start-ups wie Spotify, Uber, Airbnb und Co.

Ein weiterer zentraler Bestandteil der zweiten Digitalisierungsphase sind die sozialen Medien, die im Zuge des vielzitierten Web 2.0 als neue Macht im Onlinemarkt aufstiegen. Vorreiter in den USA war das 2003 gegründete MySpace, Facebook folgte 2004 und überholte den Konkurrenten 2008 gemessen an der Mitgliederzahl. Im August 2008 hatte Facebook rund 100 Millionen Nutzer weltweit; zehn Jahre später nutzten etwa 2,3 Milliarden Menschen das soziale Netzwerk. Auch wenn in Deutschland Facebook zunehmend kontrovers diskutiert wird und gerade junge Zielgruppen auf andere Plattformen ausweichen, ist die Marktmacht des Konzerns bedeutend. Auch Instagram und WhatsApp gehören zum Unternehmen – so viel zu denen, die dachten, die Datenskandale der jüngsten Vergangenheit würden Facebook als Ganzes den Todesstoß geben.

Der Social-Media-Markt wird heutzutage von den bekannten großen Playern dominiert, zu denen natürlich auch YouTube, Twitter und Co. zählen. Für diverse spezielle Interessen oder Altersgruppen gibt es eigene Plattformen, etwa das heute unter dem Namen TikTok agierende ehemalige musical.ly oder Snapchat, das vor allem bei jungen Nutzern äußerst beliebt ist.

Auf keinen Fall dürfen die bevölkerungsreichen Länder im Osten vergessen werden: WeChat ist Marktführer in China, die Plattformen des Facebook-Konzerns werden hier blockiert, auch Twitter und YouTube sind gesperrt. Je nach Regulierung und Mentalität haben in manchen Ländern lokale Netzwerke die Marktführerschaft, noch vor den bekannten US-Anbietern. Aber irgendeine Form von Social-Media-Plattformen finden wir quasi überall.

Technologische Grundlagen für den Erfolg der Plattformökonomie und Social Media sind nicht zuletzt die rasante Zunahme von mobilen Datendiensten zusammen mit den Möglichkeiten des Cloud Computings. Dank der im Verlauf fast flächendeckenden Verbreitung von Smartphones sowie der entsprechenden Aufrüstung und Abdeckung der Mobilfunknetze kann man fast jederzeit von jedem Ort aus online gehen, etwas posten, mit Freunden chatten, einkaufen oder eben mal schnell Informationen abrufen. Ganz nebenbei hinterlässt man umfangreiche Datenspuren im Netz, die Basis für eine ausgefeilte Werbevermarktung. »Mobile first!« lautete der Leitspruch aller Unternehmen, die in dieser zweiten Phase der Digitalisierung am Puls des Marktes waren. Das Ergebnis: Eine umfänglich vernetzte Welt, mobile Kunden, die jederzeit ansprechbar sind, funktionierende Plattformen, auf denen sich die Menschen versammeln, sowie umfangreiche Datensammlungen in der kostengünstigen Cloud. Gerade die Daten spielen eine zentrale Rolle. Sie stammen nicht nur von uns fleißig surfenden Internetnutzern, sondern etwa auch von Standortdaten unserer Smartphones, Aufzeichnungen von Maschinen, Autos, Kreditkartenzahlungen oder Flugbuchungen. Datenspuren sind quasi unsere ständigen Begleiter – unsere digitalen Schatten.

All diese Aspekte waren und sind wichtig, aber dennoch nur die Vorboten für die dritte Digitalisierungsphase. Sie hat Mitte dieses Jahrzehnts begonnen und nimmt dramatisch Fahrt auf: »KI first!« Wer die aktuelle technologische Entwicklung im Sinne seines Unternehmens nutzen will, kann nur mit dieser Strategie Erfolg haben. Worum geht es genau? Mithilfe hoch leistungsfähiger Rechner lösen Algorithmen eigenständig Probleme und steuern über Sensortechnik vernetzte Geräte im Internet der Dinge. Wir befinden uns damit im Post-Internet-Zeitalter: Das Internet als solches ist nicht der neue Bestandteil der Geschäftsmodelle, sondern die Voraussetzung dafür.

Weder der Begriff der Künstlichen Intelligenz noch einige der Grundlagen sind vollkommen neu. Erst heute kommen jedoch alle notwendigen Voraussetzungen für deren Nutzung so zusammen, dass sich wirtschaftlich relevante Anwendungen für den Massenmarkt ergeben. Während sich aktuell viele Unternehmen noch abmühen, ihr Geschäftsmodell an die Marktbedingungen

Online (bis ca. 2005)	Mobile, Cloud und Social Media (bis ca. 2015)	Künstliche Intelligenz (seit ca. 2015)
· Internet wird überwiegend zum Hosting eigener Webseiten, der Vermarktung von Produkten und dem Auffinden von Inhalten genutzt (Web 1.0) · Internet hat überwiegend Unterstützungsfunktion für einzelne Teile der Wertschöpfung	· Smartphones, Cloud-Computing und Big Data ermöglichen die Bildung hochvernetzter Plattformen, auf denen sich Nutzer, Unternehmen und Kunden austauschen und Inhalte teilen können (Plattformökonomie, Web 2.0) · Internet ist zentraler Bestandteil des Geschäftsmodells (Ersetzung von Teilen der klassischen Wertschöpfung)	· Mithilfe von großen Datenmengen und hoher Rechnerleistung lösen Algorithmen eigenständig Probleme (KI) und steuern über Sensoren vernetzte Ökosysteme (Internet der Dinge) · Internet ist nur noch die Voraussetzung für neue Geschäftsmodelle, die durch einen hohen Big-Data-, Cloud- und KI-Grad die komplette Wertschöpfung abdecken

KI für ...Internetunternehmen ...Geschäftsanwendungen ...Physische Produkte ...Automatisierungen

	1995	2000	2005	2010	2015	2020
	● Yahoo	● Google	● YouTube	● Microsoft Azure	● Amazon Alexa	
	● Amazon	● Alibaba	● Amazon Web Service		● Google Home	
		● Tencent		● Apple iPhone ● Apple Siri	● TensorFlow	
		● Salesforce	● Facebook	● Google Cloud	● Waymo	
			● Spotify	● Instagram	● Amazon Go	
				● Airbnb ● Deep Mind		
				● Uber	● Prime Video	

Die zentralen Phasen der Digitalisierung sowie wichtige Unternehmensgründungen der zweiten Digitalisierungsphase zu adaptieren, verpassen sie möglicherweise den Schritt, der über ihr künftiges Überleben am Markt entscheiden wird. Die Vorreiter aus dem Silicon Valley haben längst damit begonnen, ihre Strategien viel umfassender an KI auszurichten, als es jemals zuvor bei anderen technologischen Neuerungen der Fall war. Dies geschieht zum einen aufgrund neuer Produkte und Dienstleistungen, zum anderen aufgrund strategischer Akquisitionen. Ziel der Bestrebungen ist es, die komplette Wertschöpfungskette einer Industrie (oder sogar darüber hinaus) abzubilden und ein geschlossenes Ökosystem aufzubauen. Wenn dieser Fall eintritt, sind selbst die etabliertesten Marktpositionen nicht mehr sicher.

Stichwort Automobilindustrie: Deutschland gilt als Land der Ingenieure, viele der Unternehmen zählen zur globalen Spitzengruppe. Mit zunehmend intelligenten Anwendungen als fester Produktbestandteil werden jedoch vollkommen neue Kompetenzen notwendig. Über den Mehrwert eines Autos wird über kurz oder lang nicht mehr das Äußere entscheiden, sondern vor allem das reibungslose Funktionieren von smarten Softwarelösungen und der Verbindung von allen mobilen Anwendungen, auf die der Nutzer auch während der Fahrt nicht verzichten möchte. Die Verbindung des eigenen Smartphones mit dem Bordcomputer gestaltet sich aber nicht selten als mittlere Katastrophe. Und auch ein schlechtes Navigationssystem kann in einem ansonsten erstklassigen Auto jedes Fahrvergnügen auf unbekannter Strecke vermiesen. Bauen Unternehmen hierzulande nicht rasch ihre Fähigkeiten in Bezug auf Konnektivität und Usability aus, besteht die Gefahr, dass die stolzen deutschen Automobilmarken irgendwann Karosseriezulieferer für smarte Softwareentwickler werden, ähnlich wie Foxconn für Apple.

Stichwort Gesundheitsindustrie: Für nicht wenige Akteure und Unternehmen im Healthcare-Geschäft ist es noch immer unvorstellbar, durch die Digitalisierung zu einem umfassenden Kurswechsel gezwungen oder gar durch KI ersetzt zu werden. Die Arzt-Patienten-Beziehung, die Apothekenpflicht von Medikamenten, die hochsensiblen Daten aus diesem System: Selbst Digitalisierungsfreunde können sich hier schnell Horrorszenarien vorstellen. Aber ist die Wahrscheinlichkeit für positive Szenarien nicht deutlich höher? Die menschliche Beziehungsebene spielt im Gesundheitssystem natürlich eine wichtige Rolle, jedoch ist sie vielleicht bei der Analyse eines Röntgenbilds nicht gerade entscheidend. Digitale Unterstützung macht es möglich, dass der Arzt sich auf die wirklich wichtigen Dinge konzentrieren kann: Zeit haben, um den Patienten als Menschen ganzheitlich wahrzunehmen und sich nicht im Wirrwarr aus unterschiedlichen Diagnosen, Rezepten, Krankmeldungen und der generellen Koordination zu verlieren.

Traditionelles Branchenwissen wird künftig nicht der eine entscheidende Wettbewerbsvorteil mehr sein. Wer den Kunden versteht, versteht die Branche. Und das wird dank der enormen Menge an verfügbaren Datensätzen auch für Unternehmen ohne langjährige Marktexpertise immer einfacher. Die etablierten Player, denen es nicht gelingt, sich in zunehmend KI-gesteuerten Branchen umzustellen, geraten in Gefahr, den Anschluss zu verlieren. Denn möglicherweise stehen sie schon bald vor den verschlossenen Türen eines Ökosystems, das branchenfremde IT-Unternehmen in ihrem angestammten Markt errichtet haben.

Im Rahmen der zentralen Phasen der Digitalisierung haben wir gerade die Grundlagen vorgestellt, auf denen KI ihr disruptives Potenzial entfalten kann. Wir wollen nun einmal tiefer in die einzelnen Aspekte der zweiten Digitalisierungsstufe einsteigen. Worum geht es jeweils genau, was müssen Unternehmen bedenken und natürlich die Frage: Müssen wir das jetzt überhaupt noch wissen, wo sich doch schon alles um KI dreht?

Win-win-Situation: Plattformökonomie

Was haben Amazon, Airbnb, eBay, Google, Tinder und Uber gemeinsam? Sie alle sind Plattformen und vermitteln zwischen dem

Angebot der Firmen und der Nachfrage ihrer Nutzer. Plattformen versprechen die ständige Verfügbarkeit von allem, seien es Produkte, Mobilitätsangebote, Essen oder Sex – das Glück ist nur einen Klick entfernt. Der Endkunde muss die Anbieter nicht einzeln suchen, er kann direkt die Preise vergleichen und einheitlich bestellen, buchen oder Kontakt aufnehmen. Die Anbieter wiederum profitieren von der Masse der Plattformnutzer. Manche Menschen hätten ohne die Plattform niemals zueinandergefunden. Und nicht wenige Kinder wären möglicherweise nie geboren worden.

Das Bundeskartellamt unterscheidet bei Plattformen vier zentrale Typen:

1. Inhalte (z. B. Nachrichten, Videos, Musik).
2. Suche (allgemeine Suchmaschinen, aber auch vertikale Suchdienste mit Suchfunktionen für eine bestimmte Kategorie).
3. Handels- bzw. Vermittlungsplattformen (z. B. Amazon, eBay, Partnervermittlung, Buchungsportale etc.).
4. Kommunikationsnetze (soziale Netzwerke).

Dank Werbeeinnahmen ist die Nutzung der Plattform meistens kostenlos, zumindest im finanziellen Bereich. Ausnahmen bilden Paid-Content-Portale oder spezielle Dienste, wie man sie etwa bei Partnervermittlungen findet. Wir bezahlen jedoch immer – mit unseren Daten.

Spannend wird es insbesondere, wenn eine Plattform nicht nur einen Markt beherrscht, sondern mehrere. Google zum Beispiel ist die wichtigste Suchmaschine, gleichzeitig aber auch Eigentümer von YouTube und stellt einen Internetbrowser, E-Mail-Dienst, Kartendienst und weitere Angebote zur Verfügung. Ganz zu schweigen von Android, dem führenden Betriebssystem für Smartphones. Hier liegen Kundendaten aus verschiedenen Bereichen vor. Verknüpft man diese Daten, bekommt man umfassende Profile, die deutlich stärkere Einblicke in Persönlichkeit und Vorlieben geben, als es den Nutzern auf den ersten Blick bewusst ist. Solche Daten sind eine wertvolle Grundlage für intelligente

Algorithmen, von denen der Kunde wiederum profitiert: Je mehr Daten er hinterlässt und freigibt, desto persönlicher und treffgenauer wird das Angebot. Die Tatsache, dass diverse Tech-Konzerne wie Google und Facebook heute große Kampagnen zur Verbraucheraufklärung bezüglich des Datenschutzes durchführen, darf nicht darüber hinwegtäuschen, dass damit sicher auf Vertrauensaufbau abgezielt wird, aber keineswegs darauf, dass die Verbraucher am Ende weniger Datenspuren hinterlassen. Eher ganz im Gegenteil.

Der Erfolg der Plattformen basiert jedoch nicht auf dem bekannten Prinzip von Angebot und Nachfrage, sondern vor allem auf Netzwerkeffekten in zweiseitigen (bzw. mehrseitigen) Märkten. Nach diesem Prinzip funktionieren auch die klassischen Medienmärkte, was bei der digitalen Disruption leider nicht viel geholfen hat. Dies aber war ein anderes Problem. Wir müssen uns diese Art der Marktzusammenhänge folgendermaßen vorstellen: Die Plattform bedient zwei oder mehrere Bezugsgruppen. Im Fall von beispielsweise Amazon könnten das die registrierten Nutzer als potenzielle Käufer und die externen Verkäufer sein. Diese beiden Gruppen sind durch indirekte Netzwerkeffekte verbunden. Das bedeutet, dass sie von der Größe der jeweils anderen Gruppe profitieren. Je mehr Verkäufer auf Amazon aktiv sind, desto breiter wird das Angebot für die Käufer. Der Nutzen der Käufergruppe steigt also (»Großartig, hier bekomme ich einfach alles!«). Ebenso profitiert die Gruppe der Verkäufer davon, wenn die Gruppe der Käufer zunimmt beziehungsweise besonders groß ist: In diesem Fall gibt es mehr potenzielle Abnehmer für das eigene Produkt (»Super, ich verkaufe Produkte über Amazon, da erreiche ich viel mehr mögliche Käufer als nur über meinen kleinen Onlineshop!«). Auf diese Art werden die Transaktionskosten verringert, also die Kosten für Geschäftsanbahnung und Abwicklung, welche ohne eine Plattform deutlich höher wären. Vereinfacht bedeutet das: Wächst eine Bezugsgruppe der Plattform, so wird die Plattform auch für andere Bezugsgruppen attraktiver. Somit befeuert sich das Wachstum der Gruppen gegenseitig und kann deutlich schneller voranschreiten als bei traditionellen Unternehmen.

Indirekte Netzwerkeffekte greifen gerade auch bei den sozialen Netzwerken. Man kann etwa zwischen der Gruppe der Nutzer und der Gruppe der Werbetreibenden unterscheiden:

1. Die Gruppe der Werbetreibenden profitiert, wenn die Zahl der Nutzer hoch ist. So erreicht die Werbebotschaft möglichst viele Rezipienten.
2. Auch die Gruppe der Nutzer profitiert von vielen Werbekunden – was zunächst einmal unlogisch klingt, da Werbung eigentlich als Störfaktor wahrgenommen wird. Aber: Je mehr Werbekunden das Netzwerk hat, desto mehr Geld steht zur Verfügung, mit dem das Unternehmen neue Features entwickeln und somit das Nutzererlebnis verbessern kann.

Die Besonderheit bei den sozialen Netzwerken: Neben den indirekten liegen auch direkte Netzwerkeffekte vor. Eine Bezugsgruppe der Plattform profitiert damit auch von der Größe der eigenen Gruppe, das beeinflusst insbesondere unseren persönlichen Nutzwert. Nehmen wir zum Beispiel Instagram: Je mehr Nutzer Instagram hat, desto stärker profitieren wir selbst. Warum? Mit steigender Nutzerzahl erhöht sich die Wahrscheinlichkeit, dass unser Freundeskreis ebenfalls im Netzwerk vertreten ist und dass wir spannende neue Bekanntschaften schließen.

Neben den Netzwerkeffekten kommen bei Plattformen noch zwei weitere Besonderheiten zum Tragen: Positive Skaleneffekte sowie Lock-in-Effekte. Skaleneffekte kennen wir bereits aus der traditionellen Wirtschaft: Eine größere Zahl produzierter beziehungsweise verkaufter Einheiten hat sinkende Stückpreise zur Folge (quasi das Erfolgsrezept der industriellen Massenproduktion). Während Wachstum üblicherweise eine Mehrproduktion und damit mehr Ausgaben etwa für Arbeitskraft und Material mit sich bringt, fehlen diese Kostenpunkte in der Plattformökonomie. Sind Entwicklung und Programmierung der Webseite sowie die

Geschäftsprozesse erst einmal aufgesetzt, findet das Wachstum mit vergleichsweise geringen Kosten statt.

Lock-in-Effekte beziehen sich auf die Kundenbindung und machen quasi den Sack zu. Sind wir einmal Nutzer einer Plattform, stellt der Wechsel zu einem anderen Anbieter eine gewisse Barriere da. Sie kennen das: Wir wissen alle um die Schwachstellen etwa von Facebook und WhatsApp. Aber dort sind nun mal alle unsere Freunde zu finden, mit denen wir sonst (meist deutlich mühsamer) auf anderen Wegen irgendwie in Kontakt bleiben müssten. Verlassen wir also das Ökosystem, sind die sogenannten Wechselkosten hoch. Aus diesem Grund sind wir bei den Plattformen gewissermaßen eingeschlossen (Lock-in). Ein kleiner Trost: Spätestens bei der Organisation des nächsten Klassentreffens ist Facebook dann eben doch Gold wert (beziehungsweise: Daten wert), und Sie werden froh sein, Ihren Account nicht gelöscht zu haben.

Netzwerkeffekte, Skaleneffekte, Lock-in-Effekte. Wie war das mit den Ringen der Macht? Ok, J. R. R. Tolkien schreibt in seinem Klassiker *Der Herr der Ringe* von deutlich mehr als drei Ringen, aber die Plattform ist quasi der *eine* Ring, der alle anderen zusammenhält: »Ein Ring, sie zu knechten, sie alle zu finden, ins Dunkel zu treiben und ewig zu binden.«[7] Ganz so weit wollen wir natürlich nicht gehen. Aber Plattformen in der Hand eines Konzerns, der aufgrund seiner Größe von den drei vorgestellten Effekten profitiert, können sämtliche kleinere Anbieter vor sich hertreiben – oder sie sich gleich einverleiben.

Plattformen schalten also Zwischenhändler aus und beseitigen ineffiziente Prozesse. Eine Win-win-Situation für alle Seiten, die ehemaligen Zwischenhändler mal ausgenommen. Hat man die grundlegenden Prinzipien der Plattformökonomie verinnerlicht, braucht man gar nicht zwingend eine detaillierte Marktkenntnis, sondern lediglich eine hohe IT-Kompetenz. Aus diesem Grund wurden die meisten erfolgreichen Plattformen auch von branchenfremden Technologieexperten gegründet. Es war kein Händler, der die Idee zu Amazon hatte, sondern ein Technologiespezialist. Jeff Bezos hatte lediglich die Kerncharakteristika des Marktes sowie die Bedürfnisse der Nutzergruppen verstanden und darauf aufgesetzt. Entsprechend stehen bei Plattformen die Angebotsbreite bei den Produzenten sowie die Usability auf der Nutzerseite im Vordergrund. Erstere ließ sich in der ersten Phase der Digitalisierung leicht herstellen: Es gab noch keine Konkurrenz, sodass sich die Produzenten und Anbieter auf wenige Plattformen konzentrieren konnten. Die Usability wiederum war die Expertise der Plattformbetreiber. Sie konnten ihr aus den Kundendaten gewonnenes Wissen über die Nutzungsvorlieben der User ausspielen, die Anbieter waren dann nur noch für die inhaltliche Darstellung der angebotenen Produkte zuständig.

Auch Airbnb ist kein Tourismuskonzern, hat aber sowohl die Kundenbedürfnisse als auch die Pain Points dieses Marktes verstanden und in eine Plattform überführt. Nicht jeder steht auf Hotels mit überfüllten Frühstücksräumen und Zimmern, deren Teppich man einfach nicht so genau anschauen möchte. Dafür zahlt man oft einen stolzen Preis und ist doch in einer anonymen, unbefriedigenden Servicewüste gefangen. Freundlich, individuell und nah dran am Lebensgefühl des besuchten Ortes sieht anders aus. In genau diese Lücke ist Airbnb mit der Vermietung von Privatunterkünften gesprungen.

Jedes Unternehmen sollte sich heute bewusst sein, welche Rolle es selbst in der Plattformökonomie einnimmt, die nicht nur unser privates Konsum- oder Reisevergnügen stark beeinflusst, sondern sich auch in der Industrie etabliert hat. Wie und wo vertreiben Sie Ihr Produkt? Welche Daten bekommen Sie von den Plattformen, auf denen Sie aktiv sind? Auf welche Weise profitieren die Bezugsgruppen Ihres Unternehmens voneinander? Haben Sie diese Effekte bereits ausgeschöpft? Oder ist Ihre Branche noch nicht so weit und Sie sind möglicherweise nur ein Zwischenhändler, der durch eine Plattform ersetzt werden könnte? Diesen Fragen darf man gerade in Zeiten der KI nicht ausweichen. Denn mithilfe ausgefeilter Algorithmen können Plattformen unser Leben ungemein erleichtern und die Vergleichbarkeit und Transparenz des Angebots für die Kunden deutlich erhöhen. Dadurch hebt sich das gesamte Marktniveau, und schlechte Anbieter werden schnell enttarnt. Die zwingende Grundlage für die Nutzung der Künstlichen Intelligenz auf den Plattformen sind aber die konsequente Generierung und Analyse von Kundendaten sowie die Etablierung der darauf aufsetzenden Prozesse, wie wir im Folgenden noch sehen werden.

Kaufst du noch oder teilst du schon? – Sharing Economy

Der Begriff der Sharing Economy ist eng mit dem Prinzip der Plattformen verbunden. Er ist bereits seit 2008 eine geläufige Bezeichnung für das Teilen in vielerlei Hinsicht. Eine einheitliche Definition gibt es nicht, jedoch diverse Spielarten. Rachel Botsman, Autorin eines der ersten Bücher zum Thema (*What's Mine is Yours: How Collaborative Consumption Is Changing the Way We Live* aus dem Jahr 2011), versuchte, alle Bereiche, die irgendwie irgendetwas mit Teilen zu tun haben, zu definieren und zu unterscheiden. Für sie ist Sharing Economy ein ökonomisches Modell, das sich auf das Teilen ungenutzter Ressourcen bezieht. Dies können Dinge, Fähigkeiten oder Orte sein, wobei sowohl bezahlte als auch kostenlose Angebote möglich sind. Über diese Definition hinaus gibt es noch unzählige andere Einordungsansätze. Allen gemein ist allerdings die technologische Grundlage einer Plattform, ohne welche die Sharing Economy nicht denkbar wäre. Der zweite wichtige gemeinsame Aspekt ist der zugrundeliegende Wertewandel, der in Zeiten der Digitalisierung gerade für junge Zielgruppen charakteristisch ist: Der Stellenwert von Eigentum verschiebt sich.

Der Grundgedanke des Teilens ist natürlich keine neue Erfindung. Schon in der Antike gab es Bibliotheken, gemeinschaftlich genutzte Gegenstände und Dienste gehören seit Jahrhunderten zum menschlichen Dasein. Selbst Carsharing fand bereits in den 1940er Jahren in den USA statt, um in der Kriegszeit knappe Materialien einzusparen. Heute ist es nicht die Knappheit, die Sharing begünstigt, sondern vielleicht sogar der Überfluss. Über digitale Plattformen können wir fast jederzeit alles haben, der Stellenwert von Statussymbolen hat sich deutlich verschoben. Mein Haus, mein Auto, mein Boot: Das war einmal.

1. Wozu ein kostspieliges Ferienhaus, bei dem ich mich mehr um die Instandhaltung kümmere als um den Urlaub? Mal ganz davon abgesehen, dass es auch andere schöne Orte gibt. Über Airbnb kann ich genauso individuell Urlaub machen, ohne den Druck im Nacken, mein Haus in den Bergen auch mal abwohnen zu müssen.

2. Wozu ein eigenes Auto, wenn ich die meiste Zeit nicht damit verbringe, von A nach B zu fahren, sondern mein mühsam ersparter Golf auf einem hart erkämpften Innenstadtparkplatz steht? Wenn der Samstagmorgen mit der Überlegung beginnt, ob man heute einen Ausflug machen sollte und wann man zurück sein muss, um wieder einen Parkplatz zu finden, macht die Planung nur noch halb so viel Spaß. In die Arbeit fährt man sowieso nur öffentlich oder mit dem Rad, denn auch dort gilt: keine Parkplätze. Und wenn man dann doch mal stolz mit der Familie in den Urlaub fahren will, reicht der Platz in dem innenstadttauglichen Mittelklassewagen ohnehin nicht, und es muss für zwei Wochen ein Camper gemietet werden.

3. Wozu ein Boot? Das war schon immer eine Luxusfrage. Wobei genau die wieder interessant werden dürfte, nur auf einem neuen Level. Dazu gleich mehr.

Die Sharing Economy geht einher mit einem Umdenken der Kunden: Teilen ist smart. Die Plattform ermöglicht den optimalen Überblick, und durch die Netzwerkeffekte beflügelt sich das Wachstum selbst. Trendvorreiter ist die junge städtische Bevölkerung, sie bevorzugt Lösungen, die maximalen Komfort bieten. Einer PWC-Studie zufolge waren in Deutschland im Jahr 2017

53 Prozent der Nutzer von Angeboten der Sharing Economy zwischen 18 und 39 Jahre alt. Nutzungshäufigkeiten sowie Ausgaben nehmen mit zunehmendem Alter ab. Protzige Statussymbole sind heute weniger gefragt als früher. Die Followerzahl in den sozialen Netzwerken sagt mehr über den Status aus als großflächige Logos auf den Klamotten. Auch der Stellenwert des eigenen Autos und die Strahlkraft von Automarken als Indikator für den persönlichen Coolnessfaktor haben sich gewandelt. Zwar ist die Frage, wann man endlich seinen Führerschein hat, in ländlichen Regionen ein Dauerbrenner, in der Stadt jedoch nicht mehr so stark. Denn dort bekommt man coole und hochflexible Sharingangebote wie DriveNow oder Car2go an jeder Ecke.

Permanenter, einfacher Zugang zu rund um die Uhr individuell nutzbaren Produkten und Dienstleistungen ist wichtiger als deren Eigentum. Ganz im Gegenteil: Mit häufig wechselnden Wohnorten für Ausbildung, Studium und Beruf werde zu viel Eigentum zur Belastung, so Anne Schüller und Alex Steffen in ihrem Buch *Fit für die Next Economy – Zukunftsfähig mit den Digital Natives*. Hundeschermaschine, Schlagbohrer, Dampfstrahler – so oft braucht man das nicht. Selbst für Brautkleider gibt es inzwischen Sharingangebote: Braucht man (hoffentlich) nur einmal, hängt danach im Schrank. Emotional beglückend oder belastend, aber davon trennen mag man sich dann auch nicht. Dafür ist eine kleine Nervenkrise beim nächsten Umzug garantiert. Wenn es in der jungen Generation heute ein gemeinsames Statussymbol gibt, so ist es das Smartphone als wichtigste Schaltzentrale für den Zugang zu Lösungen in allen wichtigen Lebenslagen.

Was können die traditionellen Anbieter also tun, die bisher gut davon gelebt haben, dass Menschen ihre Produkte unbedingt ihr Eigen nennen und eher ungern verleihen möchten? Sie sollten sich einige Fragen stellen, warum genau ihre Kunden das jeweilige Produkt eigentlich nutzen. Ist es ein Gebrauchsgegenstand, den man gelegentlich benötigt, an dem man aber nicht wirklich hängt? Rufen die Produkte keine großen Emotionen hervor, müssen aber trotzdem regelmäßig verwendet werden? Macht die Nutzung der

Produkte Spaß und will man sie deshalb häufig einsetzen? Oder haben meine Produkte oder Dienstleistungen sogar einen so hohen emotionalen Wert, dass die Kunden auf gar keinen Fall darauf verzichten wollen?

Möglicherweise teilen sich nämlich die Märkte der Zukunft den Aspekt, dass die Grundbedürfnisse des Menschen gestillt werden müssen, vielleicht aber auf eine deutlich effizientere Weise als bisher, nämlich durch Sharingangebote und Abos für Grundnahrungsmittel und Verbrauchsgüter des täglichen Bedarfs. Daneben ist Potenzial für einen High-End-Markt mit besonderen Angeboten für spezielle Gelegenheiten oder Erlebnisse: Autofahren macht Spaß – aber nicht unbedingt im Feierabendverkehr in der Familienkutsche. Kochen kann Spaß machen – aber nicht, wenn man 15 Minuten Zeit und enormen Hunger hat. Für den Spaßfaktor sorgen hochwertige Angebote: Die Cabriotour am Wochenende, die top ausgestattete Küche für die Tage, an denen man mal aufwändig Freunde bekochen will. Die Zutaten besorgt man sich dann in Ruhe auf dem Wochenmarkt oder in Spezialitätengeschäften, weil es eben etwas Besonderes ist. Individualität und Hochwertigkeit stehen hier im Fokus der Kunden. Utility vs. Fun – das neue Mantra der Sharing Economy?

Auch aus ökonomischer Perspektive ist die Sharing Economy ein interessantes Feld. Einerseits könnte man sie kritisch als Kommerzialisierung der Freundschaftsdienste bezeichnen (auch wenn als Gegentrend Modelle existieren, bei denen nicht mit finanziellem Gegenwert geteilt wird, etwa im Sinne »suche Akkubohrer, biete Marmorkuchen«). Andererseits gibt es Stimmen, die das Sharingkonzept in Kombination mit neuen technologischen Möglichkeiten als Auslöser für einen Rückzug des Kapitalismus sehen.

Prominentester Vertreter dieser Auffassung ist sicherlich Jeremy Rifkin mit seinem Buch *Die Null-Grenzkosten-Gesellschaft* (*The Zero Marginal Cost Society*). Als Grenzkosten werden die Kosten bezeichnet, die bei der Produktion einer zusätzlichen Produkteinheit anfallen, also ohne Fixkosten. Rifkin zeigt auf, wie der technologische Fortschritt die Grenzkosten für viele Produkte gegen

Null sinken lässt. Ein Beispiel sind etwa die Tauschbörsen für Musik oder sämtliche kostenlose Onlinedienste wie Videos, Informationen und Co. Wir haben im ersten Kapitel bereits gesehen, welche verheerenden Auswirkungen diese neuen Angebote auf die Geschäftsmodelle der Medienindustrie hatten. Der Konsument wird zum »Prosumenten«, als solcher produziert und konsumiert er in Personalunion. Mit dem technologischen Fortschritt wird sich dieser Prozess noch weiter verstärken und in immer mehr Bereiche vordingen, so Rifkin. Energie, selbst erzeugte Produkte aus dem 3-D-Drucker, Bildung – immer und jederzeit verfügbar in der vernetzten Welt. Auf dieser Basis könne sich ein neues Wirtschaftssystem entwickeln, die Collaborative Commons. Es basiert nicht auf dem Prinzip von Eigentum, sondern setzt auf Zugang und Verfügbarkeit im Internet der Dinge (Internet of Things, IoT). Das IoT ist im Kern eine Welt, in der mit unzähligen Sensoren ausgestattete intelligente Maschinen miteinander im permanenten Austausch stehen. Die Vision von Rifkin beinhaltet letztlich auch den Menschen, der Teil der Vernetzung physischer und virtueller Objekte wird. Der Zugriff ist für jeden möglich und damit die Basis für kollaboratives Gemeingut, quasi eine Maximalerweiterung der Sharing Economy. Zusammengehalten wird eine solche Welt im IoT von Künstlicher Intelligenz, darum ist dieser Punkt so zentral für unsere Argumentation und zum momentanen Zeitpunkt möglicherweise noch erschreckend.

Laut Rifkin teilen wir künftig also nicht nur alle Daten mit intelligenten Maschinen, sondern integrieren uns auch als Menschen in dieses System. Diese Preisgabe unserer intimsten Routinen und Geheimnisse scheint auf den ersten Blick eher unwahrscheinlich, im Grunde genommen geht es aber um eine Erweiterung des Teilens, das wir bereits kennen: Zu Beginn der zweiten Digitalisierungsphase konnten sich vermutlich die wenigsten von uns vorstellen, so vollumfänglich mit Freunden, Familie, Kollegen, aber auch Fremden vernetzt zu sein wie heute und somit nahezu jede Form der Information miteinander auszutauschen. Möglich gemacht haben das die sozialen Netzwerke.

Follow, Like, Love? – Social Media

Falls Sie weibliche, digitalaffine Nachkommen im (vor-)pubertären Alter haben und sich in deren Badezimmer umsehen, entdecken Sie möglicherweise den Duschschaum von YouTube-Star Bianca »Bibi« Claßen aka *bibisbeautypalace* in leckeren Geschmacks- oder eher Duftrichtungen. Die Sorte Tasty Donut etwa entzückt laut Werbetext mit dem süßen Duft eines »frischgebackenen Donuts und fruchtigem Erdbeerzuckerguss«. Einer unserer Kollegen hat von traumatischen Erfahrungen bei der Begehung des Badezimmers seiner Kinder berichtet: nicht eine, sondern alle Duftvariationen sind ein Must-have bei weiten Teilen der jungen Zielgruppe.

Ohne Social Media sähe es in diesem Badezimmer womöglich anders aus. Influencer sind jedoch nur eine Auswirkung der flächendeckenden Verbreitung der sozialen Netzwerke. Sie wurden etwa bis zur Mitte der zweiten Digitalisierungsphase von Skeptikern gerne als Sammelsurium aus alten Schulfreunden, Katzenvideos und Liveschaltungen aus dem Kinderzimmer abgetan. Dann kam der Arabische Frühling, der vielen Menschen erstmals vor Augen geführt hat, wie die digitale Vernetzung ganz reale und dramatische Auswirkungen in die analoge Welt tragen kann. Wenn wir mit einer gesellschaftspolitischen Brille auf diese Plattformart blicken, sehen wir ein enormes Potenzial, das zuvor nicht vorhanden war. Minderheiten haben eine Möglichkeit, Gleichgesinnte zu treffen, Größe zu gewinnen und aus der Nische herauszutreten, im Guten wie im Schlechten. Manche politischen Entwicklungen des letzten Jahrzehnts wären ohne die sozialen Netzwerke in dieser Form kaum möglich gewesen und ein eigenes Buch wert. Donald Trump und Brexit lassen grüßen.

Die klassischen Medien haben durch Social Media ihre Funktion als zentraler Gatekeeper von Informationen verloren. Waren sie einst diejenigen, die nach den journalistischen Kriterien Informationen bewerteten und sie entsprechend geprüft und redaktionell aufbereitet der Öffentlichkeit zugänglich machten (und das je nach Land in unterschiedlich eigenständiger Art und Weise), kann heute prinzipiell jeder seine Meinung in die Welt posaunen und auch gehört werden, mit allen positiven und negativen Folgen: Das Ende des Journalismus wurde prophezeit, Fake News, Filterblasen und verzerrte Lebenswelten spielen Kritikern in die Hände. Die klassischen Medien werden wahlweise angegriffen, weil sie Inhalte aus den sozialen Netzwerken nicht aufgreifen und damit, so die Kritiker, einen Teil der Menschen ignorieren. Tun sie es doch, werden nicht selten Vorwürfe laut, man dürfe manchen Themen nicht noch zusätzlichen Raum in seriösen Formaten geben. Kurz: Es ist kompliziert.

Uns interessiert an dieser Stelle vor allem das disruptive Potenzial von Social Media: Wo tut es für die traditionellen Marktteilnehmer weh? Jeder Mensch, jedes Unternehmen, jeder Politiker hat heute unmittelbaren Zugang zum gesellschaftlichen Diskurs und kann sich direkt an Freunde, Zielgruppe und Wähler wenden. Ebenso direkt ist das Feedback der Nutzer, die auch hier wieder als Prosumenten zu sehen sind. Für die Medienbranche bedeutete das vor allem den Verlust von Exklusivität: Politiker, Stars und Fußballvereine posten spektakuläre Neuigkeiten zunächst auf den eigenen Kanälen direkt an die Zielgruppe, die Medien als Zwischenhändler der Information werden durch die sozialen Netzwerke ersetzt. Für den Kunden bedeutet das: Wozu bezahlen, wenn alle Informationen direkt im Newsfeed landen? Mit sinkender Reichweite der klassischen Medien hat auch ihre Relevanz für Werbekunden rapide abgenommen. Na gut, könnte man sagen, dann ist das eben das Problem der Medien.

Aber eben nicht nur: Stellen Sie sich vor, Sie sind Produktmanager in einem Unternehmen für sogenannte Fast Moving Consumer Goods. Sie haben die ehrenvolle Aufgabe, Hygieneartikel für Frauen zu vermarkten. Ihre Zielgruppe bewegt sich altersmäßig also zwischen der Pubertät und den Wechseljahren. Früher hätten Sie diese Zielgruppe in diversen Mädchen- und Frauenzeitschriften sowie über TV-Werbespots in einem geeigneten Programmumfeld gut abholen können. Heute erreichen Sie über diese Kanäle nur noch einen kleinen Teil Ihrer Kundschaft. Insbesondere die wertvollen jungen Kundinnen, deren Konsumverhalten Sie eigentlich über Jahre hinweg prägen möchten, sind Ihnen komplett entglitten.

Dann machen wir halt was mit Online! Social Media! Influencer! Ok. Ganz ehrlich: Welche junge Frau sagt aktiv »ja« in Bezug auf Liken/Folgen einer Unternehmensseite für Hygieneartikel, zumal ihre Freunde die Info womöglich auch sehen? Welcher Influencer geht eine Kooperation mit Ihnen ein, um Ihr Produkt jetzt mal richtig zeitgemäß und hochwertig zu präsentieren? Sie finden sicher jemanden. Aber es wird nicht ganz einfach, diese Story konsequent, zielgruppengerecht und authentisch zu präsentieren. Wenn Sie jedoch erfolgreich vermarkten und gleichzeitig mehr über Ihre Kunden erfahren wollen, brauchen Sie die Informationen aus den sozialen Medien. Vor dem Hintergrund der immer stärker wachsenden Bedeutung von Big Data können es sich Unternehmen nicht erlauben, auf die Auswertung solcher Informationen zu verzichten. Social-Media-Kanäle sind somit ein zentraler Touchpoint der Zeit und eine wichtige Quelle für unzählige Daten, die man wiederum für die Anwendung der Künstlichen Intelligenz benötigt.

Für Lifestyleprodukte ist es vergleichsweise einfach, sich gekonnt in Szene zu setzen. Die Hygieneprodukte und Rohrreiniger dieser Welt haben es da etwas schwerer. Für Unternehmen, die keine direkte Konsumentenkommunikation betreiben, entfallen manche Strategien ohnehin. Aber vielleicht hat man dringend Bedarf an Azubis und möchte sich insgesamt als attraktiver Arbeitgeber positionieren? Hier kann Social Media wieder eine große Rolle spielen, wie Beispiele aus der Industrie zeigen. Trumpf, einer der Weltmarktführer im Bereich Werkzeugmaschinen und Laser für die industrielle Fertigung, ist sogar auf Instagram aktiv, der bildlastigen Lifestyleplattform. Aber nicht mit Werbebildern von aufgehübschten Stanzmaschinen, sondern als Kanal der Auszubildenden und dualen Studenten. Hier gibt es Einblicke sowohl in den Arbeitsalltag als auch in zusätzliche Angebote von Trumpf wie

Betriebssport oder Musikproben für die Weihnachtsfeier. Eben das, was einen potenziellen Azubi interessiert. Wenn es um die optimale Ausnutzung von Social Media geht, können die Wege von Unternehmen überaus unterschiedlich sein. Und für die bestmögliche Ansprache der jungen Zielgruppe reicht manchmal schon ein Blick ins Badezimmer. Oder Sie fragen mal Ihre Kids, was gerade angesagt ist, und lassen sich so updaten.

Ganz gleich, welche Strategie Sie verfolgen: Social Media ist kein Spielzeug, sondern muss professionell gemanagt und bespielt werden. Die Art des Contents muss den Eigenschaften und der Nutzungslogik des gewählten Kanals entsprechen, auch die Zielgruppe muss passgenau abgestimmt werden. Bezahlte Anzeigen und gesponserte Posts sind wichtige Tools, um Menschen auf Ihre Kanäle aufmerksam zu machen. In den sozialen Medien können Sie mit umfassendem und brillantem Kundenservice punkten, indem Sie auf Kommentare, Anfragen und auch Beschwerden schnell und kompetent reagieren. Ein umfassendes Monitoring nicht nur der eigenen Kanäle ist Pflicht, 24/7-Reaktionsfähigkeit ebenso. Gerade bei kontroversen Inhalten und Produkten ist der nächste Shitstorm sonst nur einen Klick entfernt.

Wenn wir den rasanten Wandel betrachten, muss man kritisch fragen: Werden sich Social Media auch langfristig halten oder ist der Hype der vergangenen zehn Jahre irgendwann wieder vorbei? Nicht nur auf der inhaltlichen Seite, auch in Bezug auf unser Mediennutzungsverhalten stehen die sozialen Netzwerke immer wieder in der Kritik. 30 Prozent der Befragten in einer Umfrage des Ericsson ConsumerLabs in den USA und in Großbritannien möchten vor ihren Freunden nicht zugeben, wie viel Zeit sie tatsächlich mit Social Media verbringen. Zwei Drittel der Befragten gehen davon aus, dass auch ihre Freunde sie über ihr eigenes Konsumverhalten anlügen. Das Bild vom einsamen Nerd hinter dem Rechner hat sich zum Smombie gewandelt (by the way, Jugendwort des Jahres 2015): Alle tun es, aber keiner redet gerne darüber, in welchem Ausmaß Social Media tatsächlich das eigenen Leben bestimmen.

Kann man auf so einer Grundlage wirklich Geschäftsstrategien aufsetzen? Man kann nicht nur, man muss. Die sozialen Netzwerke sind ein integraler Bestandteil unseres täglichen Lebens geworden. Für viele ihrer Funktionen haben wir keine Ersatzstrategie mehr. Wie oft hat Sie Facebook, Xing oder LinkedIn schon vor peinlichen Momenten bewahrt, wenn Sie wieder einen Geburtstag vergessen hätten? Wie haben Sie Ihr letztes Klassentreffen organisiert? Und woher wissen Sie, dass Ihre ehemalige Kollegin, die Sie nach einer großartigen Zusammenarbeit aus den Augen verloren haben, jetzt in der Firma arbeitet, in die Sie gerne wechseln würden? Social Media haben unsere Welt nicht nur vernetzt, sondern dadurch größer gemacht. Wir bekommen Dinge mit, auf die wir sonst keinen Zugriff mehr hätten, wir bauen Beziehungen auf. Auch wenn sie »nur« digital sein mögen, sie sind ein Anknüpfungspunkt. Hat Sie nicht vielleicht schon mal ein Headhunter über soziale Kanäle kontaktiert, den Sie analog nie getroffen hätten? Wir bewegen uns also mit größter Selbstverständlichkeit in den sozialen Medien, und auch unser Erstkontakt mit Unternehmen, Marken und Produkten läuft, wie vorhin gezeigt, häufig auf dieser Ebene – gerade bei der Zielgruppe von morgen.

Natürlich sind auch die sozialen Netze im schnellen Wandel. Wer erinnert sich noch an StudiVZ? Gibt es übrigens immer noch. Ist aber von gestern. Dieser Kreislauf wird weitergehen. Facebook ist für die junge Generation nicht mehr das Maß aller Dinge, Snapchat musste nach der Einführung von Instagram-Stories deutliche Einbußen hinnehmen. Der Markt wird sich in den nächsten Jahren weiterentwickeln, auch die Marktführer müssen sich neue Strategien überlegen, wenn sie langfristig bestehen wollen. Sie haben jedoch mit ihrer bereits vorhandenen Größe einen strategischen Vorteil, wie wir bereits im Kapitel zu den Plattformen gesehen haben: Jedes soziale Netzwerk profitiert von direkten Netzwerkeffekten. Der Wechsel zu einem komplett neuen Netzwerk bringt daher hohe Hürden mit sich, die Markteintrittsbarrieren für neue Wettbewerber sind entsprechend groß. Diese werden umso höher, je stärker die Anbieter KI-Algorithmen dazu nutzen, um Menschen noch zielgerichteter und gemäß ihrer Interessen und Bedürfnisse miteinander zu vernetzen. Klicken Sie mal auf die Freundschaftsvorschläge eines Netzwerks Ihrer Wahl, und Sie werden überrascht sein, wen Sie alles noch von früher kennen beziehungsweise wie viele für Sie interessante Personen Ihnen zur Kontaktaufnahme ans Herz gelegt werden.

In den Zeiten von KI sind soziale Netzwerke sowohl für die Plattformbetreiber als auch für Unternehmen aus allen Branchen nicht nur eine wichtige Datenquelle, sondern auch die Grundlage für KI-gestützte Anwendungen zur noch individuelleren Ansprache von potenziellen Kunden.

Nicht ohne mein Smartphone: Mobile

Ein kurzer Blick zurück: Mit Plattformen, Sharing Economy und Social Media haben wir gerade drei zentrale Trends der zweiten Digitalisierungsphase analysiert, die die inhaltlichen Bedürfnisse der Menschen besser als früher befriedigen. Wenn wir nun aber nicht nur nach dem Was, sondern auch nach dem Wie fragen, kommt ein weiterer wichtiger Aspekt ins Spiel. Im Jahr 2005 saßen wir vor unseren Rechnern und fanden es großartig, bei Amazon einkaufen zu können. Auch den Facebook-Account haben die meisten von uns über einen stationären Internetzugang eingerichtet. Online gehen zu jeder Zeit und zu überschaubaren Kosten schien lange Zeit ein Wunschtraum (bloß nicht auf die falsche Taste am Handy kommen!). Auch wenn das eigentlich noch nicht so lange zurückliegt, sind diese Zeiten eine gefühlte Ewigkeit her.

In der letzten Dekade hat sich die Übertragungsgeschwindigkeit in mobilen Netzen enorm entwickelt. Im Jahr 2008 hätte es rund einen Tag gedauert, einen HD-Spielfilm auf Basis des 3G-Netzes mobil herunterzuladen, im Nebeneffekt wären Sie dabei arm geworden. Heute ist das zumindest in Großstädten in weniger als einer Minute möglich. Die nächste, in Deutschland ab 2020 geplante fünfte Mobilfunkgeneration, 5G, soll zu Datenraten bis zu 20 Gbit/s fähig sein und Latenzzeiten (Verzögerungszeiten) von unter 1 ms haben. Solche Übertragungsraten sind für Otto Normalverbraucher bei herkömmlichem Nutzungsverhalten nicht dramatisch relevant, für die Industrie jedoch sehr wohl. Anwendungsfälle, die im Zeitalter der Künstlichen Intelligenz optimiert beziehungsweise zur Marktreife gebracht werden sollen, benötigen eine zuverlässige Datenübertragung in Echtzeit, etwa automatisierte Fabriken oder autonome Fahrzeuge. Entsprechend groß sind die Sorgen, die Abdeckung mit 5G könnte nicht ausreichend sichergestellt oder zu langsam vorangetrieben werden und somit den Standort Deutschland schwächen.

Standard	Jahr	Übertragungsrate	Mobiler Download (Spielfilm in HD)
GRPS (2G)	2000	ca. 50kbits/s	> 6 Tage
UMTS (3G)	2008	ca. 300 kbits/s	ca. 1 Tag
LTE (4G)	2015	ca. 1 Gbit/s	ca. 30 Sekunden
5G	2020	bis ca. 20 Gbit/s	ca. 1,5 Sekunden

Entwicklung der mobilen Datenübertragung

Mit der mobilen Internetversorgung in Deutschland ist es ohnehin so eine Sache. Der LinkedIn-Eintrag des Users Thoman Gaiswinkler bringt es treffend auf den Punkt:

»Wer sich von München aus per Zug auf den Weg nach Wien macht, hat innerhalb Bayerns wirklich ausreichend Zeit die Landschaft zu genießen. Befreit von der Ablenkung der mobilen Datenversorgung, klappt man den Laptop zu und schaut einfach so in die bayerische Idylle. An der Grenze zu Salzburg endet dann abrupt der Frieden und man wird bis nach Wien mit stabilem LTE belästigt.«

Brauchen wir also 5G an jeder Milchkanne? Diese Frage wurde im November 2018 mit exakt dieser Wortwahl zwischen Bundesforschungsministerin Anja Karliczek und Landwirtschaftsministerin Julia Klöckner diskutiert. Immerhin 4G wären schon einmal ein Fortschritt, denn bereits hier gibt es einiges an Nachholbedarf. Natürlich sind damit Investitionen verbunden, die sich gerade im ländlichen Raum auf nicht so viel zahlende Kundschaft verteilen. Dennoch dürfen diese Regionen nicht abgehängt werden. Und vielleicht muss auch und gerade die Milchkanne vernetzt werden: Die Landwirtschaft kann, wie wir noch sehen werden, enorm von der Digitalisierung und dem Einsatz von KI profitieren. Und denken wir mal weiter in Zeiten, in denen wir möglicherweise in autonomen Autos sitzen könnten: Werden bestimmte Landstriche dann zur No-Go-Area für diese Fahrzeugart? Klingt vielleicht nach einer guten Ausrede, die Schwiegermutter nicht zu besuchen, aber Politik und Konzerne müssen definitiv ran an das Thema Netzausbau, auch wenn es weh tut. Besser früher als später.

Dank der flächendeckenden Verbreitung von Smartphones und der entsprechenden Infrastruktur generieren wir heute also nicht nur zu Hause Datenspuren, sondern sind quasi jederzeit trackbar. Erneut sind diese Daten die Grundlage für intelligente Anwendungen. Google Maps etwa funktioniert nur so gut, weil in der Großzahl der Autos auf Deutschlands Straßen ein Smartphone mit Android-Betriebssystem oder dem Smartphone-Navigationssystem Waze liegt und brav Signale liefert. Ballen sich diese Signale auf einem kleinen Fleck, stehen wir im Stau, und der Kartendienst zeigt rote Straßenabschnitte an. Auch wenn wir die Standortdaten ausgeschaltet haben, weiß unser Mobilfunkbetreiber noch, in welcher Funkzelle wir uns so herumtreiben.

Einerseits haben wir Angst vor den »Datenkraken«, andererseits wollen wir die mobilen Services nicht mehr missen. Der

Großteil von uns wird allen Bedenken zum Trotz künftig immer mehr Daten generieren, einfach, weil wir nicht mehr anders können. Sie alle kennen die Situation: Ein Griff in die Tasche, nichts. Hektisches Suchen, vom Festnetz das Handy anrufen, kein Ton: Jeder kennt das Gefühl, das Smartphone vergessen zu haben. Und jedes Mal sind wir wieder überrascht, wie stark die Abwesenheit dieses kleinen Gerätes uns verunsichern kann. Verpasse ich etwas? Will mich jemand ganz dringend erreichen? Wie komme ich denn jetzt an meine Mails? Wo muss ich hin? Man muss nicht gleich das große Wort der Abhängigkeit in den Mund nehmen, um dennoch zu wissen, dass wir uns ein Leben ohne Smartphone kaum noch vorstellen können.

Die Agentur Tappable hat 2018 in einer Studie unter 500 britischen Millennials erfragt, zu welchen Opfern sie für ihr Smartphone bereit wären. Das sind so einige, wie die Zahlen zeigen: 38 Prozent der 18- und 34-Jährigen würden eher auf Alkohol verzichten als auf ihr Smartphone. Das ist allerdings kein Grund zur Freude für die Gesundheitsbehörden: Fast jeder vierte Befragte stellte einen seiner Sinne zur Disposition, vorzugsweise den Geruchssinn. Die Vermutung liegt nahe, dass der einzige Grund darin liegt, dass dieser für die Nutzung von Smartphones am wenigsten entscheidend ist. 16 Prozent der Untersuchungsteilnehmer gaben an, das Reisen für ihr Smartphone aufzugeben, 15 Prozent den Sex. Auf einen Finger würden noch ganze 10 Prozent verzichten. Schöne neue mobile Welt.

Diese Ergebnisse mögen skurril anmuten. Für Unternehmen zeigen sie aber, wie enorm wichtig es ist, das Thema Mobilität umfassend verstanden zu haben. Die Kunden sind nicht nur einfach mobil, weil sie ein Smartphone in der Tasche haben. Die Kunden sind mobile Kunden, weil sie zu jeder Zeit an jedem Ort für Botschaften ansprechbar sind, die ihren aktuellen Bedürfnissen entsprechen. Welche das sind? Hier können Sie mithilfe von KI punkten, wenn Sie eine ausreichende Datengrundlage haben. Gleichzeitig sucht der Kunde aktiv nach Informationen von

Relevanz und generiert damit neue Daten. Hier ist es notwendig, sich strategisch aufzustellen.

Ein Beispiel: Stellen wir uns vor, Sie haben ein Geschäft in der Fußgängerzone einer deutschen Großstadt. Der Kunde sollte Sie finden, wenn er auf Google Maps nach einem Angebot wie dem Ihrigen sucht, ebenso über Apps mit standortbezogenen Diensten (Location-Based Services). Der Kunde betritt Ihr Geschäft – wie sieht es mit WLAN aus? Vielleicht haben Sie Sonderaktionen mit QR-Codes, die Sie im Store bewerben und über die sich die Kunden zum Beispiel einen Gutschein herunterladen können, einzulösen direkt vor Ort oder später online. Nehmen wir an, Sie haben ein großes Bekleidungsgeschäft für Damenmode. Eine Idee wären Sitzgelegenheiten für Männer und Ladestationen für Smartphones. Was das soll? Machen Sie mal einen Ausflug auf den Instagram-Account *miserable men*. Die Menschen dort dürften für jede Form der interaktiven Ablenkung per Smartphone höchst empfänglich sein, auch wenn es die Werbebotschaft des Sportgeschäfts nebenan ist (der Kerl kauft eh nicht bei Ihnen, sondern muss nur bei Laune gehalten werden). Sie können dem genervten Einkaufsbegleiter auch Tipps aufspielen, welche Produkte aus Ihrem Sortiment sich zu Weihnachten oder zum Geburtstag für die Dame besonders gut eignen. Natürlich sollte Ihr Inhalt hochwertig, zielgruppengerecht und an Social Media angebunden sein. Nutzen Sie die Tatsache, dass jeder Mensch heute mit einem direkten Draht zu Ihrem Unternehmen ausgestattet ist! Bedenken Sie aber auch, dass jeder Mensch zu jeder Zeit von jedem Ort mit Anfragen oder Beschwerden an Sie herantreten kann. Aus diesem Grund ist es wichtiger denn je, die notwendigen Ressourcen und Prozesse zur schnellen und zielgruppengerechten Reaktion auf alle Anliegen der mobilen und damit noch ungeduldigeren Kunden bereitzuhalten. Hier können KI-Anwendungen wie zum Beispiel Sentiment-Analysen helfen, zu filtern, wie dringend eine menschliche Intervention nötig ist oder ob man die schnelle Antwort auch KI-unterstützten Systemen wie etwa Chatbots überlassen kann.

Smartphones können natürlich deutlich mehr als ein bisschen Internet, Apps und Telefoniererei. Im Dezember 2018 startete Apple Pay, das mobile Zahlungssystem des Konzerns, in Deutschland. Google Pay ist hierzulande bereits seit Juni 2018 in Nutzung, auch die Banken haben entsprechende Apps entwickelt. Damit sind wir allerdings alles andere als Pioniere. Mobiles Bezahlen, ganz gleich mit welchem Anbieter, hat in anderen Ländern deutlich schneller Fuß gefasst. China und Indien liegen weit vorne, auch afrikanische Länder sind uns deutlich voraus: In Kenia etwa gibt es nicht an jeder Ecke einen Geldautomaten, um mal eben schnell Bargeld abzuheben, auch das Zahlen per Karte ist nicht so weitverbreitet. Während wir hierzulande also noch quasi in einem Zwischenschritt festhängen, ist man dort gleich vom Bargeld auf das Smartphone umgestiegen.

Bei unserem ohnehin schon vorliegenden Nachholbedarf in Deutschland ist es allerdings fraglich, ob ein Ansatz wie Apple Pay wirklich so viele Vorteile zur Kartenzahlung bietet, denn der Ablauf ist quasi der gleiche: Griff in die Tasche, ans Lesegerät halten. Ob ich nun die Zahlung auf meinem Smartphone bestätige oder ob ich meine PIN eingebe, ist eigentlich egal. Wirklich bequemer ist die Sache also nicht. Amazon hat in seinen vollumfänglich vernetzten und hochgradig KI-unterstützten Amazon-Go-Stores das Prinzip »Walk-out« verwirklicht: Das Smartphone bleibt nach einmaligem Einloggen in der Tasche. Dazu jedoch an späterer Stelle mehr. Für etablierte Player in der Finanzbranche, aber auch im Handel, birgt das eine große Gefahr. Wenn IT-Unternehmen mithilfe von KI ihre eigenen mobilen Anwendungen immer nutzerfreundlicher gestalten, kann es passieren, dass die alteingesessenen Marktteilnehmer den Kontakt mit ihren immer mobileren Kunden an Branchenfremde verlieren.

Ein letzter wichtiger Aspekt, der für KI eine zentrale Rolle spielt, ist die technische Aufrüstung unserer mobilen elektronischen Begleiter mit Sensortechnik. Smartphones sind in der Lage, Körperdaten zu erheben, ob sie aber das Trägermedium der Zukunft sind, sei dahingestellt. Schon heute gibt es eine enorme

Bandbreite an Wearables wie smarte Uhren (Apple Watch) und Fitness-Tracker. Der Nutzer erhebt freiwillig Daten, der Trend zur Selbstvermessung (*quantified self*) rollt. Auf diesen Zug würden natürlich auch Krankenkassen, Versicherungsunternehmen oder Arbeitgeber gerne aufspringen und förderliches Verhalten belohnen. Es wird eine Frage des Datenschutzes und der gesellschaftlichen Diskussion sein, inwieweit sich das flächendeckend verwirklichen lässt, oder ob wir möglicherweise auch über Sanktionssysteme nachdenken werden.

Als kleiner Ausblick: Aktuell spielt es noch eine große Rolle, wie unser mobiles Device jeglicher Art denn aussieht. Schick oder plump, hier fällt die Entscheidung zwischen Lifestyle oder Nerd. Momentan siegt die Optik noch vor der Funktionalität. Vielleicht aber tragen wir Sensoren und Devices irgendwann direkt am Körper oder sogar unter der Haut. Dann kommt es nur noch auf die Funktionalität an und wir werden uns kaum noch vorstellen können, beispielsweise ohne den morgendlichen Vital Check-up in den Tag zu starten.

Warum digitale Technik jetzt schlau wird: Big Data

Der Nährboden für die dritte Digitalisierungsphase und damit jeder Form von Künstlicher Intelligenz besteht, wie bereits ein paar Mal angedeutet wurde, aus Daten, Daten, Daten. Sie verraten unsere Vorlieben und geben einiges über unseren Tagesablauf und die von uns besuchten Orte preis. Dies ist die Basis für KI-unterstützte Systeme, die mithilfe dieser Daten antizipieren können, wo wir uns möglicherweise morgen um diese Zeit aufhalten werden, und uns entsprechende individuelle Tipps für die Anreise oder den Aufenthalt geben können. In den vergangenen Jahren ist unser Leben in allen Bereichen immer stärker messbar geworden, wir sprechen von einer Quantifizierung der Gesellschaft: Unser Einkaufsverhalten und jeder Gutscheincoupon, den wir einlösen, hinterlässt Spuren. Jeder Upload, Kommentar, Like, jede Verknüpfung und Kontaktanfrage in sozialen Netzwerken macht uns transparenter und gibt Unternehmen mehr Einblick in unser Leben, ebenso wie jede Reisebuchung und jede Hotelbewertung im Anschluss. Denken wir an das Potenzial, das hinter einer Verknüpfung sämtlicher Daten zu meiner Gesundheit, meinem privaten Ausgehverhalten, meiner Fahrweise im Auto und meinen nebenberuflichen Aktivitäten am Arbeitsplatz und vielem mehr steckt, dann kann es uns in der Tat mulmig zumute werden.

Ein Blick nach China zeigt bereits heute die Möglichkeiten von Social Scoring, einem System für Sozialkredit. Wer sich regelkonform verhält, steigt auf und bekommt schneller Zugang zu bestimmten Leistungen wie kürzeren Wartezeiten im Krankenhaus, einfacherem Zugang zu Wohnraum und schnellerer Beförderung. Wer negativ auffällt, riskiert etwa höhere Steuern oder Reisebeschränkungen. In Deutschland undenkbar? Nicht aus technologischen Gründen. Die Daten liegen vor, und im Falle der Schufa kennen wir bereits ein Bewertungssystem, das durchaus Einfluss auf entscheidende Lebensbereiche hat. Spinnt man jedoch ein umfassendes Szenario weiter, stellen sich Fragen rechtlicher und ethischer Natur, die umso bedeutender werden, je stärker sich die KI-unterstützten Analyse-Tools entwickeln und je weiter wir in das Zeitalter der Künstlichen Intelligenz voranschreiten. Sind wir auf dem besten Wege in die Welt der Black-Mirror-Folge *Abgestürzt* (Staffel 3, Folge 1), stets auf der Jagd nach einer positiven Bewertung von allen Personen in unserem Umfeld, um Zugang zu den Annehmlichkeiten des Lebens zu bekommen? Der Wert menschlicher Beziehungen wird auf die Probe gestellt, wenn jeder Kontakt und jeder Freund über uns urteilt, immer und überall. Wie verhalten wir uns, wenn jedes Missgeschick einen messbaren Einfluss auf unsere Zukunft hat? Wenn wir unser Leben nicht mehr nach unseren persönlichen Bedürfnissen und Vorlieben gestalten können, sondern uns immer über die soziale Einstufung durch Algorithmen Gedanken machen müssen: Was ist es dann noch wert?

Bereits 2013 beschrieben die Autoren Viktor Mayer-Schönberger und Kenneth Cukier in ihrem Buch Big Data, dass Daten die zentrale Ressource für Fortschritt und Innovation der künftigen Welt sind: »Daten sind für die Informationsgesellschaft das, was Rohöl für die Industriegesellschaft war.«[8] Und das Öl fließt: Die Menge des weltweit generierten Datenvolumens betrug im Jahr 2018 33 Zettabytes. Für das Jahr 2025 prognostiziert IDC 175 Zettabytes. Ein Zettabyte entspricht dabei 1021 Bytes. Würde man diese 175 Zettabytes auf Blu-ray Discs speichern, würde dieser Stapel laut IDC 23-mal zum Mond reichen. Würde man all diese Daten mit der heute in den USA durchschnittlichen Geschwindigkeit von 25 Mb/s herunterladen, würde eine Person dafür 1,8 Milliarden Jahre benötigen. Nebenbei: Wenn die gesamte Erdbevölkerung mithilft und 24/7 durcharbeitet, könnte man es in 81 Tagen schaffen.[9]

In der Abbildung sehen wir das erwartete Wachstum bis zum Jahr 2020, gegliedert nach Art der Daten. Bei strukturierten Daten handelt es sich um Daten, die zueinander in ein gewisses Verhältnis gesetzt sind, etwa in Form einer nach Zeilen und Spalten geordneten Datenbankstruktur. Man kann diese Daten sortieren und filtern, beispielsweise nach Angaben zu Alter, Geschlecht und Wohnort. Die Daten aus einer solchen relationalen Datenbank lassen sich leicht bearbeiten. Bei unstrukturierten Daten hingegen liegen keine oder nur wenige Informationen zu den Beziehungen zwischen den Daten vor, sie haben also keine formalisierte Struktur und können daher nicht einfach in Datenbanken abgelegt werden. Beispiele sind etwa Texte, Videos, Audios, Bilder und andere Arten von Dateien. Darunter fallen etwa E-Mails, aber auch Daten aus Social-Media-Apps, Voice-over-IP (VoIP, Internettelefonie) oder dem IoT. Entlang der Aus- und Weiterentwicklung dieser Bereiche in der zweiten Digitalisierungsphase hat das daraus generierte Datenvolumen enorm zugenommen – ungleich mehr als das Wachstum bei den strukturierten Daten. Dieser Trend wird sich in den kommenden Jahren rapide fortsetzen.

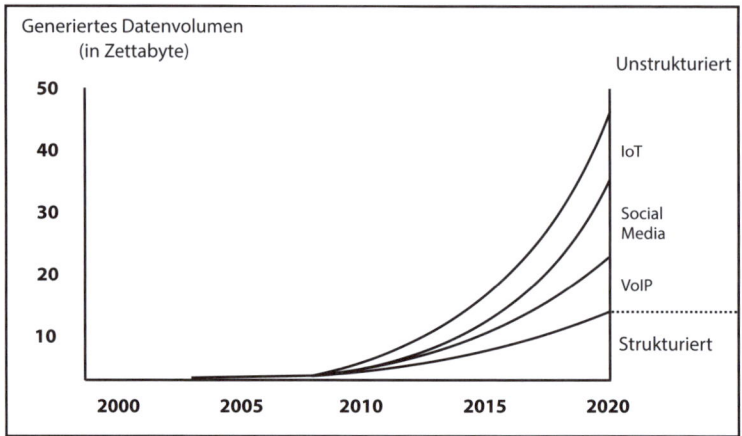

Entwicklung des weltweiten Datenvolumens

Eine umfangreiche Menge an unstrukturierten Daten wird mit dem Begriff Big Data bezeichnet (auch wenn manche Datenanalysten das Buzzword schon nicht mehr hören können). Um sie analytisch aufzubereiten, benötigt man fortgeschrittene Methoden – als Begriff hat sich hier *Advanced Analytics* eingebürgert. Die Vorgehensweisen beruhen auf der klassischen Statistik, unterscheiden sich jedoch durch ihre Komplexität.

Advanced Analytics ist sozusagen die Überschrift über verschiedenen Unterformen. Hier sind zu nennen:

1. *Descriptive Analytics* bezeichnet die Beschreibung des Istzustandes eines Datensatzes. Mit einem solchen deskriptiven (also beschreibenden) Verfahren können die vorliegenden Daten (z. B. über Kunden) besser verstanden werden. Daraus kann man dann Strategien für die künftige Behandlung entwickeln.
2. *Predictive Analytics* zielt auf Vorhersagen ab. Auf Basis bekannter Daten und ihrer Ergebnisse soll auf künftige Szenarien geschlossen werden. Wir werden in Kapitel 3 einige solcher Analysen durchsprechen, für den jetzigen Stand sei als Beispiel lediglich auf die Vorhersage der Zahlungsbereitschaft eines Kunden verwiesen. Man kann sogar einen Schritt weitergehen und

die Vorhersagen an eine konkrete Zielvorgabe knüpfen. Wenn wir wissen, wie viel die Menschen bereit sein werden, auszugeben, können wir analysieren, welche Anreize (etwa Bonus- oder Sammelpunkte beziehungsweise Rabatte) am besten geeignet sind, um die Zahlungsbereitschaft bis zu einem vorher festgelegten Umsatzziel voll auszuschöpfen.

Bei Advanced Analytics spielt KI eine wichtige Rolle. Die Verfahren dazu sind nicht vollkommen neu, jedoch erst mit entsprechender enormer Rechnerleistung zu handhaben, auf die normale Unternehmen erst mithilfe von Cloud Computing zugreifen können. Hierzu kommen wir aber im nächsten Kapitel.

Noch kurz zu der Denkweise, die mit Big Data einhergeht. Die Analysen ermöglichen es, Zusammenhänge in riesigen Datenmassen zu erkennen, die uns anderweitig entgangen wären. Was uns die Daten jedoch nicht beantworten, ist die Frage nach dem Warum, also der Begründung für den Zusammenhang. Das mag ungewohnt sein, ist jedoch nicht zwingend von Nachteil. Mayer-Schönberger und Cukier verdeutlichen diesen Aspekt in Bezug auf die Forschung: Traditionell stellen wir Hypothesen auf, stürzen uns ins Feld und sammeln genau die Daten, von denen wir denken, dass sie zur Bestätigung oder Widerlegung der Hypothese notwendig sind. In Zeiten von Big Data jedoch steht nicht mehr zwingend die Prüfung einer Hypothese im Vordergrund, vielmehr können die umfassend vorliegenden Daten selbst Zusammenhänge aufzeigen, bei denen wir niemals auf die Idee gekommen wären, sie zu testen.

Ein weiterer Vorteil von Big Data ist die Tatsache, dass die Daten nicht in einem künstlichen Untersuchungsumfeld, sondern quasi im Alltag gesammelt werden. Das vermindert das Problem der Verzerrung und sozialen Erwünschtheit, welches gerade in der sozialwissenschaftlichen Forschung ein Thema ist. Wie wir zuvor beispielsweise bereits im Kontext von Social Media gesehen haben, möchten die Menschen normalerweise nicht zugeben, wie viel Zeit sie faktisch in den sozialen Netzwerken verbringen.

Werden sie also auf einem Fragebogen ehrliche Antworten geben? Möglicherweise ja, möglicherweise nein. Vielleicht schätzen sie aber auch einfach falsch oder haben kein gutes Zeitgefühl. Wenn stattdessen die tatsächlichen Nutzungsdaten verwendet werden, die ohnehin anfallen, entfällt dieses Verzerrung.

Wie wir die Daten in den Griff bekommen: Cloud Computing und Rechenleistung

Zwar ist der Begriff Big Data in aller Munde, doch ohne entsprechende Speichermöglichkeiten und Rechenleistung stehen wir diesen Datenmassen hilflos gegenüber. »The data-driven world will be always on, always tracking, always monitoring, always listening and always watching – because it will be always learning«[10], so die Experten von IDC. Das bedeutet: Die Datensammlung wird zu jeder Zeit und auf jede erdenkliche Art und Weise stattfinden.

Wohin mit all den Daten? IDC sieht die Cloud als wichtigsten Speicherort der Zukunft. Bis 2020, so die Prognose, werden mehr Daten in der Cloud gespeichert sein als auf den Endgeräten der Verbraucher. Immer mehr Daten werden aus klassischen Rechenzentren in die Cloud verlegt, 2025 wird knapp die Hälfte der weltweit gespeicherten Daten in der Public Cloud liegen (die von der sogenannten Private Cloud abzugrenzen ist, die zwar ebenfalls auf Cloud-Technologien basiert, jedoch von demjenigen Unternehmen betrieben wird, das sie auch nutzt). Exemplarische Dienste in der Public Cloud sind Dropbox, Google Drive, iCloud, Anwendungen wie Microsoft Office 365 oder Salesforce.

Die führenden Tech-Konzerne haben die Bedeutung von Cloud Computing für die voranschreitende Digitalisierung erkannt und entsprechende Plattformen im Angebot, sei es Amazon Web Services, Google Cloud oder Microsoft Azure. Die meisten Dienste darin lassen sich vereinfacht gesagt einem der folgenden Typen zuordnen:

1. Software as a Service (SaaS): Darunter fällt das Bereitstellen von Anwendungen über den Browser, zum Beispiel Microsoft Office 365 oder Salesforce.
2. Infrastructure as a Service (IaaS): Allgemein sind damit Speicher- und Rechendienste gemeint, das Spektrum ist jedoch sehr breit und umfasst auch Big-Data-Analysen sowie maschinelles Lernen.
3. Platform as a Service (PaaS): Diese Dienste sind vor allem für Entwickler relevant, die Cloud bietet ihnen einen Zugang zu Programmierungs- oder Laufzeitumgebungen, in denen sie ihre Anwendungen entwickeln können.

Auch wenn die Cloud-Geschäftsbereiche bei allen genannten großen Anbietern florieren, ist vielleicht der Aufstieg von Microsoft Azure am bemerkenswertesten. Microsoft war in den 1990er Jahren auf maximalem Erfolgskurs und das wertvollste Unternehmen der Welt. Heute spielt die Firma ebenfalls wieder in der Liga der Spitzenreiter mit, dazwischen liegen allerdings einige dunkle Jahre. Man hatte den Smartphone-Trend verpasst, der damalige Microsoft-Chef Steven Ballmer spottete bei der Markteinführung des iPhones, es werde sich nicht gut verkaufen und sei im Grunde nur ein gewöhnliches Telefon. Die Akzeptanz der Betriebssysteme Windows Vista und Windows 8 blieb hinter den Erwartungen zurück, die eigene Smartphone-Software Windows Mobile kam zu spät, konnte sich nicht durchsetzen und wurde schließlich eingestellt. 2014 übernahm Satya Nadella als CEO. Er hatte zuvor bereits das Cloud-Geschäft verantwortet, und eben dieses wurde unter seiner Führung mit starkem Fokus auf Geschäftskunden ausgebaut. Smarte Lösungen werden mit der Unterstützung durch KI zu individuellen Digitalisierungshelfern für die Kunden, die Daten dazu liegen in der Cloud. Sie werden nach Verbrauch abgerechnet, der Konzern verdient also am steigenden Datenvolumen, und das langfristig: Prinzipiell ist ein Wechsel des Cloud-Anbieters zwar möglich, Dienste wie Sprach- oder Bilderkennung von Azure laufen allerdings nicht auf der Plattform von Amazon und umgekehrt.

Neben dem klassischen Cloud-Geschäft setzen die großen Anbieter heute zunehmend auf Lösungen, mit denen Daten direkt vor Ort beim Kunden verarbeitet werden können und dann mit den Cloud-Services verknüpfbar sind. Der Hintergrund: In unserer zunehmend vernetzten Welt und dem IoT wird der Bedarf an Echtzeitlösungen immer wichtiger. Sensoren etwa in einem autonomen Auto oder in der Industrie produzieren eine solche Datenmenge, dass sie nur mit Verzögerung in die Cloud übertragen werden können – was für die Anwendung ein No-Go ist. Werden die Daten direkt am Endgerät verarbeitet, entfällt diese Problematik. Das Schlagwort hierzu ist Edge Computing. Nach Einschätzung von Marktexperten wird es in den kommenden Jahren eine immer wichtigere Rolle spielen. Als Edge wird die physische Schnittstelle bezeichnet, bei der sich Dinge und Personen mit der vernetzten digitalen Welt verbinden. Vereinfacht ausgedrückt verlagert sich die Datenverarbeitung zu den äußeren Rändern des Netzwerks, also zu den Orten, wo die Daten auch tatsächlich anfallen. Wir sprechen dabei von einer dezentralen Datenverarbeitung. Ross Winser, Senior Research Director des IT-Marktforschungsunternehmens Gartner, ging bei der Vorstellung der Infrastrukturtrends 2019 davon aus, dass Edge Computing die Cloud nicht ersetzen, sondern erweitern werde. In diesen Kontext fallen auch weitere Begrifflichkeiten und Entwicklungen, die wir ganz am Ende des Buches bei unserem Ausblick wieder aufgreifen wollen.

Ein noch fehlender Baustein bei der Vorstellung der Grundlagen für die Zeit der Künstlichen Intelligenz ist die Rechenleistung. Ein Blick zurück ins Jahr 1969. Die erste Mondlandung fand mit einer Verarbeitungsleistung von Daten statt, die uns heute staunen lässt (oder am Verstand der Pioniere zweifeln). Der Apollo Guidance Computer hatte 74 Kilobyte Speicherplatz, einen Arbeitsspeicher von vier Kilobyte sowie einen Prozessor mit 1,024 MHz und einem der ersten integrierten Schaltkreise. Das Ganze wog 30 Kilogramm. Zum Vergleich: In Sachen Arbeitsspeicher entsprach das Equipment der Mission etwa zwei Spielekonsolen von Nintendo Entertainment Systems aus dem Jahr 2015. Mit Super Mario ins All – heute unvorstellbar.

Die Rechenleistung der verfügbaren IT-Systeme ist im Zuge der Digitalisierung exponentiell gewachsen. Das bekannteste Prinzip für diese Art von Wachstum ist Moore's Law, das Moor'sche Gesetz mit Ursprung im Jahr 1965. Es besagt, dass sich die Anzahl der Transistoren auf einem integrierten Schaltkreis (zu verstehen als Speicherchip) circa alle zwei Jahre verdoppelt. Der Zeitraum wurde im Laufe der Zeit leicht angepasst: Im Originaltext ist von einem Jahr die Rede, andere Quellen passten den Rhythmus auf 18 Monate an. Auch wenn diese Verdoppelung nicht automatisch mit einer Verdoppelung der Geschwindigkeit gleichgesetzt werden darf, handelt es sich natürlich um eine stark zunehmende Leistungsfähigkeit. Beispielsweise hatte der damals bekannte Intel-Prozessor 4004 eine Transistorzahl von 2300, im Jahre 2018 hatte ein leistungsfähiger Grafikprozessor etwa von Nvidia mehrere Milliarden Transistoren. Damit einhergehend verkleinern sich aber auch die Rechner, und die Kosten sinken. Die IT-Konzerne nahmen Moore's Law lange Zeit als Maßstab für ihre Entwicklungszyklen. Urheber Gordon Moore selbst, Mitgründer der Firma Intel, war sich der Endlichkeit des nach ihm benannten Gesetzes durch physikalische Grenzen allerdings bereits bewusst. Dieser Zeitpunkt ist für viele Experten inzwischen gekommen. Grund dafür sind die Schaltkreise der Chips. Im Verlauf der exponentiellen Entwicklung wurden sie kontinuierlich kleiner, bis eine Grenze des Möglichen erreicht wurde. Das bedeutete jedoch keinesfalls den Stillstand, vielmehr sind nun neue Wege notwendig, etwa eine andere Anordnung der Chips in die Vertikale oder gar neue Materialien.

Ein solches exponentielles Wachstum beginnt harmlos. Sie haben vielleicht schon von der Legende vom Reiskorn auf dem Schachbrett gehört. Die Quellenlage ist nicht eindeutig, die Geschichte wird dem indischen oder persischen Kulturraum zugeschrieben. Manchmal ist von einem Weizen- statt einem Reiskorn die Rede, teils beinhaltet das Storytelling auch gleich noch die

Erfindung des Schachspiels durch Sissa ibn Dahir. Wie dem auch sei, für uns geht es im Kern um etwas anderes: Ein König gewährt einem Höfling einen freien Wunsch. Dieser wünscht sich daraufhin, dass ein Schachbrett so aufgefüllt wird, dass auf dem ersten Feld ein Reiskorn liegt, auf dem zweiten Feld die doppelte Zahl, also zwei, auf dem dritten Feld wiederum die doppelte Zahl und somit vier. So sollte es fortlaufend geschehen. Der König freut sich über den vermeintlich bescheidenen Wunsch, ist aber offensichtlich kein Mathe-Genie. Das Schachbrett hat 64 Felder, aus einem Korn werden somit rechnerisch rund 18,45 Trillionen Reiskörner. Blöd gelaufen für den König. Je nach Quelle geht die Geschichte am Ende glücklich aus (der Höfling wird neuer Chefberater beim König) oder eher nicht (man hat nicht genügend Vorräte, und um das zu übertünchen, verdonnert man den Höfling dazu, die Körner selbst nachzuzählen). Fakt ist: Der harmlose Beginn mit einem Reiskorn lässt uns die Macht des exponentiellen Wachstums unterschätzen.

Für uns Menschen, die wir zumeist in linearen Zusammenhängen denken, ist eine solche Vorstellung eine enorme Herausforderung. Reiskörner sind sehr anschaulich, die Rechenleistung hingegen wurde in immer kleinere Endgeräte verpackt, sodass uns diese Art von Entwicklung weniger deutlich vor Augen geführt wird. Entsprechend schwer fällt es uns, die Dimension des Wandels in ihrer tatsächlichen Geschwindigkeit zu erfassen und zu ermessen, welche Auswirkungen diese Entwicklung für uns hat. Für das Fortschreiten der Künstlichen Intelligenz ist aber vor allem der letzte Abschnitt, den wir im Rahmen der Grundlagen von KI erläutern wollen, essenziell: die rasante Entwicklung der Sensortechnologie. Für diesen Schritt von der rein digitalen in die biologisch wahrnehmbare Welt muss KI in der Lage sein, die Welt mit allen Sinnen zu empfinden. Daten auf Basis von Umwelteindrücken werden zur essenziell wichtigen Voraussetzung für alle zukünftigen Anwendungen. Somit bildet Sensortechnik nun den letzten Schritt, den wir im Rahmen der Grundlagen von KI erläutern wollen.

Fühlst du es auch? – Sensortechnik

Bereits im Kapitel zur Sharing Economy haben wir Jeremy Rifkins und seine Idee von der künftigen Rolle des Internets der Dinge angesprochen. Es ist die Basis für das Teilen sämtlicher Informationen und Ressourcen, es ermöglicht die propagierte Null-Grenzkosten-Gesellschaft mit all ihren wirtschaftlichen und gesellschaftlichen Folgen. Sollte es jemals dazu kommen, ist es allerdings noch ein weiter Weg dorthin. Einige IoT-Anwendungen funktionieren aber bereits jetzt überaus gut. Grundlage dafür ist nicht zuletzt die Sensortechnik, die immer mehr Geräten innewohnt und den Aufbau einer vernetzten Umgebung sowie entsprechender Services ermöglicht.

Ob wir nun unsere Wohnung mit intelligenten Geräten vernetzen, die Raumtemperatur und Licht entsprechend unserem Lebensrhythmus einstellen, oder ob wir uns von Fitness-Trackern beleidigen lassen im Sinne von »Steh auf und beweg dich mehr! Und pack vor allem die Schokolade weg!«: All diese Geräte brauchen Grundinformationen von uns (wie warm soll die Wohnung sein bzw. was habe ich gegessen?) und verknüpfen sie mit dem, was sie über ihre Sensoren wahrnehmen. Smarte Kleidung ist ein weiterer Schritt bei dieser Vernetzung. Levi's und Google brachten die Commuter-Trucker-Jacke auf den Markt, in deren Jeansgewebe elektrisch leitende Fäden eingenäht wurden. Mit Berührungen des Stoffes lässt sich so das Smartphone steuern wie über einen Touchscreen. In Bezug auf ihr Styling können sich unsichere Nutzer ein Amazon Echo Look in ihr Schlafzimmer stellen, das am Morgen kritisch die eigene Kleiderwahl beäugt. Im Zweifelsfall gibt Alexa auf Basis von unzähligen Style-Daten KI-basiert dezente Hinweise zur Optimierung des Outfits, um zu verhindern, dass man sich im Büro blamiert.

Sensortechnik spielt auch auf dem Weg zum autonomen Auto eine ganz entscheidende, ja im wahrsten Sinne des Wortes lebensentscheidende Rolle. Neben Bildern sind es vor allem Sensoren, über die das Auto seine Umgebung wahrnehmen und entsprechend reagieren kann. Je nach Kontext und Komplexität ist das unterschiedlich schwierig: Baustellen, Kinder, die auf die Straße laufen, oder Radfahrer, die plötzlich den Weg kreuzen: Die Liste der Anforderungen ist enorm. Lesen wir wie letztens in der Zeitung die Überschrift »Rasenmäher entlaufen«, wenn sich ein Mähroboter mangels Begrenzungszaun verselbstständigt hat, dann lachen wir. Bei einem autonomen Auto würde uns das Lachen im Hals stecken bleiben: »KI entführt Auto«?

Zunächst einmal soll uns aber die Technologie hilfreich zur Seite stehen. Stellen Sie sich vor, Sie wachen morgens auf und fühlen sich wie erschlagen. Ihr Hals schmerzt, Sie frösteln. Ein Blick auf Ihre Smartwatch, und prompt meldet sich Alexa zu Wort: »Guten Morgen! Ich habe gerade deine Vitalwerte übermittelt bekommen. Du hast erhöhte Temperatur und dein Blutdruck ist im Keller. Ich checke jetzt, wie wir weiter vorgehen. Ist dir schwindlig? Hast du Gliederschmerzen?« Während Sie sich langsam in die Vertikale begeben, führt Ihr Sprachassistent eine erste Anamnese durch und kommt zum Ergebnis: »Klingt wie eine beginnende Grippe, ich habe gerade mit dem Medikamentenschrank Kontakt aufgenommen: Wir sind nicht vorbereitet.« Das überrascht Sie jetzt weniger. »Ich habe Aspirin, Zitrone und Ingwer in den Warenkorb gelegt. Bestellen? Die Lieferung kann in zwei Stunden hier sein.« Ok, prima. Dann müssen Sie bis dahin nicht aus dem Bett, schon mal eine gute Nachricht. Sie sinken zurück in die Kissen. Mittags meldet sich Alexa erneut zu Wort: »Dein Zustand wird schlechter, wir brauchen einen Arzt. Soll ich einen Termin vereinbaren?«

Das kleine Beispiel zeigt, wozu Sensortechnik prinzipiell fähig ist, insbesondere im Zusammenspiel zwischen Mensch und vernetzten Geräten. Wenn man ohnehin schon fiebrig ist, ist es ein spaßbefreites Unterfangen, erst einmal zum Arzt zu gelangen, dort eine Stunde im Wartezimmer zu sitzen, dann drei Minuten den Arzt zu sehen, der ein Rezept ausstellt, mit dem man sich in die Apotheke schleppt, um dort zu erfahren, dass das Medikament gerade nicht vorrätig ist, man es aber gerne in drei Stunden abholen kann. In dieser Situation wären Sie im Bett deutlich besser aufgehoben, solange ein Arzt als Fallback-Option erreichbar ist. Ist das Zusammenspiel zwischen den verschiedenen Einheiten optimal aufeinander abgestimmt, kann sich der Mensch komplett seiner Genesung widmen. Dieser durch Sensortechnik ermöglichte Einsatz von KI kann den Arzt also sowohl zeitlich entlasten als auch bei der Diagnostik unterstützen. Wenn allerdings der Aufenthalt in der Arztpraxis eine eher unerfreuliche, routinemäßige Abfertigung darstellt, kann es in gar nicht allzu ferner Zukunft sein, dass sich der eine oder andere Patient lieber an Dr. Alexa wendet.

Gerade älteren Menschen könnte eine vollständig vernetzte Wohnung ermöglichen, länger in den eigenen vier Wänden zu leben: Sensoren im Teppich könnten Erschütterungen wie etwa bei einem Sturz erfassen und ein Notsignal senden. Oder das Licht schaltet sich automatisch an, wenn der Bettvorleger betreten wird. Über mit Sensoren ausgestattete Alltagsgegenstände wie Kaffeekannen oder den Fernseher kann das Aktivitätsniveau insgesamt nachvollzogen werden – ist es ungewöhnlich lange zu ruhig, wird Alarm ausgelöst.

Weitere Einsatzszenarien des IoT finden wir nicht nur innerhalb der eigenen vier Wände, sondern auch in der industriellen Produktion. Logistikunternehmen können die Warenanlieferung exakt nachverfolgen und pünktlich und zeitnah steuern, Produktionsanlagen ordern selbstständig neues Material und die Qualitätskontrolle sortiert Ausschuss mithilfe von KI-gestützter Bilderkennung ohne menschliches Zutun selbstständig aus.

Was ist sonst noch möglich? Fast alles. Ganze Städte können zu Smart Cities werden: In Barcelona melden heute schon Mülltonnen, wenn sie geleert werden müssen, auch die Straßenbeleuchtung passt sich dem Bedarf an und fungiert gleichzeitig als Teil des freien WiFi-Netzes der Stadt. Weltweit gehen die Marktanalysten von Gartner für das Jahr 2019 von weltweit 14,2 Milliarden vernetzten Geräten aus, für das Jahr 2021 prognostizieren sie einen Anstieg auf 25 Milliarden. All diese Devices sammeln laufend

Daten, die wiederum die Anwendungen verbessern. Während manche Einsatzszenarien bereits sehr gut funktionieren, ist bei anderen noch Luft nach oben.

Eines der zurzeit am meisten beachteten Beispiele einer bereits sehr gut funktionierenden, über Sensortechnik und KI gesteuerten Umgebung sind die weiter oben bereits erwähnten Amazon Go Stores, auf die wir im Rahmen des nun folgenden Kapitels detailliert eingehen werden.

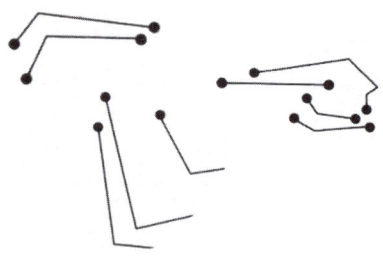

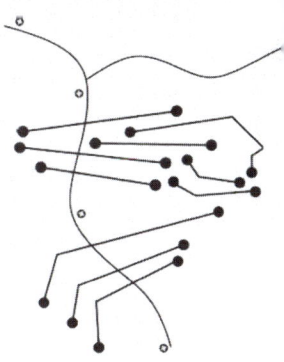

3. Die Vorreiter im Zeitalter der KI

Die Geschwindigkeit, mit der sich der technologische Wandel vollzieht, ist hoch – jedoch nicht so hoch, dass der Massenmarkt es sofort merkt. Bevor ein Produkt mit einer komplexen Technologie wie KI Marktreife erlangt, vergeht Zeit – Zeit, in der möglicherweise der Wettbewerber die nächste Disruption vorbereitet. Abwarten, wie sich die Dinge entwickeln und mit welchen Anwendungen die Konkurrenz den Vorstoß wagt, ist daher keine Option. Am Beispiel der Musikindustrie haben wir gesehen, wie sich innerhalb von nur zehn Jahren das Geschäftsmodell vom CD-Verkauf über den Download hin zu Streaming einmal komplett auf den Kopf gestellt hat. Die Angreifer kamen jedoch nicht aus der eigenen Branche. Sie hatten kein Spezialwissen über den Musikmarkt, sondern lediglich die Technologie und die Vision einer Plattform, mit deren Hilfe sie die sich wandelnden Kundenbedürfnisse besser erfüllen konnten.

Als Vorreiter der Digitalisierung fallen uns natürlich zunächst die großen Unternehmen aus dem Silicon Valley ein: Amazon, Google bzw. Alphabet, Facebook und Co. Sie haben ganze Branchen und Geschäftsfelder durcheinandergewirbelt und gehen nun konsequent den nächsten Schritt, indem sie auf KI setzen. Parallel bauen sie durch Akquisitionen zunehmend ein geschlossenes Ökosystem auf: Komplementäre oder konkurrierende Firmen werden gekauft und in die bestehende Produktwelt eingegliedert. Wettbewerber haben es schwer, eine vergleichbar komplexe Struktur aufzubauen und auf Augenhöhe mitzuspielen.

Daher wollen wir zwei dieser Unternehmen nun einmal genauer unter die Lupe nehmen: Amazon und Google, die es wie kaum andere Unternehmen geschafft haben, die Digitalisierung von Anfang an maßgeblich mitzugestalten, und die sich allen Herausforderungen des Wandels erfolgreich gestellt haben. Uns geht es im Folgenden vor allem darum, Ihnen die Dringlichkeit der permanenten Anpassung an neue Technologien bis hin zu einer umfassenden KI-Strategie aufzuzeigen. Danach werfen wir den Blick dann Richtung Innovationen im Osten: Stichwort China.

Amazon: Der Everything-Store

Amazon ist das Paradebeispiel für ein disruptives Unternehmen. Der Gründungsmythos durch Jeff Bezos ist hinreichend bekannt. 1994 erkannte er das Potenzial der noch jungen Internettechnologie, und aus einer Liste von zwanzig Produkten, die man online verkaufen kann, fiel die Wahl auf Bücher. Die entscheidenden Vorteile: Bücher sind standardisierte Produkte, nicht verderblich, leicht stapelbar. Anders als etwa Kleidung müssen sie nicht anprobiert werden und passgenau sitzen, der Kunde weiß dank Beschreibung und Vorerfahrung sehr genau, was er bekommt. Retouren, ein zentrales Thema im E-Commerce, sollten sich also in einem überschaubaren Rahmen bewegen.

Bücher waren damit für Amazon ein optimales *Minimum Viable Product*, auch wenn dieser Begriff sich erst später im Rahmen des Lean-Start-up-Konzepts von Eric Ries durchgesetzt hat. Die Idee dahinter: Mit einem minimal funktionsfähigen Produkt wird getestet, wie es am Markt ankommt und welches Feedback zurückgespielt wird. Auf dieser Basis wird das Produkt weiterentwickelt oder, falls es dem Kundenbedarf überhaupt nicht entspricht, eingestellt. Somit vermeidet man möglicherweise unnötige Entwicklungskosten für ein quasi perfektes Produkt, das jedoch keinen Absatz findet oder die Bedürfnisse der Kunden nicht erfüllt.

Im Fall Amazon war sich die Old Economy einig, dass diese Sache mit den Büchern auf gar keinen Fall funktionieren kann. Die Argumente kennen wir bereits aus dem ersten Kapitel:

1. Der Kunde will die Bücher anfassen (haptisches Erlebnis)!
2. Der Kunde will schon mal durchblättern und reinlesen!
3. Die Buchläden bieten schnelle Orientierung durch Kategorien wie Sachbuch, Belletristik oder Wirtschaft!
4. Die Beratung durch den Buchhändler ist essenziell!

Ganz offensichtlich hat es aber doch funktioniert. Denn: anfassen, wozu? Es geht um den Inhalt. Reinlesen, Orientierung und Beratung ist online sogar besser möglich: Man findet nicht nur die Beschreibungen des Anbieters, sondern auch Bewertungen von Leuten, die wie wir gerne lesen, einen ähnlichen Geschmack haben und eben gerade keine Profis sind. Die Zweifel der bestehenden Branche am Erfolg des Geschäftsmodells von Amazon wird uns noch häufiger begegnen, denn es lässt sich auf sämtliche Produktgruppen anwenden, die der Konzern heute anbietet.

Ein zentraler Vorteil von Amazon ist die Usability der Plattform. Nehmen wir an, Sie wollen einen Fernseher kaufen und begeben sich in den stationären Handel. Dort stehen viele Geräte in allen Preisklassen – aber was genau kann welches Modell? Sie lesen kleingedruckte Informationen auf den sperrigen Verpackungen, vergleichen, verlieren den Überblick und suchen frustriert einen Verkäufer. Das gestaltet sich aufgrund längerer Kundengespräche nicht so einfach, andere Verkäufer weisen Sie zurück, sie seien nicht für Fernseher zuständig. Sie warten, die Musikbeschallung nervt, die anderen Kunden ebenso, es ist heiß. Endlich kommen Sie an die Reihe. Jetzt werden Sie all Ihre Fragen los – denken Sie. Aber auch der Verkäufer weiß oft nicht viel mehr als das, was auf den Kartons steht. Kompatibilität mit Zusatzgeräten? Puh, da muss man mal schauen … Weitere ratsuchende Kunden sehen genervt zu, wie Sie versuchen, alle Ihre Punkte abzufragen. Am Ende sind Sie fast so ratlos wie zuvor. Sie kennen jetzt zwar vielleicht die Empfehlung des Verkäufers, aber haben Sie wirklich an alles gedacht?

Gibt man bei Amazon das Suchwort »TV« ein, erscheint zuerst eine enorme Trefferliste mit Produkten, die man niemals komplett durchklicken würde. Das ist auch gar nicht notwendig, denn die Menüführung macht es dem Kunden einfach: Welche Empfangstechnologie ist gewünscht? Bitte anklicken. Welche Displaytechnologie? Einfach den Haken setzen. Wer mit den Begriffen nichts anfangen kann und einfach nur fernsehen will, trifft seine Wahl vielleicht anhand der Kategorien Marke, Displaygröße oder Preis. Unterstützt der Fernseher eigentlich Netflix oder Facebook? Einfach die gewünschten Optionen anklicken. Die Auswahl wird immer kleiner und übersichtlicher. Sie haben zwar nicht den menschlichen Kontakt, dafür können Sie aber sehen, welche Modelle am besten verkauft werden. Sie können Rezensionen lesen, Sie sehen besondere Angebote. Sie müssen nicht erst suchen, welcher Adapter wohl zu diesem Gerät passen könnte, Amazon schlägt ihn gleich selbst vor. Dazu bekommen Sie maximale Preistransparenz, alles im Griff. Der Kunde ist schließlich nicht blöd.

Seinerzeit hatte genau das schon MediaMarkt erkannt. Doch heute sieht der Kunde diesen Werbespruch nicht mehr als Aufruf, sich in den stationären Handel zu begeben, sondern er checkt die Lage erst einmal mit dem Smartphone. Seine Überheblichkeit hat den stationären Anbietern im Zuge der Digitalisierung massiv zugesetzt. Insbesondere die sogenannten Category Killer, also die Spezialisten für sämtliche Produkte einer bestimmten Branche wie Elektrofachmärkte oder Baumärkte, wähnten sich zu lange auf der sicheren Seite. Wer sollte ihre Auswahl zu ihrem Preis schon toppen? Entsprechend lange hat es gedauert, bis diese Märkte überhaupt eigene Onlineshops an den Start brachten. Die Kunden aber waren längst woanders.

Bei jeder neuen Produktgruppe, die Amazon nach den Büchern ins Sortiment aufgenommen hat, war der Aufschrei groß. Diesmal wird es nicht funktionieren! Genau hier wird Amazon scheitern! Natürlich ist Amazon auch mal gescheitert. Denn erinnert sich jemand an Amazon Auctions, das 1999 eBay zerstören sollte? Oder an die Reiseseite Amazon Destinations, die 2015 nur wenige Monate Bestand hatte? Eine gewisse Fehlerkultur ist für disruptive Geschäftsideen durchaus typisch und sogar gewollt. Wer kein Wagnis eingeht, wird auch nie mit einer innovativen Idee den Markt verändern – so ticken viele der neuen Angreifer in sämtlichen Branchen. Die Riesen aus dem Silicon Valley haben es vorgemacht. Natürlich kann das heutige Amazon sich das durchaus besser leisten als ein ohnehin schon schwächelndes Unternehmen auf der verzweifelten Suche nach dem Erfolgsmodell der Zukunft. Aber auch für Amazon war der Siegeszug durch alle Branchen zu Beginn nicht zwingend vorherzusehen. Das Unternehmen hat bislang die meisten Weichenstellungen in den einzelnen Phasen der Digitalisierung erfolgreich getätigt und wird diesen Erfolgspfad auch in Zeiten der Künstlichen Intelligenz weiter beschreiten. KI befähigt Amazon, immer neue Geschäftsfelder sinnvoll in die eigene Produktwelt zu integrieren. Andere Unternehmen könnten dadurch irgendwann vor den verschlossenen Türen eines eigenen Amazon-Ökosystems stehen.

Ganz entscheidend: Der Konzern hatte nicht nur einen Businessplan, sondern eine Vision. Es ging nie darum, der größte Buchhändler im Internet oder gar der größte Onlinehändler insgesamt zu sein. Sondern darum, eine maximal kundenfreundliche und hochtransparente Anlaufstelle zu werden, deren Nutzer alle Produkte dieser Welt entdecken und kaufen können – völlig unabhängig davon, ob das nun online oder offline geschieht. Durch die enorme Verbreitung von Mobile, Sensortechnik und dem konsequenten Einsatz von KI ist es jetzt möglich geworden, das Geschäftsmodell auch in die Offlinewelt zu überführen. Kurz: Aus dem größten Onlinestore (Everything Store) wurde der Everywhere Store.

Wie war das möglich? Als Verdeutlichung dient eine Idee, die wie gemacht schien zum Scheitern: Als Amazon Fresh im Jahr 2017 als Lieferdienst für frische Lebensmittel auf den Markt kam, waren die Stimmen der Zweifler gewohnheitsgemäß wieder einmal laut. Verderbliche Ware! Die Kühlkette! Das funktioniert auf keinen Fall. Nicht bei Amazon. Andere Anbieter kamen immerhin aus dem Lebensmittelhandel. Aber Amazon? Niemals. Fest steht: Für ein solches Angebot muss die Logistik passen. Der Kunde

bekommt davon idealerweise möglichst wenig mit. Um das zu ermöglichen, hat Amazon in den vergangenen Jahren enorm aufge-
rüstet. Es gibt eigene Logistikzentren, Partnerschaften mit diversen Lieferdiensten und eigene Zustelldienste. Davon profitieren
nicht nur verderbliche Waren, sondern sämtliche versendete Produkte und Zustelloptionen für schnellere Lieferungen. Amazon
Locker, also zentrale Lieferstellen zur Selbstbedienung, und das
Smarthome-System Amazon Key, das Lieferanten in den USA bereits den direkten Zugang in die Wohnung der Besteller ermöglicht, zeigen, dass auch die sogenannte letzte Meile bis in die
Wohnung des Kunden in die Planungen mit einbezogen wurde.
Sicherheitscheck inklusive. Lieferungen von Lebensmitteln? Machen mit der Logistik von Amazon allen Sinn der Welt.

Amazon geht in seinem Bemühen um maximale Geschwindigkeit bei der Anlieferung von Produkten sogar so weit, inzwischen
mithilfe von KI-Anwendungen die zukünftigen Bestellungen von
Kunden zu antizipieren. Anhand sämtlicher Daten über die Verbraucher und deren Einkaufs- und Suchverhalten kann Amazon
Rückschlüsse über künftiges Verhalten ziehen. Nehmen wir einmal an, Sie haben vor einiger Zeit ein Kind bekommen. Dann
kann Amazon auf Sie wie folgt zugehen: »Hey, du hast doch ein
Baby! Du brauchst doch jede Woche Brei! Willst du den nicht einfach online bestellen und morgen angeliefert bekommen? Dann
musst du nicht extra zum Einkaufen fahren, so viel in die Wohnung schleppen, und Zeit hast du doch eh keine. Außerdem könn-
test du dazu dann auch gleich Windeln bestellen!« Der Vorteil für
Amazon: Dank der KI-gestützten Prognose des zukünftigen Nut-
zerverhaltens, das heißt der wöchentlichen Bestellung von Babybrei, müsste Amazon nicht auf gut Glück immer eine bestimmte
Menge Brei vorhalten, um das Versprechen einer schnellen Lieferung einhalten zu können. Dank der sogenannten Predictive Logistics weiß das Unternehmen genau, wann Mütter Babynahrung
brauchen, und kann die Lieferung bereits im Logistikzentrum vorbereiten, noch bevor der Kunde überhaupt das Wort »Babybrei«
auf seinen Einkaufszettel geschrieben hat. Das spart Lagerkosten,

erleichtert die Kalkulation und sichert eine unschlagbar schnelle Anlieferung ganz im Sinne des Kunden.

Es gibt heute quasi nichts, was es auf Amazon nicht gibt. Flip Flops mit Kunstrasenbelag? Großartig. Wer auch immer genau dieses Bedürfnis verspürt, wird bei Amazon fündig. Ebenso derjenige, dem die erfrischenden Geschmacksnoten bei herkömmlicher Zahnseide ein Graus sind. Speckgeschmack wäre besser? Kein Problem, auf Amazon findet man problemlos die Zahnseide Bacon Floss im praktischen Spender. Es wird übrigens empfohlen, gleich auch noch die Seife Bacon Soap mit Speckgeruch zu bestellen, damit im Badezimmer das richtige Feeling aufkommt. Zu Beginn des Jahres 2018 hatte Amazon 562 Millionen Produkte im Angebot, darunter lebensnotwendige Innovationen wie das Golfset für die Toilette oder lange Wimpern für die Frontscheinwerfer des Autos. Ein Angebot in dieser Fülle für jeden erdenklichen Kundenwunsch bekommt man sonst nirgends. Amazon könnte sich zurücklehnen: Die Disruption des stationären Handels ist erfolgreich vollzogen, alles richtiggemacht. Genau hier liegt der Unterschied zu vielen traditionellen Unternehmen. Die Onlinewelt war Amazon nicht genug, die Vision ist viel größer. Und die Firma scheut sich nicht vor Selbstdisruption, ganz im Gegenteil. Mitte 2017 betrat Amazon mit der Akquisition von Whole Foods, einer US-Kette Biosupermärkte, den stationären Handel.

Währenddessen lief bereits das Experiment Amazon Go, ein kassenloser Supermarkt. In einer einjährigen Testphase war der Store in Seattle zunächst nur für Mitarbeiter zugänglich, seit Anfang 2018 kann auch die breite Öffentlichkeit einkaufen. Zu Beginn des Jahres 2019 gab es neun dieser Läden. Das Prinzip ist denkbar einfach: Der Kunde geht in den Store und checkt mit der Amazon Go App auf dem Smartphone ein. Hier kann Amazon dem Kunden bereits auf Basis aller seiner Transaktionen auf Amazon.com gezielt Sonderangebote der im Laden verfügbaren Lieblingsprodukte auf das Smartphone spielen. Der Kunde greift zu und packt darüber hinaus auch alle Waren ein, wegen denen er eigentlich in den Store gegangen war. Sein elektronischer

Warenkorb wird automatisch gefüllt, sobald er das Produkt aus dem Regal nimmt. Wenn der Kunde mit dem Einkauf fertig ist, verlässt er den Laden, ohne zuvor an einer Kasse vorbeigehen zu müssen. Kein Schlangestehen am Feierabend, keine quengelnden Kinder, keine im Schneckentempo Centmünzen zusammenzählende Menschen. Einfach rausgehen. Fertig. Die Rechnung folgt aufs Smartphone. Möglich ist das alles über das gezielte Zusammenspiel von Algorithmen, Kameras und Sensoren, die sämtliche Aktivitäten der Kunden aufzeichnen, die Produkte automatisch scannen und sie auch wieder zurückbuchen, wenn sich der Kunde doch umentscheiden sollte und die Ware wieder ins Regal legt.

In nicht allzu ferner Zukunft könnte es passieren, dass Sie Freitagabend nach der Arbeit bei Amazon Go vor dem Regal mit den Schokoladentafeln stehen. Es war ein blöder Tag, Sie brauchen Nervennahrung und packen zwei Tafeln ein. Stopp. Sie haben immer noch die fünf Kilo von Weihnachten drauf ... Das schlechte Gewissen schleicht sich ein, und nachdem Sie das Schokoladenregal noch zweimal umkreist haben, packen Sie die Tafeln wieder zurück. Ab jetzt wird gefastet, mit aller Konsequenz! Drei Stunden später liegen Sie auf dem Sofa. Der Abend hat sich nicht zum Besseren entwickelt, gerade haben Sie telefonisch mit Ihrer Mutter eine halbe Stunde über die Sitzordnung bei ihrem Geburtstag diskutiert. Sie brauchen jetzt nichts mehr, nur noch ein bisschen Serien schauen und was zum Knabbern ... Mist! Hätten Sie doch im Supermarkt ... Ihr Smartphone piepst beziehungsweise Ihr Sprachassistent möchte Ihnen dringend etwas mitteilen: »Hey! Wie wäre es mit Mandel-Split-Schokolade? Die Lieferung kann in einer halben Stunde bei dir sein!« Was wie eine Vision aus fremder Zukunft klingt, ist technologisch bereits heute möglich.

Der Haken? Datenschützer schlagen Alarm, in Deutschland und Europa sei ein Konzept wie Amazon Go nicht mit der Rechtslage kompatibel. Der Einwand ist berechtigt. Die Frage ist allerdings, was sich langfristig durchsetzen wird: die Bequemlichkeit der Verbraucher oder der Drang nach Datenschutz. Trotz der erhöhten Sensibilität der Verbraucher sollte die Macht der einfachen

Lösungen ohne Pain Points im Alltag niemals unterschätzt werden. Chris Boos, Geschäftsführer der arago GmbH, betont in einer Rede über Künstliche Intelligenz, wir Menschen hätten in den letzten Jahrzehnten einen großen Teil unserer Freiheit für unseren Komfort abgegeben. Es ist zu vermuten, dass wir auch in Hinblick auf KI letztendlich zu mehr Zugeständnissen in Sachen Privatsphäre bereit sein werden, als wir uns das heute vorstellen können.

Natürlich haben die Kritiker von Amazon Go durchaus recht. Denn mithilfe der Technologie in den Läden ist die Erstellung umfassender Profile der Nutzer möglich, die ihr Einkaufsverhalten online und offline zusammenführen. Was wir bisher nur aus den Produktempfehlungen auf amazon.com kennen, wird dank Smartphone, Sensoren und KI in einem viel größeren Maßstab möglich sein.

Auch andere Schritte von Amazon in die analoge Welt verdeutlichen die konsequente Verbindung von online und offline. Ein Beispiel hierfür sind die Läden Amazon 4-star, in denen die beliebtesten Produkte von amazon.com mit menschlicher Hilfe kuratiert gekauft werden können. Auch mit den Filialen von Amazon Books betreibt Amazon seit 2015 einen stationären Buchhandel in den USA. Das Sortiment setzt sich vornehmlich aus Bestsellern und den Büchern zusammen, die von Kunden und Kuratoren am besten bewertet wurden. Das Nutzerverhalten in der Onlinewelt hat also direkte Auswirkungen auf den stationären Handel. Auf seiner Plattform hat Amazon gelernt, was die Menschen mögen. Auch ansonsten orientiert sich die Sortierung stark an den Kategorien der Webseite. Kritiker vermissen – natürlich – den Charakter einer »echten« Buchhandlung, die ihren Reiz oft darin hat, etwas zu finden, was man gar nicht gesucht hat. Amazon bietet das auf eine andere Weise: Kunden, die dieses Buch gekauft haben, haben auch jenes gekauft – schon sind wir wieder beim bekannten Amazon-Empfehlungssystem.

Strategisch gesehen können die Stores auch als Werbemaßnahme für neue Prime-Kunden gewertet werden. Sie bekommen die Produkte im Laden günstiger als andere Kunden, was natürlich nur einer der vielbeworbenen Vorteile des Premiumangebots ist. Keine Versandkosten, eBooks, kostenloses Video- und Musikstreaming, schnellere Lieferzeiten bis hin zur Lieferung am selben Tag bei PrimeNow. Während dieses in Deutschland nur in ausgewählten Städten verfügbar ist, ist Prime weitestgehend etabliert. Allerdings gibt es längst noch nicht so viele Kunden wie in den USA. Dort haben mehr als die Hälfte aller Haushalte ein Prime-Abonnement und zahlen monatlich mehr als zwölf Dollar für die zusätzlichen Services. Laut einer Analyse von Morgan Stanley geben diese Haushalte pro Jahr mehr als viermal so viel für Amazon-Angebote aus als Kunden, die kein Prime-Abonnement haben. Statista-Daten zeigen, dass US-Prime-Kunden darüber hinaus über ein hohes Haushaltseinkommen verfügen und oftmals angesichts beruflicher Verpflichtungen und Reisetätigkeit froh um jede Erleichterung im Alltag sind. Und genau das bietet Amazon. Um das Prime-Abo noch attraktiver zu machen, investiert Amazon massiv in Amazon Video, bei dem viele Filme und Serien Prime-Kunden kostenlos zum Streaming zur Verfügung stehen. Jedes Jahr werden Milliarden von Dollar in die exklusive Content-Produktion investiert, und die Medienindustrie kann sich noch wärmer anziehen: Der neue Feind heißt nicht nur Netflix oder Youtube. Videos, Musik, Hörbücher – all das baut auch Amazon aus und verstärkt damit die Kundenbindung aus dem Kerngeschäft.

Eine weitere Dimension der Verzahnung sämtlicher Online- und Offlinelebenswelten entwickelt sich mit der zunehmenden Verbreitung von smarten Home-Devices wie Amazon Echo. Wenn wir mit der KI-gesteuerten Sprachassistentin Alexa sprechen, die bereits mit Mikrowelle und Kühlschrank verbunden ist, welche die fehlenden Zutaten zum Abendessen gleich mal schnell bei Amazon ordern können, schließt sich der Kreis. Welche Rolle spielt dann der normale Supermarkt um die Ecke noch? Wird die Echo-Kompatibilität zum neuen Erfolgskriterium für Kühlschrankhersteller? Im Internet der Dinge steht nicht zuletzt dank Amazon unsere gesamte analoge Welt auf dem Prüfstand. Wer ist drin und wer bleibt draußen? Auf dem Weg zur Vision als Anlaufstelle für alles, was die Menschen kaufen wollen, wird die Welt des Handels möglicherweise bereits zu klein für die Pläne des Unternehmens. Vielmehr geht es bei Amazon – wie auch bei anderen der großen Tech-Firmen – um einen viel umfassenderen Plan.

Wie sich Amazon selbst sieht? Im Form 10-K, dem standardisierten Jahresbericht für börsennotierte Unternehmen in den USA, findet sich folgender Anspruch:

>>We seek to be Earth's most customer-centric company. We are guided by four principles: customer obsession rather than competitor focus, passion for invention, commitment to operational excellence, and long-term thinking. In each of our segments, we serve our primary customer sets, consisting of consumers, sellers, developers, enterprises, and content creators. In addition, we provide services, such as advertising services and co-branded credit card agreements.<< [11]

Also: Keine Rede nur vom Handel. Aber der Aspekt >>Kundenfokus statt Wettbewerberfokus<< ist bemerkenswert. Eine solche Sichtweise hätte auch den gescheiterten Medienunternehmen aus Kapitel 1 möglicherweise neue Strategien aufgezeigt. Der Blick auf die in Form 10-K dargelegte Markt- und Konkurrenzdefinition macht den breiten Fokus von Amazon deutlich. Denn dort finden sich Begriffe wie Handelsunternehmen, Anbieter von Werbeplätzen, Produzent von Medienangeboten, Suchmaschinenbetreiber, Anbieter sozialer Netzwerke, Betreiber von Fulfillment- und Logistiklösungen sowie IT-Services bis hin zum Hersteller von Consumer Electronics und Telekommunikationsgeräten. Diese Palette liest sich wie das Who's who der Digitalisierung, und gerade die Betonung der Herstellung eigener intelligenter Produkte zeigt den starken Fokus, den Amazon auf die künstliche Intelligenz und das Internet der Dinge legt. Zwei Bereiche haben dabei in Zeiten von KI das größte Potenzial: Amazon Web Services (AWS) und die erst seit neuestem strategisch betriebene Vermarktung von Werbung.

Zwar ist die Cloud-Sparte AWS noch kleiner als die anderen Geschäftsfelder, sie hat jedoch die höchsten Wachstumsraten und die höchste Profitabilität aller Wettbewerber. AWS existiert seit 2006, und heute gibt es über 90 cloud-basierte Services. Amazon kann dabei sämtliche neuen Anwendungen quasi live im eigenen Unternehmen testen und durch permanentes Feedback optimieren – und davon profitieren wiederum die externen Kunden.

In der Cloud bietet Amazon eine Vielzahl hochspezialisierter KI-Anwendungen für den Einsatz in Unternehmen an. Amazon Lex dient der Erstellung von Sprach- und Textchatbots. Amazon Polly konvertiert Text in natürliche Sprache, wobei der Kunde unter mehr als 20 Sprachen und verschiedenen Stimmen wählen kann. Amazon Transcribe verwandelt Sprache in Text, Amazon Translate ist ein Übersetzungsservice. Deutlich breiter angelegt als diese bereits direkt in Unternehmen einsatzfähigen Services ist Amazon SageMaker. Mit dessen Hilfe können Entwickler KI-Modelle erstellen, trainieren und implementieren. Dabei soll der ganze Prozess so einfach wie möglich gestaltet werden, um auch Kunden außerhalb der IT-Branche den Zugang zu maßgeschneiderten Lösungen zu erleichtern. Der Geschäftsbereich Cloud hat im Laufe der Jahre eine enorme Entwicklung vollzogen. Nach Einschätzung von Marktexperten ist es gelungen, vom reinen Anbieter von Cloud-basierten KI- oder IoT-Services zu einem Marktführer für KI, IoT, Datenbanken etc. zu reifen, dessen Angebote nun mal eben Cloud-basiert sind. Bestehende Kunden von AWS sind beispielsweise GE Healthcare, Tinder oder selbst die National Football League.

Das zweite wichtige Wachstumsfeld ist die Ausspielung maßgeschneiderter Werbeangebote auf allen Amazon-Plattformen. Denn wer, wenn nicht Amazon, weiß dank aller Möglichkeiten der Algorithmen-gestützten Datenanalyse, welche Nutzer sich gerade für welche Produkte interessieren und damit optimal gezielt durch Werbung angesprochen werden können.

Neben der technologischen Infrastruktur ist auch die physische Distribution ein zentrales Thema für ein Unternehmen, das im weitesten Sinne im Handel tätig ist. Auch hier setzt Amazon zunehmend auf interne Lösungen und öffnet sie für externe Kunden. Nicht umsonst geht bei DHL, Hermes und Co. die Angst um: Das *Manager Magazin* zitiert in einem Artikel über die Amazon-Strategie Branchenexperten, die schmerzlich über die Ausnahmestellung im Versandgeschäft berichten können. Gibt es keine Aufträge mehr von Amazon, kann man einpacken, die Pakete seien ein »süßes Gift«.[12] Mit dieser Macht lassen sich die Preise enorm drücken. Deshalb wird erwartet, dass auch die Logistikbranche eines der nächsten Opfer des Konzerns wird.

Die Indikatoren, dass Amazon eine neue Branche im Visier hat, können aus unterschiedlichen Richtungen kommen und sich etwa in Firmenübernahmen, strategischen Partnerschaften mit Branchenspezialisten oder neuen Produkten im Sortiment äußern. Genauso geschieht es auch im Bereich Gesundheit. Bereits im Jahr 2017 rief Amazon die Alexa Diabetes Challenge aus: Entwickler sollten Apps entwickeln, wie die Spracherkennungssoftware am besten genutzt werden kann, um Diabetikern im Umgang mit der Krankheit zu helfen. Ausgeschrieben war ein Preisgeld von 125.000 Dollar, gesponsert vom Pharmakonzern Merck. Ebenfalls ein Einfallstor in den Gesundheits-, aber auch in den Versicherungsmarkt war die Gründung einer Krankenversicherung, die Jeff Bezos im Dreigespann mit J.P.-Morgan-Chef Jamie Dimon und Warren Buffet Anfang 2018 vollzog – erst einmal nur für die eigenen Mitarbeiter der Unternehmer, jedoch mit Potenzial für mehr. Im Sommer folgte die Übernahme von PillPack, einer US-Internetapotheke. Der Fokus der Firma liegt auf der Versorgung chronisch kranker Patienten, die mit individuell zusammengestellten und dosierten verschreibungspflichtigen Medikamenten versorgt werden. Chronische Patienten sind gezwungenermaßen eine treue Zielgruppe, das maßgeschneiderte Konzept bewährt sich insbesondere bei älteren Menschen, die mehrere Präparate schlucken müssen. Mit dem Deal hat sich Amazon zugleich eine Lizenz für verschreibungspflichtige Medikamente gesichert. Ende 2018 schließlich erfolgte der Launch von Amazon Comprehend Medical im Produktportfolio von AWS. Ziel ist die KI-gestützte

Digitalisierung von Patientenakten, die oftmals unstrukturierten, teilweise auch handschriftlichen Text beinhalten. Mithilfe von Natural Language Processing kann die relevante Information erkannt und verarbeitet werden, verschiedenste Quellen werden zu einem Datensatz. Auf dieser Basis können etwa Kliniken ihre Entscheidungen optimieren, gleichzeitig aber fällt damit natürlich ein enormer Datenschatz an. Laut Amazon sind sämtliche Daten verschlüsselt, werden nicht gespeichert und nicht für das weitere Training der Algorithmen verwendet – Medizin ist ein hochlukratives, aber auch hochsensibles Einsatzfeld.

Amazon befindet sich mit seinem ganzheitlichen Ansatz der Geschäftstätigkeit in bester Gesellschaft bei den FANGS, den anderen Riesen aus dem Silicon Valley, die unsere Märkte heute zu einem großen Teil bestimmen: Facebook, Amazon, Netflix und Google. Diese Player teilen ihren umfassenden Blick auf den Markt und den maximalen Fokus auf die Bedürfnisse ihrer Kunden.

Im Idealfall liest sich das wie folgt:

1. Immer wenn ich etwas kaufen will, gehe ich zu Amazon.
2. Immer wenn ich mich mit jemandem vernetzen will, gehe ich zu Facebook.
3. Immer wenn ich Bewegtbildunterhaltung will, gehe ich zu Netflix.
4. Immer wenn ich etwas suche, gehe ich zu Google.

Für all diese Dinge gab und gibt es natürlich auch andere Anbieter. Sie haben es aber nicht in dieser Weise geschafft, den Markt für sich zu gewinnen wie Amazon oder auch Google, das wir als Nächstes vorstellen.

Alphabet: Von der Suchmaschine zu den Moonshots

Google war ursprünglich das Synonym für alles, was man sucht. An Google Search muss sich jede Anwendung messen, die auf irgendeine Weise mit Recherche verbunden ist. Aus eigener leidvoller Erfahrung: Setzt man Mitarbeitern für die Informationssuche ein System vor, das nicht exakt funktioniert wie Google, kann man das Ganze gleich vergessen. Das System sollte auch exakt so aussehen wie Google, also am besten direkt von Google sein. Sonst ist die Nutzerakzeptanz gleich null. Die Marke steht für ein Nutzererlebnis, das die Erwartungshaltung an sämtliche ähnliche Anwendungen prägt. Intuitiv und aus Kundenperspektive gedacht: dieser Anspruch gilt für alle Produkte.

Google hilft uns digital bei sämtlichen Einsatzszenarien: Strategien für die nächste Gehaltsverhandlung, DIY-Reparaturtipps für Kabelbruch, Erkältungssymptome bei Kleinkindern und vieles mehr. Schon allein anhand der Suchanfragen weiß Google ziemlich viel über uns, was wir nicht einmal mit unseren engsten Freunden besprechen würden. Aber Google ist heute weit mehr als eine Suchmaschine. 2015 wurde die Firma in die neu geschaffene Holding Alphabet eingegliedert. Unter Google werden das Kerngeschäft Search sowie die angrenzenden Geschäftsbereiche, etwa der Browser Chrome, die Videoplattform YouTube, Gmail, Google Maps, Google Play oder das Betriebssystem Android zusammengefasst. Darüber hinaus laufen unter dem Dach Alphabet weitere und höchst vielfältige Unternehmensaktivitäten: Sie reichen von Biotechnologie gegen den menschlichen Alterungsprozess (Calico) über autonomes Fahren (Waymo) und die KI-Firma Deep Mind bis hin zu Forschungsprojekten, die unter der Bezeichnung X geführt werden und von denen alle Alphabet-Unternehmen profitieren. X versteht sich dabei als »Moonshot Factory« mit dem Ziel, globale Probleme sowohl mit massivem Forschungsaufwand als auch mit der Geschwindigkeit und dem Mindset eines

Start-ups zu lösen. Ein Beispiel für ein bekanntes, wenn auch nicht besonders erfolgreiches Projekt ist Google Glass.

Haben die Projekte eine gewisse Reife erzielt, werden sie in eine eigene Einheit ausgelagert, etwa Waymo. Es liegt auf der Hand, dass ein hoher Investitionsaufwand für diese Art von Projekte notwendig ist, von einer vergleichbaren Profitabilität mit dem Kerngeschäft ganz zu schweigen – was auch der Grund dafür gewesen sein dürfte, Alphabet als Holding über sämtliche Aktivitäten einzusetzen und im Reporting nur zwischen Google und allen anderen Geschäftsbereichen als »Other bets« zu unterscheiden. Allerdings kommt es durchaus vor, dass Unternehmen bei erfolgreicher Entwicklung oder passenden Synergien in die Sparte Google integriert werden, etwa der Smart-Home-Anbieter Nest im Februar 2018. Mit zunehmend technologischer Durchdringung der Haushalte lässt sich leicht ausmalen, wie die bekannten Google-Dienste auch vernetzte Geräte einbinden. Zum Beispiel weiß Google, wenn wir im Stau stehen, die Heizung zu Hause wartet also noch ein bisschen, bis sie Vollgas gibt.

Im Form 10-K fasst Alphabet den eigenen Anspruch unter verschiedenen Überschriften zusammen:

1. Access and technology for everybody: Insbesondere Google zielt auf den Massenmarkt ab, global, für alle nationalen Entwicklungsstadien. Entsprechend müssen die Kernprodukte unkompliziert und gut bedienbar sein.
2. Moonshots: Hochriskante, aber aussichtsreiche Projekte sichern den langfristigen Erfolg, so die Überzeugung: »Many companies get comfortable doing what they have always done, making only incremental changes. This incrementalism leads to irrelevance over time.«[13] Damit ist das Problem weniger innovativer Unternehmen prägnant zusammengefasst. Google selbst scheut nicht davor zurück, wegen der riskanten Projekte immer wieder in der Kritik zu stehen, Moonshots sind ein Schlüssel für den langfristigen Erfolg.

3. *The power of machine learning*: Künstliche Intelligenz wird als zentraler Treiber der aktuellen Innovationen gesehen, entsprechend hat man in den vergangenen Jahren in diesen Bereich investiert, was sich auf diverse heutige Produkte auswirkt.

Fassen wir also zusammen: Alphabet/Google hat es mit einer umfassenden Vision und dank des finanzstarken Kerngeschäfts geschafft, den Fokus maximal zu erweitern. Auf jede Digitalisierungsphase hatte Google eine Antwort: Die Suchmaschine für das reine Onlinegeschäft, das Betriebssystem Android, die Cloud für die zweite Phase (ok, das soziale Netzwerk Google+ ist gescheitert – aber auch das gehört eben bei Disruption dazu) sowie der Aufbau von KI-Aktivitäten für die dritte Phase.

Selbst wenn Kritiker und Anleger manche Bereiche als Spinnerei abtun möchten und vielleicht zugunsten der Rendite auch lieber darauf verzichten würden: Die Vision hinter den Aktivitäten ist groß. Bewusst werden die Bedenken traditioneller Unternehmen thematisiert und als strategisch nicht zielführend abgelegt.

Lessons Learned: Was Amazon und Alphabet verstanden haben

Beide gerade vorgestellten Unternehmen verkörpern zentrale Eigenschaften, die Disruptoren von anderen Playern unterscheiden. Über das Mindset der Giganten aus dem Silicon Valley sind unzählige Bücher geschrieben worden. Wir wollen daher an dieser Stelle nur die drei – aus unserer Sicht – wichtigsten Punkte aufgreifen:

1. Das frühzeitige Ausschöpfen neuer Technologien.
2. Die konsequente Bereitschaft zur Selbstdisruption.
3. Die umfassende Ausrichtung der Unternehmensprozesse an den digitalen Möglichkeiten.

Beginnen wir mit der Technologie. Sowohl Amazon als auch Google sind in der ersten Digitalisierungsphase (Online) entstanden. Sie haben die neuen Möglichkeiten frühzeitig erkannt und entsprechend zukunftsweisende Produkte entwickelt, wie die Suchmaschine Google Search oder die E-Commerce-Plattform Amazon.com. Gerade Google stellte aufgrund der visionären Kraft der Gründer Larry Page und Sergey Brin bereits vor dem allgemeinen Trend die Weichen in Richtung Mobile: 2005 kaufte das Unternehmen die damals weitgehend unbekannte Firma Android, die Software für Mobiltelefone entwickelte. Wohin die Reise ganz genau gehen könnte, war Marktbeobachtern damals noch nicht klar, was zu diesem Zeitpunkt durchaus verständlich war. Der Weckruf sollte erst zwei Jahre später mit der Markteinführung des iPhones durch Apple erfolgen. Im gleichen Jahr gab Google bekannt, mit Mitgliedern der Open Handset Alliance das Betriebssystem Android als Open-Source-Lösung zu entwickeln. Diese Zusammenarbeit bedeutete durch ihren offenen Standard, dass Android von Innovationen und Optimierungen externer Entwickler profitieren und eine deutlich größere Verbreitung erreichen konnte. Auf den ersten Blick mag dieser Ansatz nicht zwingend logisch sein, vor allem da der Vorreiter Apple die völlig andere Strategie eines geschlossenen Ökosystems gewählt hatte. Wenn man eine größere Vision im Kopf hat, ist das Vorgehen aber nur konsequent. Genauso frühzeitig hat Google KI als Zukunftstechnologie erkannt, auch wenn Marktbeobachter die ersten Schritte vor einigen Jahren mit Skepsis verfolgten. Was will Google denn mit einer Firma wie DeepMind? Auch Amazon hatte die Zeichen der Zeit richtig gedeutet und bereits seit 2006 AWS als Cloud-Anbieter aufgebaut. Die Stimmen der Kritiker damals: Was will denn ein Onlinehändler wie Amazon in der Cloud? Und gerade die vermeintlichen technologischen Spielwiesen haben sich für beide Unternehmen als Teile eines langfristigen Puzzles erwiesen.

Damit hängt bereits der zweite Punkt unserer Liste eng zusammen: die Bereitschaft zur Selbstdisruption. Mit einem neuen Produkt das eigene alte, gut funktionierende Kerngeschäft zu unterwandern, ist eine große Angst vieler Unternehmer, siehe Kapitel 1. Das ist nachvollziehbar, jedoch nicht hilfreich. Wenn man es nicht selbst macht, macht es ein anderer – und das tut dann doppelt weh. Amazons Schritt in die Offlinewelt sorgte anfangs für Kopfschütteln: Erst zerstören sie den stationären Handel, und dann machen sie es selbst? Und könnte Amazon Go dem Lieferdienst Amazon Fresh nicht das Wasser abgraben?

Auch Google hat sich im Zuge der Digitalisierung gleich dreimal im großen Stil selbst kannibalisiert, parallel zu den Phasen der Digitalisierung: Seit Anfang des Jahrtausends läuft das Suchmaschinengeschäft ganz ausgezeichnet mit einer absoluten Monopolstellung insbesondere bei der Werbevermarktung. Als zumindest für Google absehbar war, dass sich die Märkte in Richtung Mobile entwickelten, scheute es nicht davor zurück, das Betriebssystem Android als Open Source zur Verfügung zu stellen, obwohl klar war, dass sich dadurch ein Großteil der Suche von Online auf Mobile verlagern würde. Dabei traten viele Kritiker auf den Plan: Aufgrund der höheren Kosten für die Generierung von Klicks in der mobilen Anwendung gefährde Google das doch deutlich effizientere Geschäft der Onlineplattform. Google ließ sich allerdings trotz des Gegenwinds von Analysten und vermeintlichen Branchenexperten nicht beirren und wurde belohnt, da der von ihnen antizipierte überproportionale Zuwachs an mobilem Suchvolumen diesen Effekt deutlich überkompensierte.

Auch in der dritten Digitalisierungsphase (KI) scheuen Google und Amazon nicht davor zurück, ihr bestehendes Geschäft erneut disruptiv zu unterwandern. Amazon etablierte schon frühzeitig mit Alexa die Möglichkeit, Einkäufe auch über Sprachbefehle zu tätigen. Die Kunden profitieren in zweierlei Hinsicht: Das System unterbreitet selbstständig individualisierte Vorschläge für den Kauf, der Kunde ist aber auch bei der aktiven Kaufhandlung nicht auf die Handhabung eines Endgerätes angewiesen und kann die deutlich komfortablere natürliche Sprachsituation nutzen. Auch Google geht den Trend zur sprachbasierten Suche konsequent. Mit Google Home bietet das Unternehmen eine bequemere Variante des ursprünglichen Konzepts, auch wenn die Generierung von Werbeerlösen im Vergleich zum klassischen Geschäft noch nicht auf der Hand liegt. Nicht alle Nutzer können sich bereits mit dem Gedanken an sprachbasierte Einkäufe und Suchen anfreunden, Amazon und Google sehen jedoch langfristig das Potenzial, das hier vor allem durch die enormen Fortschritte in der Künstlichen Intelligenz zu erwarten ist. Sie wollen damit ihre Vormachtstellung auch im Zeitalter von KI festigen. Ein mutiger Schritt, aber mit Blick auf die bisherige Entwicklung der beiden Unternehmen stehen die Chancen gut, dass sie auch hier richtigliegen.

Die Tech-Konzerne haben etwas verstanden, woran sich die Old Economy oftmals noch die Zähne ausbeißt: Bereits in der Vergangenheit lag ihr Fokus nicht auf den bestehenden Produkten, vielmehr folgten sie einer größeren Vision, immer auf der Suche nach der bestmöglichen Befriedigung der Bedürfnisse ihrer Zielgruppen durch neue technische Möglichkeiten. Problemlösung statt Produkt, diese Formel bringt es auf den Punkt. Mit einer solchen Denkweise bauen sie stets neue Lösungen, die die Märkte revolutionieren. Sie bleiben nicht am Puls der Zeit, sondern geben den Takt vor. Selbstdisruption ist kein Hindernis, sondern eine Strategie, dem Wettbewerber zuvorzukommen.

Dies bringt uns zum dritten Punkt: Es sind nicht nur die Produkte und Lösungen, hinsichtlich derer sich die Internetunternehmen von klassischen Anbietern abheben. Eine große Rolle spielt das Mindset sowie die konsequente Ausrichtung des gesamten Unternehmens entlang der technologischen Möglichkeiten, inklusive der Hierarchieebenen. Vor allem der traditionelle Konzernchef mag hier einmal kurz zusammenzucken. Andrew Ng führt dies am Beispiel der Handelsbranche aus: Ein Einzelhändler, der eine Webseite mit Shop betreibt, ist etwas anderes als eine Internetfirma wie Amazon, die ebenfalls, ganz platt gesagt, unter anderem eine Webseite mit Shop betreibt. Im Gegensatz zu klassischen Unternehmen greift eine Internetfirma umfassend auf alle Möglichkeiten zurück, die ihr die Digitalisierung bietet und stellt sich konsequent so auf, dass neue Technologien auch schnell und flexibel etabliert werden können. Die wichtigsten Merkmale eines solchen Internetunternehmens sind laut Ng:

1. *A/B Tests*: Ständig wird nach Optimierungsmöglichkeiten gesucht und getestet, was beim Kunden besser ankommt. Online lässt sich das einfach auf Basis der Klickzahlen und schließlich der gekauften Produkte messen.
2. *Kurze Zyklen*: Sämtliche Prozesse lassen sich schnell abwickeln, von den Versandzeiten bis hin zum Produkt-Update.
3. *Verlagerung von Entscheidungen*: Während in klassischen Organisationen der CEO mehr oder weniger alleine diverse Entscheidungen trifft, müssen in Internetunternehmen verschiedene Aspekte direkt auf der Arbeitsebene entschieden werden, beispielsweise im Zusammenspiel von Produktmanagern und IT-Ingenieuren. Diese Mitarbeiter haben die Expertise, die man für das optimale Kundenerlebnis braucht. Der einsame Wolf hat ausgedient, flache Hierarchien und interdisziplinäre Zusammenarbeit sind von zentraler Bedeutung.

Fassen wir zusammen: Es geht nicht nur um die Verwendung von digitalen Tools, wenn wir über innovative Unternehmen nachdenken, sondern um eine umfassende Denk- und Arbeitsweise. Gerade Start-ups aus dem Silicon Valley orientieren sich an diesem Mindset.

Es wäre jedoch zu kurz gegriffen, auf der Suche nach neuen Wettbewerbern den Blick nur gen Westen zu richten. Der asiatische Raum, insbesondere China, holt enorm auf, sei es in Bezug auf Patentanwendungen oder Forschung vor allem im Bereich der Künstlichen Intelligenz. Hier sind Unternehmen wie Huawei, Tencent und Alibaba führend. Wir wollen stellvertretend aber lediglich etwas intensiver auf Alibaba eingehen, obwohl die meisten vorgestellten Erfolgsfaktoren der Marktbearbeitung auch auf die anderen großen chinesischen Player zutreffen.

East goes West: Alibabas Weg in die Schatzkammer

Alibaba hat 2014 einen der größten Börsengänge weltweit vollzogen und ist im Heimatmarkt unangefochtener Spitzenreiter im elektronischen Handel. Alles, was wir für Amazon und Google geschrieben haben, hat auch Alibaba verstanden. Daher konzentrieren wir uns in diesem Kapitel vor allem auf die Aspekte, die speziell sind. Denn der Konzern hat gegenüber den westlichen Anbietern ein paar entscheidende Trümpfe in der Hand: China ist bei der flächendeckenden Akzeptanz des Themas Mobile überlegen (etwa im Bereich Bezahlung per Smartphone, die sich hierzulande noch nicht durchgesetzt hat). Dazu kommt ein lockerer Umgang mit dem Datenschutz sowie eine gezielte Förderung von Zukunftsthemen durch die Politik.

Gerne wird Alibaba mit Amazon verglichen, einige Marktbeobachter sehen aufgrund des Geschäftsmodells, das vor allem auf Provisionen und Gebühren für auf der Plattform verkaufte Waren basiert, eher Parallelen zu eBay. Aber auch bei Alibaba wird das Kerngeschäft von weiteren Aktivitäten in den Bereichen Digital Media & Entertainment, Cloud Computing und Innovation Initiatives & Other begleitet. Ähnlich wie bei Amazon stellt dabei Cloud Computing den Bereich mit der stärksten Wachstumsrate dar. Die Strategie ist durchaus global ausgelegt, und das dürfte die nächsten Jahre für Spannung sorgen.

»Our mission is to make it easy to do business anywhere«[14], dieser Claim ziert die Titelseite der Präsentation von CEO Daniel Zhang auf dem Investor Day 2017. Auch Alibaba geht es also nicht nur darum, einfach ein sehr großer Onlineshop zu sein. Denn »do business anywhere« umfasst sämtliche damit verbundene Bereiche, angefangen von der technologischen Infrastruktur bis hin zu mobilen Bezalsystemen. In all diesen Märkten ist Alibaba mit einer enormen Kundenbasis aktiv. Zum Vergleich: Amazon hat rund 300 Millionen aktive Kundenaccounts, Alibaba über

570 Millionen. Entsprechend groß ist auch der Datenpool, auf den Alibaba zurückgreifen kann.

Insbesondere bei der Verzahnung von Online und Offline, die wir bereits von Amazon Go kennen, ist Alibaba der westlichen Konkurrenz einen großen Schritt voraus. Journalisten berichten, wie das Zusammenspiel bei den chinaweit über 40 Filialen des Alibaba-Supermarktes Hema funktioniert: Die Kunden können auf herkömmliche Weise einkaufen oder aber, sofern sie in einem Radius von drei Kilometern wohnen, auch online bestellen. In einer halben Stunde soll die Ware da sein. Der Supermarkt wird damit gleichzeitig zum Warenlager, ein Kurier bringt die Produkte zum Kunden, auch wenn der lieber vor Ort einkauft. Mit dem Smartphone lassen sich Inhaltsstoffe und Herkunft der Produkte anzeigen, Kochempfehlungen und ähnliche Produkte ebenso. Bei Bedarf werden die frischen Lebensmittel fertig zubereitet und warten dann verzehrfertig zu Hause. Bezahlt wird beim Check-out bargeldlos mit der App Alipay, die ebenfalls über eine halbe Milliarde Nutzer hat und damit die größte Paymentplattform der Welt ist, wahlweise funktioniert sie auch per Gesichtserkennung. Hat das Programm beim Shopping die Nutzervorlieben erkannt, werden passende Angebote aufgespielt.

Big Data perfektioniert hier das analoge Einkaufserlebnis. Das Gefühl, frische Ware auf einem Markt zu kaufen (in der Fischabteilung von Hema geht es in der Tat noch äußerst lebendig zu), wird mit der technologischen Unterstützung zu einem Spaziergang, bei dem man auf Wunsch nicht einmal die Taschen schleppen muss. Die Hema-Filialen sind attraktiv gestaltet, Kartons oder unordentliche Regale, wie sie hierzulande beim Discounter gang und gäbe sind, sucht man vergebens. Die Produkte werden ansprechend und hochwertig präsentiert, die Auswahl ist international. Wie auf einem herkömmlichen Markt gibt es Stände mit Essen und Getränken, die direkt verzehrt werden können. Der Kunde bekommt quasi das Beste beider Welten: das sinnliche Erlebnis der Offlinewelt, gepaart mit der Bequemlichkeit der Onlinewelt.

Für Alibaba ist das auf diese Weise entstehende Wissen über die Kundenpräferenzen Gold wert. Die Nutzerprofile und Alibabas eigenes Bewertungssystem Sesame Credit beherbergen komplexe Datensätze, die das System immer weiter verfeinern. Nicht ohne Grund gilt Alibaba als Vorbild für das bereits erwähnte Social-Scoring-Programm der chinesischen Regierung, das hierzulande gerne als Horrorszenario aufgemalt wird, obwohl die Chinesen das System laut einer Studie der Freien Universität Berlin in großer Mehrheit als positiv beurteilen. Eine Wertung wollen wir nicht fällen, aber klar ist: Je mehr Daten zur Verfügung stehen, desto größer das Spielfeld für Anwendungen mit Künstlicher Intelligenz.

Wenn wir an unseren heimischen Wochenendeinkauf beim Discounter unseres Vertrauens denken, scheint es glaubhaft, dass in der globalisierten Welt Konzepte wie Amazon Go oder Hema auch hierzulande Fuß fassen werden. Zwar können wir noch bar bezahlen und, sofern wir nicht Teilnehmer eines Bonusprogramms sind, bleiben wir auch datenmäßig relativ unbehelligt, wir schieben uns im Gegenzug aber durch Metallregale, Kartons und lange Warteschlangen an der Kasse. Ein Einkaufsvergnügen sieht anders aus. Daher gilt bei Alibaba das Motto: Sesam, öffne dich. Der Konzern ist bereits auf dem Weg in die Schatzkammer der westlichen Welt. Ende 2018 gab er als Ziel bekannt, bis 2036 zwei Milliarden Nutzer haben zu wollen. Selbst wenn sich die aktuell rund 1,4 Milliarden Chinesen in Sachen Nachwuchsproduktion mächtig ins Zeug legen würden, ist deutlich: Die anvisierte Kundenzahl bedeutet eine massive internationale Expansion – aktuell beläuft sich die Nutzerzahl »nur« auf etwas mehr als ein Viertel des Ziels. Die belgische Stadt Lüttich wurde als Standort für ein gigantisches Fulfillment-Center ausgewählt und soll als zentrales Drehkreuz für den Europahandel dienen. Das Versprechen von Alibaba-Gründer Jack Ma an die hiesigen Märkte richtet sich vor allem an den Mittelstand: Über die Plattform könne der Export nach China vorangetrieben werden. Quasi ein kleiner Versuch in Sachen »wir kommen in Frieden«. Weniger prominent wurde thematisiert, dass so ein Umschlagplatz natürlich keine Einbahnstraße sei. Auf diese Weise kann sich der europäische Markt stärker für chinesische Anbieter öffnen – was der hiesige Handel und Kritiker angesichts des Billigware-Images und diverser Sicherheitsbedenken mit Sorge betrachten. Sollte Alibaba dann auch noch, wie viele Analysten erwarten, einen der großen europäischen E-Commerce-Anbieter übernehmen, müssen sich Kaufhof, Lidl und Co. noch wärmer anziehen.

Don't stop me now: Was könnte Alphabet, Amazon und Alibaba aufhalten?

Die große Frage ist, ob die drei gerade beschriebenen Konzerne und ihre disruptiven Kollegen überhaupt noch zu stoppen sind. Wenn nicht durch den Markt, dann vielleicht durch die Politik? Insbesondere der Umgang mit Alibaba dürfte eine Herausforderung für die Gesetzgeber darstellen. Deutschland und Europa haben mit den US-Konzernen leidvolle Erfahrungen aus den ersten Digitalisierungsphasen gemacht und sich bei einer marktgerechten Regulierung nicht gerade mit Ruhm bekleckert, wenn sie es denn ernsthaft versucht haben. Gerade die FANGs hatten lange Zeit eine gewisse Narrenfreiheit. Nicht umsonst heißt es, die Politik fasse ein Thema immer erst dann an, wenn die Firmen bereits viel weiter seien und ihnen diese Regulierung nur noch vergleichsweise wenig Schmerzen für die alten Geschäftsfelder bereite. Währenddessen können sie unbehelligt am nächsten großen Ding arbeiten. Zwar ist das Bewusstsein für diese Fragestellungen deutlich gestiegen, die Umsetzung jedoch ist nicht durchgängig konsequent.

Ein Beispiel: Anfang Dezember 2018 kam es zu einer Einigung zwischen Deutschland und Frankreich in Bezug auf die EU-Digitalsteuer. Falls die OECD nicht zwischenzeitlich eine andere Lösung findet, sollen Konzerne wie Google und Facebook in Europa eine Umsatzsteuer von drei Prozent auf Onlinewerbeerlöse zahlen, die Verabschiedung 2019 vorausgesetzt. Gültig wäre die Regel dann ab 2021. Das ist nun nicht wirklich der Schritt, auf den wir alle gewartet haben. Denn Onlinewerbeerlöse sind inzwischen bei Weitem nicht mehr der einzige Bestandteil dessen, was digital relevant ist und Umsatz bringt. Der ursprüngliche Vorschlag der EU-Kommission beinhaltete auch den Verkauf von Nutzerdaten, dieser Bereich fiel jedoch weg. Wo aber wird künftig die Musik spielen? Ach ja. Da war doch was.

Prinzipiell begünstigt ein nicht allzu strenger gesetzlicher Rahmen Innovationen, siehe Silicon Valley und China. In Deutschland wäre die vermutlich berühmteste Garage der Welt direkt ein Opfer der Arbeitsstättenverordnung geworden. Sind die Rahmenbedingungen locker und passt die Unternehmensstrategie zudem noch zu politischen Interessen eines autoritär geführten Landes, steht dem Siegeszug kaum etwas entgegen. Diese Bedingungen liegen in China in Bezug auf Künstliche Intelligenz vor, denn die Zentralregierung fährt eine ambitionierte KI-Strategie. Auf dieser Basis ist zu erwarten, dass viele Anwendungen hier deutlich schneller massentauglich werden (beziehungsweise bereits geworden sind) als etwa in Deutschland.

Nicht zuletzt die Regulierung im Bereich der Datennutzung entscheidet also darüber, wie unser Weg in die Zukunft mit KI gestaltet sein wird. Die Meinungen zu dem Thema gehen auseinander, ähnlich wie bei der Frage nach der Besteuerung der Digitalunternehmen. Man kann es von zwei Seiten sehen: Einerseits müssen die Zeiten der Selbstregulierung vorbei sein, so der ehemalige belgische Ministerpräsident Guy Verhofstadt in einem Gastkommentar im *Handelsblatt* mit Blick auf die Datenschutzskandale bei Facebook. Denn aktuell stellen die meisten Verbraucher ihre Daten freiwillig und kostenlos zugunsten eines optimalen Nutzererlebnisses zur Verfügung, ohne sich über die Konsequenzen im Klaren zu sein.

Andererseits gibt es auch Stimmen, die vor einer zu starren Regulierung warnen, etwa Achim Berg, Präsident des IT-Branchenverbandes Bitkom. Die digitale Wirtschaft brauche in der Datenpolitik Luft zum Atmen anstelle eines regulatorischen Korsetts, so seine Erklärung zur Digitalklausur der Bundesregierung im November 2018. Drastischer formuliert es Kai-Fu Lee, Autor, chinesischer Investor und ehemaliger Präsident von Google China, im Interview mit dem Handelsblatt: »Europa sollte klar sein, dass es sich aus dem KI-Wettbewerb verabschiedet, indem es so eine hohe Priorität auf Privatsphäre legt.«[15]

Eine Lösung für dieses Dilemma könnte in der besseren Aufklärung der Verbraucher liegen, damit die Politik sich nicht gezwungen sieht, potenziell innovationshemmende Regulierungen zum Schutz der Nutzer zu verordnen. Im Jahr 2013 beschrieben Viktor Mayer-Schönberger und Kenneth Cukier in *Big Data*, wie möglicherweise die Konsumenten ihre Daten künftig vermarkten können. Datenhändler könnten im Namen der Anwender Lizenzen für die Weiterverwendung ihrer persönlichen Daten vergeben. Bislang sieht die Praxis aber meist anders aus. Ein steigendes Bewusstsein der Verbraucher über den Wert der Daten ist daher wichtig. Der Wirbel um die verpflichtende Datenschutzgrundverordnung im Mai 2018 hat in Deutschland zumindest bei vielen Menschen eine gewisse Sensibilität für die Zusammenhänge hervorgerufen, insbesondere, weil der kurz zuvor bekannt gewordene Skandal um Cambridge Analytica bereits ganze Vorarbeit geleistet hatte.

Spitzenreiter und rote Laterne: Welches Land gewinnt das KI-Rennen?

In der globalisierten Welt endet der ökonomische Vorsprung eines Landes nicht an der Grenze. Wenn es um die zukunftsfähige Ausrichtung von Ländern und Unternehmen geht, sollte das niemals vergessen werden. Unter den Top 10 der wertvollsten Unternehmen der Welt befinden sich zum Jahresende 2018 – keine Überraschung – die Tech-Giganten aus den USA (Amazon, Microsoft,

Alphabet, Apple, Facebook), aber auch Tencent und Alibaba aus China. Bestplatziert aus deutscher Perspektive: SAP auf Platz 61.

Und wie sieht es nun aus in Sachen KI? Ist Deutschland bereits abgehängt und haben die USA vor, das Zepter so einfach abzugeben? Noch sind die USA Marktführer im Bereich Innovation, doch China holt auf, wie ein Aufsatz von Sophie-Charlotte Fischer im Rahmen der *CSS Analysen zur Sicherheitspolitik* der ETH Zürich ausführlich darstellt: Das Budget für Forschung und Entwicklung wird laufend erhöht, der Fünf-Jahres-Plan bis 2020 gibt den Wandel zu einem innovativen Staat vor. Seit 2017 gibt es einen eigenen Next-Generation-Artificial-Intelligence-Plan: Die USA sollen demnach bis 2020 eingeholt und bis 2025 überholt werden. Für 2030 ist die globale Marktführerschaft vorgesehen.

Von nichts kommt bekanntermaßen nichts, China hilft hier der konsequente Planungsansatz: Bereits Kleinkinder werden im Kindergarten mit dem Thema KI vertraut gemacht. Die Technologie soll zudem in nahezu allen Lebensbereichen zum Einsatz kommen, sei es Industrie, Sicherheit, Rechtsprechung oder Militär. Zwar gibt es auf einigen Feldern noch Nachholbedarf, es ist aber leicht vorstellbar, dass unter solch gewollten und zentral gesteuerten Bedingungen Chinas KI-Dominanz nur schwer aufzuhalten ist. Experten bezeichnen einen solchen Entwicklungssprung als Leapfrogging: Das ehemals gegenüber den USA weit zurückliegende Land überholt jetzt mit dem Ziel, sich an die Spitze der technologischen Entwicklung zu setzen. China ist natürlich nicht gleich die ganze Welt, doch derjenige, der den KI-Markt als Erstes erschließt, kann gewisse Standards als Grundlage für den künftigen Erfolg setzen.

Die Stanford University publiziert jährlich den *AI Index*, eine Sammlung von Daten und Fakten zum Thema im globalen Kontext. Ein kurzer Blick auf die Ausgabe des Jahres 2018, zunächst einmal auf den Anteil an wissenschaftlichen Publikationen zu KI. Mit 28 Prozent führt das Rennen an: Europa! Gefolgt von China mit 25 Prozent und den USA mit 17 Prozent. Wie konnte denn das passieren? Einer der Gründe könnte darin liegen, dass eben nicht jede Forschung zu KI veröffentlicht wird. Denn insbesondere die großen Tech-Konzerne in den USA und China dürften zurückhaltend sein, was die Preisgabe ihrer Forschungsergebnisse betrifft. Beim Blick auf die Anbindung der Forschung ist deutlich erkennbar, wie sehr die chinesischen Aktivitäten von der Regierung unterstützt werden: In den zehn Jahren zwischen 2007 und 2017 stieg die Zahl der Veröffentlichungen mit Anbindung an die Politik um 400 Prozent, in Zusammenarbeit mit Unternehmen entstandene Paper um 73 Prozent.

Kai-Fu Lee sieht die USA trotzdem weiterhin vor allem bei der wissenschaftlichen Exzellenz vorne. Das Land stellt 60 Prozent der 1000 besten Forscher, China weniger als zehn Prozent. Dieses Argument wird auch durch den *AI Index* gestützt: Wenn es um die Zitierhäufigkeit geht, ein wichtiger Indikator für die wissenschaftliche Bedeutsamkeit, werden US-Autoren zu 83 Prozent häufiger zitiert als der globale Durchschnitt und liegen damit deutlich vor Europa und China. Das könnte auch daran liegen, dass die US-Forscher sowohl aus der Wissenschaft als auch aus der Industrie kommen, während ihre chinesischen Kollegen vor allem in der Industrie beheimatet sind. Der große Pluspunkt daran: In China wird die Forschung an KI konsequent an den Anforderungen der Praxis ausgerichtet.

Ein weiterer Vorteil ist laut Lee das enorme Arbeitsethos und die schiere Größe des chinesischen Marktes. Auch die bereits mehrfach erwähnte entspannte Handhabung des Datenschutzes bietet ein enormes Potenzial, um KI zu trainieren und zu optimieren – die Masse macht's. Aber nicht nur. Auch vergleichsweise kleine Volkswirtschaften wie Israel oder Kanada konnten KI durch konsequente und frühzeitige Industriepolitik als Zukunftstechnologie etablieren. Kanada etwa investierte genau in den Jahren in die Forschung, als andere Länder tief im KI-Winter ruhten. So erhielten Forscher wie Geoffrey Hinton umfangreiche Forschungsmittel, um dem Thema künstliche neuronale Netze zum Durchbruch zu verhelfen. Die Verbindung von exzellenter Forschung und gezielter staatlicher Förderung ist also ein Schlüssel, mit dem sich andere Ländern der puren Marktmacht von USA und China widersetzen können.

Und was ist mit Deutschland? Es ist ja nicht so, als ob wir hierzulande keine Ahnung von KI hätten. Das Deutsche Forschungsinstitut für Künstliche Intelligenz in Kaiserslautern (DFKI) ist die weltweit größte Einrichtung dieser Art und besitzt einen ausgezeichneten Ruf. Auch die Bundesregierung hat sich dem Thema angenommen. Hier liegt der strategische Fokus vor allem bei der Stärkung des Mittelstandes. Dort habe man eine weltweite Ausnahmeposition und Schlüsseltechnologien, die es nun auch in das Zeitalter von KI zu überführen gelte. Zentral ist dabei der Wissenstransfer zwischen Wissenschaft und Wirtschaft, auch der Einsatz von speziellen KI-Trainern soll den Unternehmen helfen, relevante Kompetenzen zu entwickeln.

In ihrer 2018 veröffentlichten Strategie für Künstliche Intelligenz hat die Bundesregierung noch weitere zentrale Handlungsfelder aufgezeigt, die das Land zukunftsfähig aufstellen sollen. Diese sind die Gestaltung des Strukturwandels am Arbeitsmarkt sowie vor allem die Erleichterung der Verfügbarkeit und Nutzung der Daten. Insgesamt soll die Gründungsdynamik geweckt werden, indem der Ordnungsrahmen an die neuen Anforderungen angepasst wird.

So weit, so gut, das klingt alles großartig. Ein Blick auf die nackten Zahlen relativiert diesen ambitionierten Plan jedoch bereits sehr deutlich. Im ersten Schritt werden aus dem Bundeshaushalt 500 Millionen Euro für 2019 und die Folgejahre veranschlagt. Bis 2025 sollen es rund drei Milliarden Euro sein. Das klingt nach einer ganzen Menge Geld. In China gibt allein Peking jedoch so viel für die Etablierung von KI aus, wie Felix Lee, Auslandskorrespondent der *taz*, bemerkt. Insgesamt sollen in China bis zum Jahr 2030 rund 150 Milliarden Dollar in KI investiert werden. Also mehr als das Fünfzigfache des deutschen Volumens.

Ein weiteres Problem sei laut Wolfgang Wahlster, Leiter des DFKI, der Mangel an ausgebildeten KI-Fachkräften. Zwar sollen 100 neue Professorenstellen für KI besetzt werden, entsprechend ausgebildete Leute seien jedoch kaum vorhanden. Das dürfte unter anderem daran liegen, dass deutsche Universitäten und Hochschulen nicht im gleichen Maße von Strahlkraft und Sponsoren profitieren wie die US-Kaderschmieden, etwa Stanford oder das MIT.

Zwei Hoffnungsschimmer gibt es allerdings trotzdem für die deutsche KI-Landschaft: Zwar bieten deutsche Unternehmen Wissenschaftlern bei Weitem nicht die Forschungsmöglichkeiten wie die US-Konzerne, die mit nahezu unbegrenzten Ressourcen ausgestattet sind. Auf der anderen Seite ist dadurch aber sichergestellt, dass die Forschung auch der Allgemeinheit zugute kommt und die besten Wissenschaftler nicht wie in den USA von den Internetgiganten abgeworben werden. Der zweite Grund liegt in der Stärke Deutschlands bei der Vernetzung von Maschinen und Geräten im Internet der Dinge. Während sich die Plattformen in den USA und in China bei der Anwendung von KI vor allem beim E-Commerce und in der Werbung einen klaren Vorsprung gesichert haben, könnte Deutschland bei der Anwendung von KI im Mittelstand künftig eine Vorreiterrolle spielen.

Unabhängig von diesen ganzen Gedanken wird der Umgang mit dem Thema Datenschutz über den weiteren Weg für Deutschland und Europa entscheiden. Denn noch so exzellentes Fachwissen aus jahrelanger Forschung kann nicht in KI-Anwendungen überführt werden, wenn die essenzielle Grundlage nicht vorhanden ist: nämlich eine ausreichende Menge Daten. Dieser zentralen Bedeutung der Daten für die Implementierung von Künstlicher Intelligenz werden wir uns im nächsten Kapitel widmen.

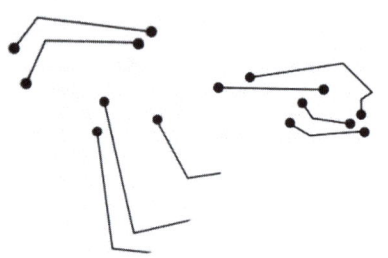

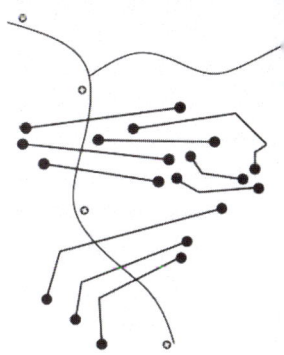

4. KI first! – Warum die Implementierung von Künstlicher Intelligenz der nächste logische Schritt ist

»KI heißt alles, was noch nicht funktioniert. Sobald es funktioniert, bekommt es einen vernünftigen Namen: Mustererkennung, Gesichtserkennung, autonomes Fahren … « Patrick Bunk, Gründer und CEO von Ubermetrics, hat auf dem Kommunikationskongress 2018 den Nagel auf den Kopf getroffen: Alle sprechen über das Buzzword Künstliche Intelligenz, aber nur wenige kennen die verschiedenen Richtungen und Einsatzszenarien. Schon heute greifen wir mit größter Selbstverständlichkeit auf Anwendungen und Services zurück, die auf Basis von KI arbeiten: Unser E-Mail-Spamfilter, Übersetzungsprogramme, die neueste Serie, die uns bei Netflix empfohlen wurde. Vielleicht nutzen wir auch einen Sprachassistenten wie Alexa oder Siri. Hören wir dann aber »Künstliche Intelligenz«, denken wir oft zuerst an Robotergeschöpfe, die uns von den Ankündigungen diverser Digitalkonferenzen entgegenlächeln (sofern sie anatomisch dazu in der Lage sind). Verbunden mit dem, was wir aus Science-Fiction-Filmen an Vorwissen mitzubringen meinen, ist die Verwirrung groß: Was hat bitteschön der Terminator mit meinem E-Mail-Postfach zu tun?

Wir wollen das Thema deshalb Schritt für Schritt aufbauen. KI begegnet uns in Programmen, Anwendungen, Services, Geräten und Maschinen – und ja, manchmal auch in Form von Robotern. Stark vereinfacht gesagt arbeitet jede Form von KI auf der Grundlage von Daten und ahmt menschliches (Entscheidungs-) Verhalten nach. Je nach Art und Entwicklungsgrad bezieht sich die Anwendung auf ein spezifisches Problem (schwache KI) oder zielt auf komplexe intellektuelle Leistungen ab, die dem Menschen ebenbürtig sind oder ihn gar übertreffen (starke KI). Ein zentraler Bestandteil von KI ist eine gewisse Lernfähigkeit, dank derer sich die Systeme selbst optimieren. Die zentralen wissenschaftlichen Grundlagen stammen aus den Fachgebieten der Mathematik/Statistik und Informatik.

Eine Übersicht über das Spektrum an Anwendungsszenarien gibt beispielsweise die Datenethikkommission der Bundesregierung:

>>Sie reichen von der einfachen Errechnung von Wegerouten über Bild- und Spracherkennung sowie Bild- und Spracherzeugung bis hin zu überaus komplexen Entscheidungs-, Vorhersage- und Beeinflussungsumgebungen. Die wichtigsten Anwendungsfelder sind sprachverstehende und bildverstehende Systeme, kollaborative Roboter und andere automatisierte Systeme (Autos, Flugzeuge, Züge), Multi-Agentensysteme, Chatbots sowie instrumentierte Umgebungen mit ambienter Intelligenz. Zu erwarten ist die Entwicklung immer selbständigerer und umfassenderer Anwendungen, die in alle Lebensbereiche eingreifen werden und auch immer mehr menschliches Verhalten in immer breiteren Handlungsfeldern automatisieren, (teilweise) ersetzen und an Leistung weit übersteigen können.<<[16]

Mit ein paar besonders anschaulichen Beispielen für den Einsatz von KI wollen wir jetzt auch beginnen, bevor wir Sie in die Details des maschinellen Lernens mitnehmen. Wir alle kennen ähnliche Erlebnisse aus eigener Erfahrung, denn sie betreffen unser persönliches Kundenerlebnis.

Tante Emma goes digital: Was KI über uns weiß

Im ersten Kapitel haben wir bereits Netflix thematisiert. Es ist nicht nur die 24/7-Onlineplattform, die das Unternehmen zu einem Sieger der Digitalisierung gemacht hat. Anders als viele traditionelle TV-Anbieter hat es Netflix verstanden, die Bedürfnisse der Nutzer genau zu befriedigen. Die Macht des Anbieters hat sich nicht zuletzt aus dem Wissen um das Nutzungsverhalten ihrer Kunden entwickelt.

In den USA war das einfach: Bereits vor dem Schritt in die Onlinewelt hatte Netflix Daten aus dem DVD-Verleih, darüber, welcher Kunde welche Art von Filmen bestellt. Mit dem Schritt zum Streamingportal lagen diese Daten parallel zur Nutzung in Echtzeit vor: Wer schaut was, wann und wie lange? Wer bricht welche Serie ab? Und wer »suchtet« vielleicht das ganze Wochenende durch? Aus diesen Daten lassen sich Rückschlüsse darauf ziehen, welche anderen Videos der Zielperson gefallen könnten – und genau dieser Content wird dann von Netflix vorgeschlagen. Der Nutzer fühlt sich im Idealfall abgeholt und verstanden. Je mehr Nutzerdaten vorliegen, desto treffender die Empfehlung.

Nicht nur das: Netflix ist berühmt für seine Eigenproduktionen. Üblicherweise haben Medienprodukte hohe sogenannte First Copy Costs, die Fixkosten für die erste Anfertigung des Produktes, in diesem Fall also eines Filmes beziehungsweise einer Serie. Bezahlt werden müssen unter anderem Drehbuchautoren, Schauspieler, das komplette Produktionsteam samt Technik. Diese Kosten lassen sich nur wieder einspielen, wenn der Film erfolgreich läuft. Dies ist nebenbei auch der Grund, warum wir so viele Fortsetzungen einstmals erfolgreicher Filme ertragen müssen. Irgendjemand in der alten Fangruppe würde sicher auch bei *Fack Ju Göhte 7* ins Kino gehen, für die Produzenten ist das Risiko eines Flops im Vergleich zu einem neuen Film mit neuer Handlung und unbekannten Schauspielern deutlich geringer. Im Falle Netflix weiß das Unternehmen anhand der Nutzungsdaten bereits vor der Produktion genau, wie seine Kunden ticken, und produziert

Content, der mit einer äußerst hohen Wahrscheinlichkeit bei der Zielgruppe punkten kann und dann recht vorhersehbar zum Hype wird. KI statt Glaskugel also, auch wenn die Verantwortlichen betonen, dass Algorithmen nicht vorgeben, was produziert wird, sondern vielmehr den kreativen Prozess unterstützen.

Ein berühmter Fall für sogenannte Predictive Analytics, also Vorhersagen auf Basis bestehender Daten, stammt aus den USA, beschrieben von Charles Duhigg in einem Beitrag für die New York Times.[17] 2012 erhielt ein Mädchen Werbung für Schwangerschafts- und Babyprodukte des örtlichen Target-Supermarktes. Ihr Vater war erbost – immerhin war seine Tochter minderjährig –, bis er feststellen musste, dass sie tatsächlich schwanger war. Der Supermarkt wusste aus den Daten zum Kaufverhalten seiner Kunden, wie sich das Einkaufsverhalten von Frauen im Fall einer Schwangerschaft verändert. Trafen ausreichend Indikatoren zu, wurde entsprechende Werbung verschickt. Woher diese Daten kamen? Denken Sie mal an all Ihre Einkäufe mit Karte, an Bonusprogramme, Coupons etc. – da kommt einiges zusammen!

Ein anderes Szenario: Vor Weihnachten bringt die Post ein Paket eines Versandhandels. Als Überraschung für treue Kunden hat das Unternehmen ein kleines Geschenkpaket mit neuen Produkten von bevorzugten Firmen des Kunden zusammengestellt. Großartig! Die Ehefrau packt aus: Eine CD »Best of Florian Silbereisen«, wie nett! Die hätte sie sich ja sowieso kaufen wollen! Beutel exakt für den neuen Staubsauger, den sie neulich gekauft haben, jetzt mit erweitertem Fassungsvermögen! Wollsocken in Größe 38 mit neuem Zopfmuster, wie schön, die passen perfekt, und die alten sind doch schon ziemlich abgewetzt. Reizwäsche in Living Coral, der Farbe des Jahres? Moment! Reizwäsche? Sie hat niemals etwas von dieser Marke bestellt, schon gar keine Reizwäsche!? Und überhaupt, wie soll sie denn da reinpassen? Ihr Mann wird rot. Frohes Fest!

In beiden Fällen haben die Shops einen Informationsvorsprung und wissen früher als das engste Umfeld von der Schwangerschaft der Tochter beziehungsweise der Geliebten des Ehemanns, für die er manchmal Aufmerksamkeiten ins Büro bestellt. Das mag zunächst unheimlich klingen, aber Sie kennen dieses Prinzip auch aus der analogen Welt. Erinnern Sie sich an die Tante-Emma-Läden aus Ihrer Jugend. Tante Emma wusste alles. Welche Schokolade Sie immer kauften und welche Zeitschriften. Spätestens beim Übergang von *Micky Maus* zur *Bravo* wurde Ihnen die Sache möglicherweise unangenehm. Denn Tante Emma fragte gerne mal nach. Ob denn da schon was liefe? Und Tante Emma hatte auch einen guten Draht zu Ihren Eltern und hätte da möglicherweise ganz im Vertrauen mal nachgefasst. Tante Emmas Interesse mag weniger den Produktempfehlungen gegolten haben als ihrer eigenen Neugier, aber das Prinzip ist das gleiche. Was Tante Emma kann, können die großen Onlineanbieter jetzt dank KI ebenso.

Amazon kennt unser Einkaufsverhalten wie kaum ein Zweiter. Sobald Sie sich in Ihren Account einloggen, erscheinen auf der Startseite personalisierte Angebote, stets angelehnt an unser bisheriges Einkaufs- und Suchverhalten auf der Plattform, ergänzt um Empfehlungen. Amazon weiß, dass wir einen Hund haben und neulich die Turnschuhe im Warenkorb doch nicht gekauft haben. Wir bekommen Tipps im Sinne von »Kunden, die dieses Smartphone gekauft haben, haben auch dieses Headset gekauft!«. Nicht selten hätten wir genau danach gesucht.

Auch das Geschäftsmodell des Fahrdienstanbieters Uber arbeitet mit Vorhersagen: Wo werden an welchem Tag zu welcher Uhrzeit die meisten potenziellen Fahrgäste sein? Wann wird die Nachfrage so groß sein, dass die Menschen bereit sind, höhere Preise zu zahlen? Vom Google-Algorithmus ganz zu schweigen: Welche Treffer zu welchen Suchbegriffen haben die höchste Relevanz für die Nutzer? All diese Anbieter haben verstanden, dass enorme Datenmengen aus der Vergangenheit Informationen für jede Aktion in der Gegenwart und Zukunft bergen. Die Unternehmen haben sich damit die technologischen Megatrends der Digitalisierung zunutze gemacht. Daten plus Algorithmen ergeben im Idealfall ein personalisiertes Erfolgsrezept.

In der folgenden Liste finden Sie noch ein paar anschauliche Beispiele, wie uns KI bereits heute im Alltag begegnen kann. Diese Liste könnte man endlos fortsetzen.

1. Ein Übersetzungsdienst wie Google Translate analysiert die Muster in einem Text, also die Worte, Satzkonstellationen und Zusammenhänge, gleicht sie mit bereits vorhandenen Daten ab und gibt die wahrscheinlichste Lösung wieder. Noch ist nicht jede Übersetzung perfekt, gerade weniger häufige Sprachen werden manchmal recht holprig übersetzt. Je mehr Daten jedoch verfügbar werden, desto besser arbeitet auch das Programm.

2. Ein autonomes Auto wie Googles Waymo erkennt Hindernisse sowie Verkehrsschilder und zieht daraus Schlüsse über das angemessene Fahrverhalten.

3. Google Maps arbeitet mit den Standortdaten von Mobiltelefonen, die App ist auf diversen Endgeräten vorinstalliert. Je mehr solcher Standortdaten vorliegen, desto präziser werden die Stauinformationen. Sofern die Standorterkennung also nicht ausgeschaltet wurde, liefern Android-Nutzer somit den Rohstoff für den Kartendienst.

4. Ein Chatbot kennt die wichtigsten Kundenanfragen und kann darauf antworten, je nach Umfang und Komplexität der integrierten Daten ist er »nur« eine Art Suchmaschine für schnelle Lösungen oder führt quasi einen Dialog mit dem Nutzer, der einem menschlichen Dialog immer stärker ähnelt. Hier sind wir aber dem Ziel schon recht nahe, wie eine Produktpräsentation von Googles Duplex im Frühjahr 2018 eindrucksvoll gezeigt hat: Das KI-unterstützte System rief beim Friseur oder im Restaurant an, dabei wurde die menschliche Dialogführung so perfekt imitiert, dass keiner der Angerufenen bemerkte, dass es sich um eine Maschine handelte. Am Beispiel von Google Duplex sehen wir die enorme Verbesserung der sprachgesteuerten KI-Produkte, auch Conversational AI genannt. Im Vergleich zu kurzen, sehr funktionalen Sprachanweisungen,

die wir von bisherigen Sprachassistenten kennen (»Alexa, alle Lampen einschalten!«) wird eine Unterhaltung immer mehr wie mit einem Menschen geführt.

Schach, Go und Jeopardy! – Alles nur ein Spiel?

Schon in vorigen Jahrhunderten träumten die Menschen von selbsterschaffenen menschenähnlichen Wesen. Literatur und Religion kennen verschiedene dieser Schöpfungsszenarien, die wenigsten dieser Versuche gehen gut aus (Viktor Frankenstein aus der Feder Mary Shelleys kann beispielsweise ein Lied davon singen). Auch aus Science-Fiction-Büchern und -Filmen sind solche Kreaturen wohlbekannt. Nicht nur die physische Ähnlichkeit, auch die Frage nach dem Charakter, nach Gut und Böse sowie einem möglicherweise überlegenen Geist spielt dabei eine Rolle.

Die vorher kurz beschriebenen heutigen Einsatzszenarien von Künstlicher Intelligenz lagen noch in ferner Zukunft, als die Grundsteine der Forschung zu diesem Themenfeld gelegt wurden. Als Startschuss für eine wissenschaftliche Beschäftigung mit dem Thema KI gilt die sogenannte Dartmouth Conference im Jahr 1956. Organisator war John McCarthy, nach dem heute noch der John McCarthy Award für Forscher im Bereich KI benannt ist. Ziel der Konferenz war die Entwicklung von Systemen, mit denen Maschinen unter anderem wie Menschen Sprache erkennen und Probleme lösen sollten – und sich dabei im Prozess selbst weiterentwickeln, sprich: lernen. Bis dahin jedoch war es ein weiter Weg.

Neben anderen Wissenschaftlern, die sich in den folgenden Jahren bei der Erforschung des maschinellen Lernens hervortaten, nahm auch Arthur Samuel an der Dartmouth Conference teil. Im Rahmen seiner Tätigkeit bei IBM entwickelte er ein lernfähiges Programm für das Spiel Dame, damals eine der ersten KI-Anwendungen. Er verbesserte das Programm laufend, auch wenn der Computer noch nicht so überlegen war wie seine späteren

1950	1960	1970	1980	1990	2000	2010
1950: Turingtest: Test von menschlich intelligentem Verhalten durch Maschine	1962: Arthur Samuels KI gewinnt das erste Mal im Spiel *Dame* gegen Menschen	1974 - 1980: KI-Winter durch Stagnation bei Neuronalen Netzen	1986: Erstes Tiefes Neuronales Netz mit Backpropagation zur Bildererkennung (Geoffrey Hinton)	1993: Begründung Theorie Transfer Learning	2005: Erster Einsatz Empfehlungssysteme	2016: Chatbot Tay wird radikalisiert
1951: Vorstellung des Ersten Neuronalen Netzes (SNARC)	1963: Begründung Theorie Maschinelles Lernen		1997: IBM „Deep Blue" besiegt Schachweltmeister Gary Kasparow		Ab 2006: Weiter-entwicklung Deep Learning	
1955: Begründung des Begriffs „Künstliche Intelligenz" (John McCarthy)	1964: Erste Vorführung eines KI-Programms zur natürlichen Spracherkennung		1998: Begründung Theorie Deep Learning			
	1966: Erster Chatbot (ELIZA) des MIT auf Basis von NLP					

2010	2011	2012	2013	2014	2015	2016	2017	2018
Ab 2010: Bedeutende Erfolge des Deep Learnings (Objekterkennung, Spracherkennung, Mustererkennung)	2011: IBM Watson gewinnt in der Spielshow *Jeopardy*	2012: Google Brain erkennt Bild von Katze		2014: Skype bietet die erste Live-Übersetzung an		2016: Spracherkennung erreicht menschliches Level	2017: Verstärkter Einsatz von KI in medizinischer Diagnostik	
				2014: Chatbot Eugene besteht den Turingtest		2016: Google Deep Mind Alpha Go besiegt Go-Meister (Input hist. Partien)	2017: Alpha Zero (Input nur Regeln)	
				2014: Google Brain beschreibt Szene in Bild				

Wichtige Meilensteine der Künstlichen Intelligenz

Es dauerte knapp 30 Jahre, bis das Duell Mensch versus Maschine wieder größeres öffentliches Aufsehen erregte, dieses Mal fand die Schlacht auf dem Schachbrett statt. Im Jahr 1997 schlug IBMs Schachcomputer Deep Blue als erste Maschine unter Turnierbedingungen den amtierenden Schachweltmeister Garri Kasparow. Für damalige Verhältnisse besaß Deep Blue eine äußerst starke Rechenleistung, mit der das System Stellungen und mögliche Folgezüge berechnen konnte. Im Training hatte Deep Blue diverse Partien von Schachmeistern analysiert, auch die seines Gegners Kasparow. Daraus leitete der Rechner Erfolgsstrategien ab, entsprechend wurden die Daten und Spielsituationen gewichtet. Diese Bewertung erfolgte im System selbst, jedoch – und das ist der zentrale Unterschied zu KI, wie wir sie heute verstehen – war es noch nicht zum eigenständigen Lernen aus Fehlern fähig. Änderungen im Code wurden zwischen den Partien durch die Programmierer vorgenommen.

Nach dem Erfolg von Deep Blue arbeitete IBM weiter an künstlichen Systemen. Der neue Star: Watson. Dabei handelt es sich um ein Computerprogramm, das mit natürlicher Spracheingabe arbeitet, quasi eine »Antwortmaschine« beziehungsweise eine semantische Suchmaschine. Watson wird etwas gefragt, das System sucht daraufhin in den verknüpften Datenbanken und gibt eine Antwort aus. Ein Härtetest für Watson war die Teilnahme an der US-Quizshow Jeopardy!, in der es darum geht, die passende Frage zu einer vorgegebenen Antwort zu finden, welche oft mehrdeutig formuliert ist. Watson war nicht an das Internet angebunden, sondern griff auf eine vorab integrierte umfangreiche Quellendatenbank zu. Nach mehrjähriger Entwicklungszeit trat Watson im Februar 2011 gegen die menschlichen Rekordchampions Ken Jennings und Brad Rutter an – und gewann.

Noch einmal zurück in den Bereich der Brettspiele. Im Schach war der Mensch besiegt, jedoch war das damals auf Deep Blue angewandte Vorgehen bei komplexeren Spielen wie dem Brettspiel Go nicht erfolgversprechend. Während sich nämlich die Ergebnisfindung im Schach mit einem klassischen Suchbaum erfassen lässt, ist dies bei Go nicht möglich: Der Spielverlauf besitzt zu viele mögliche Züge, denn das Brett umfasst 19 x 19 Felder. Somit kann kein Mensch und auch keine Maschine alle möglichen Varianten bis zum Ende durchrechnen. Auch die besten Spieler der Welt stützen sich hier auf ihre Intuition. Die Maschine musste also lernen, menschliches Verhalten vorherzusagen und einzuschätzen – und sich ebenso zu verhalten. In den Jahren 2015 und 2016 bezwang das Programm AlphaGo die weltbesten Spieler. Es wurde von der britischen Firma DeepMind entwickelt, die seit 2014 zu Google gehört. Das System arbeitet mit künstlichen neuronalen Netzen: Das sogenannte policy network wählt den nächsten Zug. Das andere sogenannte value network sagt den Sieger der Partie voraus. Im Training lernte AlphaGo anhand unzähliger Go-Partien, wie sich Menschen in diesem Spiel verhalten (überwachtes Lernen = supervised learning = Lernen anhand von Beispielen). Dann musste das System immer wieder gegen sich selbst spielen (bestärkendes Lernen = reinforcement learning) und lernte aus den eigenen Fehlern. Dieses maschinelle Lernen wurde mit einer fortgeschrittenen Suchbaumstrategie kombiniert. Es arbeitet mit sogenannten Monte-Carlo-Algorithmen. Diese Algorithmen lassen mit einer beschränkten Wahrscheinlichkeit Fehler im Ergebnis zu. Damit wird der Faktor Mensch berücksichtigt, sprich: die Intuition. Hier liegen wir manchmal eben auch falsch, genauso wie möglicherweise jeder Go-Weltmeister.

Doch die spektakulären Siege von AlphaGo wurden bereits kurze Zeit später aus dem eigenen Haus übertroffen: 2017 stellte DeepMind AlphaGo Zero vor, ebenfalls auf Go spezialisiert und seinem Vorgänger binnen kurzer Zeit überlegen. Dies ist ein Paradebeispiel für die enorme Geschwindigkeit bei der Weiterentwicklung von KI. Im Gegensatz zu AlphaGo wurde AlphaGo Zero nicht mit historischen Partien angelernt. Das Programm bekam lediglich die Spielregeln vorgegeben und trainierte mit Spielen gegen sich selbst nach dem Motto »so funktioniert es, mach was draus«. Es wurde also auf das überwachte Lernen verzichtet und nur noch auf bestärkendes Lernen gesetzt. Nach drei Tagen spielte AlphaGo

Zero auf Weltmeisterniveau und schlug die AlphaGo-Version, die 2016 noch den Profi Lee Sedol besiegt hatte. Nach 40 Tagen besiegte das System auch die bis dato stärkste Ausbaustufe des ursprünglichen Programms. Wie war das möglich? Der Aufbau von AlphaGo Zero unterscheidet sich von AlphaGo in einigen Punkten, die für den Nichtinformatiker wohl nicht selbsterklärend sind. Die einfachste Begründung liefert Google selbst auf der Webseite von DeepMind: »This technique is more powerful than previous versions of AlphaGo because it is no longer constrained by the limits of human knowledge. Instead, it is able to learn tabula rasa from the strongest player in the world: AlphaGo itself.«[18]

Nun denn. Der Mensch hindert die Maschine also nicht mehr, ihr Potenzial zu entfalten. Das sind natürlich ganz ausgezeichnete Nachrichten, wenn wir an düstere Zukunftsvisionen denken. Glücklicherweise möchte AlphaGo Zero nur spielen, auch wenn Google mit DeepMind noch weitere Pläne in der Welt der KI hat. Auch die Weiterentwicklung AlphaZero, vorgestellt im Dezember 2017, ist auf Spiele fokussiert, beherrscht jedoch neben Go auch Schach und Shogi, das japanische Schachspiel. Hier bekommt das Programm ebenfalls lediglich die Regeln vorgegeben, trainiert in Spielen gegen sich selbst und erlangt eine übermenschliche Stärke.

Mit Deep Blue, AlphaGo und Watson sind drei Cases benannt, die der allgemeinen Öffentlichkeit die Leistungsfähigkeit Künstlicher Intelligenz aufgezeigt haben. Diese Beispiele aus dem Spielekontext dürfen jedoch nicht darüber hinwegtäuschen, dass die Einsatzszenarien von KI heute enorme wirtschaftliche und gesellschaftliche Auswirkungen mit sich bringen. Watson kann in diversen Situationen eingesetzt werden: IBM bewirbt auf seiner Webseite Lösungen vom Analytiktool für riesige unstrukturierte Datenmengen bis hin zu Konversationsbots. Mit den hier aufgezeigten Lernarten mithilfe von Algorithmen, die uns gleich noch vertieft beschäftigen werden, sind diese Systeme weit über die »Intelligenz« der Rechenmaschine Deep Blue hinaus. Der Schachmeister würde an den Anforderungen in heutigen Einsatzszenarien gnadenlos scheitern – er ist nicht lernfähig.

Ein Begriff, der im Zusammenhang mit KI immer wieder fällt, ist der sogenannte Turingtest. Er geht zurück auf den Wissenschaftler Alan Turing. Bereits 1950 überlegte er, wie es in einer Gesprächssituation möglich sei, einen (nicht sichtbaren) menschlichen Gesprächspartner von einem (ebenfalls nicht sichtbaren) maschinellen Gesprächspartner zu unterscheiden. Dieser Test übt bis heute eine gewisse Faszination aus und wurde im Oktober 2018 auch im »ARD Tatort« thematisiert: Eine KI in Form eines Computerprogramms namens MARIA steht im Zentrum des Falles. Der Hinweis auf den Turingtest im Vorspann des »Tatorts« jedoch war eher überflüssig und möglicherweise dem Wunsch nach gesellschaftlicher Relevanz geschuldet (auch die ARD macht jetzt was mit KI!): Denn das erste »Verhör« von MARIA durch die Kommissare gestaltet sich derart holprig, dass es eine Freude für jeden Technikskeptiker ist.

Dennoch ist es bislang noch keiner Maschine gelungen, den Turingtest so zu bestehen, dass es von der gesamten Fachwelt anerkennt wird. Es gab durchaus diverse Anläufe, zunehmend wird jedoch diskutiert, ob dieser Test tatsächlich eine geeignete Möglichkeit zur Feststellung von Intelligenz im Sinne menschlichen Denkvermögens ist oder ob es nicht doch eher auf die verwendeten Tricks ankommt. Ein Beispiel ist der Chatbot Eugene Goostman. Er schien 2014 im Rahmen einer Veranstaltung der University of Reading mit einer schriftlichen Konversation den Turingtest bestanden zu haben. Eugene agiert als 13-jähriger Junge aus Odessa, daher werden sprachliche Unsauberkeiten im Englischen glaubwürdig. Als Jugendlicher muss man noch kein umfassendes Weltwissen haben, spontane Themenwechsel finden daher ebenfalls eine gewisse Akzeptanz. Kritiker sehen den Turingtest jedoch nicht zuletzt aufgrund dieser Tricks als nicht bestanden an, ebenso seien der Aufbau und die Kürze des Testes heute nicht mehr zeitgemäß.

Buzzword Bingo: KI, Maschinelles Lernen, Deep Learning

Künstliche Intelligenz soll es Maschinen ermöglichen, zu denken und handeln, als wären sie Menschen. Diese Vision spielt mit den größten Hoffnungen und Ängsten der Menschheit. Laut einer Umfrage von YouGov aus dem Jahr 2018 stehen die Deutschen KI eher skeptisch gegenüber. Insbesondere in Situationen, in denen über Menschen geurteilt wird, wie bei der Bewerbung um einen Arbeitsplatz oder bei Waffensystemen im militärischen Kontext, misstrauen die Menschen dem Einsatz von KI – selbst wenn in diesen Fällen menschliche Voreingenommenheit oder Fehlverhalten ebenfalls beträchtlichen Schaden nach sich ziehen können.

Möglicherweise ist das Misstrauen nicht ganz ungerechtfertigt: Auch KI ist nicht zwingend neutral, sondern kann verzerrte Antworten liefern. Der KI-gestützte Bewerbungsprozess bei Amazon etwa geriet im Oktober 2018 in die Schlagzeilen, als er Bewerbungen von Frauen schlechter als die von Männern bewertete. War das gewollt? Oder bereits ein erster Schritt in Richtung feindliche Übernahme? Mitnichten. Jede KI muss lernen, und dieser Vorgang geschieht auf Basis historischer Daten. Im Fall Amazon lagen überproportional viele ehemalige Bewerbungsunterlagen von Männern vor, auf die sich dieses Training der Maschine stützte. Einfach ausgedrückt war die Schlussfolgerung der KI beim Lernprozess: »Ah, super, ich habe es verstanden – das Kriterium Mann gehört zum Muster, das für eure Lösung am besten ist.« Jede KI-Anwendung ist also nur so gut wie die Qualität der Datengrundlage, auf Basis derer der Lernprozess stattfindet. Das Ergebnis wiederum ist eine Vorhersage über die Antwort mit dem geringsten Fehlerpotenzial.

Bevor wir uns im Detail den verschiedenen Lernarten von KI widmen, zunächst ein kleiner Überblick. Künstliche Intelligenz ist nicht gleich Künstliche Intelligenz – worum also geht es jeweils genau? Im Folgenden haben wir einige in der Praxis wichtige Anwendungsmöglichkeiten aufgelistet:

1. Vorhersagen treffen (z. B. Kundenverhalten, Absatz, Maschinenverschleiß).
2. Optimierungen vornehmen (z. B. Preise, Produktions-/Lager-/Lieferprozesse, Werbeausgaben).
3. Anomalien und Trends erkennen (z. B. Kundentransaktionen, Marktbewegungen, Gesundheitsdaten).
4. Personalisierte Angebote erstellen (z. B. Produktempfehlungen, Werbung) und
5. Unstrukturierte Daten auswerten (z. B. Social-Media-Einträge, Videodaten, Sensordaten).

Wichtig ist es, dabei zu unterscheiden, dass diese Dinge zu einem gewissen Grad auch ohne Lernprozesse möglich sind. Gibt es nur feste Regeln für die Problemlösung im Sinne von »wenn – dann«, so sprechen wir von Expertensystemen. Diese sind, so zumindest der Konsens der meisten Forscher zum Thema, zwar ein Teilgebiet des großen, weiten und schwammigen Feldes KI. Richtig spannend für unseren Fall wird es aber erst in der Teildisziplin des maschinellen Lernens. Streng genommen könnten Sie uns jetzt bei der Verwendung des Begriffes KI einer zu starken Verallgemeinerung überführen, im Sinne der Lesbarkeit belassen wir

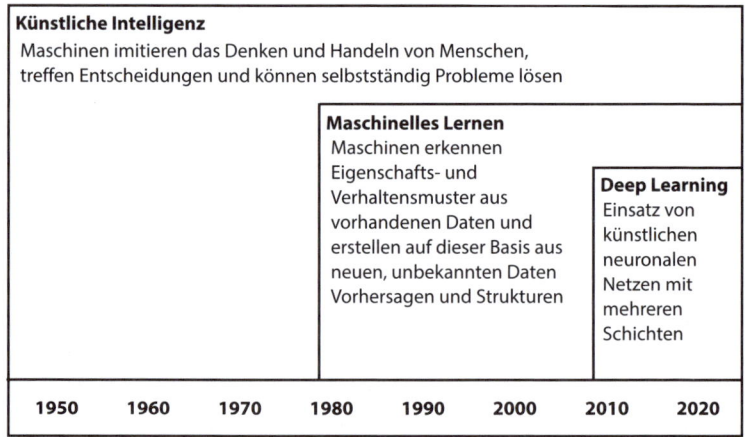

Klärung und Abgrenzung der Unterformen von KI

es jedoch dabei. Ein Begriff, der heute überaus häufig fällt, ist das sogenannte Deep Learning. Es ist als Unterform des maschinellen Lernens zu sehen und bedeutet den Einsatz von künstlichen neuronalen Netzen.

Die Verfahren, die wir für das maschinelle Lernen benötigen, stammen aus der Statistik. Die klassische Statistik zieht Schlüsse aus vorliegenden Datenmengen und trifft Aussagen über die Eigenschaften dieser Daten. Sie erinnern sich, dass dies in der Schule sehr abstrakte Überlegungen jenseits der eigenen Interessen waren und Sie nie gedacht hätten, dass Sie das noch einmal brauchen werden. Spätestens die Beschäftigung mit KI in Zeiten von Big Data führt aber zu einer ganz neuen Relevanz dieses Themas jenseits der Nische für Nerds. Von daher: Make statistics great again!

Mit KI im Kindergarten: Wie lernen Algorithmen?

Grundsätzlich ist der Lernprozess einer KI jedoch zunächst einmal nicht viel anders als bei Kindern. Sie nehmen ihre Umwelt über ihre fünf Sinne wahr und reagieren auf das, was von außen auf sie eindringt. Die Menschen in ihrem Umfeld, sprich Eltern und Freunde, spielen ebenso eine entscheidende Rolle. Diese Menschen werden zu Vorbildern für Verhaltensweisen, die sie nachahmen. Bei KI ist das gar nicht so anders. Über Sensoren kann auch hier die Umwelt wahrgenommen werden und bildet in Kombination mit historischen Daten die Grundlage, auf deren Basis die Systeme trainiert werden. Es gibt Lernformen mit einem Belohnungsansatz für gewinnbringendes Verhalten und Lernformen, bei denen aus einem ähnlichen Problem Lösungen für eine neue Entscheidung abgeleitet werden. Im Gegensatz zu Kindern, die ja gerne dazu neigen, gegen ihre Erzeuger zu rebellieren, kommt KI nicht in die Pubertät. Böse Zungen behaupten, dass dies auch der Grund sein könnte, warum sich so viele Nerds für Algorithmen statt für Kinder entscheiden.

»Papa, schau mal … ein Zebra!« So betitelte der Münchner Tierpark Hellabrunn vor einigen Jahren seine Werbeplakate. Auf der Abbildung zu sehen ist eine Giraffe. Höchste Zeit also für eine Jahreskarte für den Zoo! Was findet das Kind da heraus? Zebra und Giraffe leben eigentlich beide in Afrika. Sie haben beide vier Beine und zwei Augen. Aber das Zebra hat Streifen und die Giraffe Flecken. Und einen längeren Hals. Das Kind weiß sehr bald, was es vor sich hat, indem es sich an die markanten Merkmale erinnert. Und wenn das nicht sofort gelingt, werden es ihm seine Eltern eben noch einmal sagen: Das ist kein Zebra, sondern eine Giraffe. Das Kind lernt. Und wird künftig auch leicht abweichende Formen korrekt erkennen: Eine Babygiraffe ist immer noch eine Giraffe.

Nicht sehr viel anders läuft das bei der KI. »KI, schau mal … ein Eisbär!« Am Beispiel Bilderkennung wollen wir das Verfahren einmal durchspielen. Beim maschinellen Lernen ist keine Programmierung durch den Menschen notwendig. Vielmehr lernt die KI wie ein Kind anhand von großen Trainingsdatensätzen, also vielen Beispielen. Es gibt verschiedene Kategorien maschinellen Lernens, zentral sind dabei zunächst einmal folgende Ansätze:

1. Überwachtes Lernen (supervised learning): Hier liegen klassifizierte Daten vor, d. h. die Eingabedaten (z. B. Bilder, Texte, Messdaten) sind bereits gekennzeichnet, ebenso die Ausgabedaten (z. B. Ja/Nein, Transkripte, Werte). Einfach formuliert: Zu jeder Frage gibt es bereits eine Lösung. Die KI lernt anhand vorliegender Beispiele.

2. Teilüberwachtes Lernen (semi-supervised learning): Auch hier gibt es klassifizierte Daten, jedoch sind nicht für alle Eingaben auch die Ausgaben bekannt. Wir haben also zusätzlich zu den klaren Zuordnungen eine Vielzahl an ungekennzeichneten Daten.

3. Unüberwachtes Lernen (*unsupervised learning*): Hier liegen große Mengen nicht klassifizierter Daten vor, d. h. es gibt keine Zuordnung von Eingabe- zu Ausgabedaten. Die KI muss

die Zuordnung also ohne historische Beispiele, also ohne den Input von Expertenwissen, erlernen.

Auch die Begriffe Deep Learning, bestärkendes Lernen (*reinforcement learning*) sowie Transferlernen (*transfer learning*) fallen unter Lernformen der KI, sind jedoch immer im Kontext der obigen zentralen Kategorien zu sehen und werden daher kurz zurückgestellt, um zunächst die grundsätzlichen Unterschiede darzustellen.

Greifen wir unser Beispiel auf: Wir wollen, dass die KI Bilder mit Eisbären als solche identifizieren kann. Im überwachten Lernen bekommt die KI zu jedem Bild eine korrekte Zuordnung, ob das abgebildete Objekt ein Eisbär ist oder nicht. Wir sprechen dabei von gekennzeichneten Daten (auch: klassifizierten/gelabelten Daten). Die KI lernt so die wichtigsten Eigenschaften kennen, die Bilder mit Eisbären aufweisen (z. B. zwei Augen, Nase, weißes Fell, Tatzen). Liegt sie im Training falsch, wird sie auf diesen Fehler hingewiesen. Sie übernimmt die Korrektur in ihr Modell und schaltet damit den Fehler für künftige Einordnungen aus. Dies kann etwa geschehen, wenn die KI viele relevante Eigenschaften auf einem Bild korrekt zugeordnet hat, jedoch einen oder mehrere grundliegende Aspekte noch nicht. Identifiziert die KI also beispielsweise einen Braunbären als Eisbären, wurden zwar die wesentlichen Charakteristika eines Bären erkannt, jedoch wurde noch nicht ausreichend Wert auf die Farbe des Fells gelegt. Die Farbabweichung schien der KI noch ok, war sie aber nicht. Also muss nachjustiert werden. Dieser Prozess wiederholt sich so lange, bis das Modell zufriedenstellende Ergebnisse liefert.

Nach einem solchen Trainingsprozess soll die KI in der Lage sein, auch neue Bilder korrekt zuzuordnen und zu unterscheiden ob ein Eisbär abgebildet ist oder nicht. Die meisten heute wirtschaftlich relevanten Anwendungsszenarien des maschinellen Lernens bedienen sich dieser gerade vorgestellten Lernart, dem überwachten Lernen. Überwachtes Lernen wird etwa für Vorhersagen zur Kreditwürdigkeit eingesetzt oder für die Berechnung der

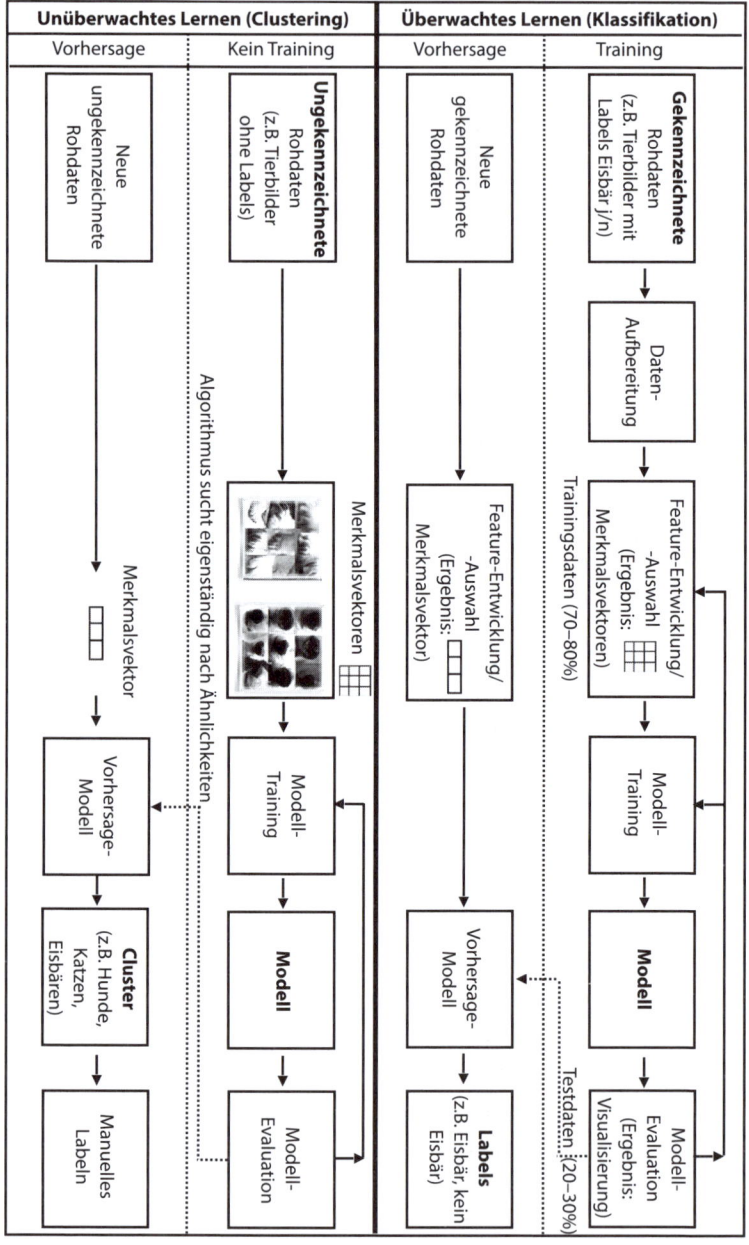

Überwachtes vs. unüberwachtes Lernen: Modellerstellung, Training und Test

Wahrscheinlichkeit, dass ein Internetnutzer auf ein Werbebanner klickt oder nicht.

Beim überwachten Lernen wissen wir also, auf welcher Basis die KI zu ihrer Entscheidung kommt. Der Mensch hat Kontrolle über die Modellerstellung, kann Fehler schneller entdecken und die Entscheidung besser nachvollziehen als beim unüberwachten Lernen, das wir gleich näher ansehen werden. Der Stellenwert korrekt gekennzeichneter Trainingsdaten ist enorm. Geben Sie etwa bei Instagram einmal #eisbär ein, wie er von den Nutzern vergeben wird. Sie werden schnell sehen, dass auf diese Weise gekennzeichnete Bilddaten als Trainingsgrundlagen einer KI im Bereich des überwachten Lernens nicht geeignet wären. Der Grund: Bei einem Abruf Ende Oktober 2018 wurden nur sehr wenige tatsächliche Eisbären angezeigt, dafür aber Eisbär-Wollmützen, weiße Hunde sowie Mats, das Maskottchen der Sparkassen zum Weltspartag. Der ist immerhin ein Eisbär, jedoch nur aus Plüsch. Wirklich nützlich für unsere Trainingszwecke wäre die Suchanfrage daher nicht. Wohl aber, um eine einmal trainierte KI auf Herz und Nieren zu prüfen!

Wie sieht dieser Prozess beim unüberwachten Lernen aus? Die erste wichtige Unterscheidung ist, dass der Algorithmus selbst ein Modell erstellen muss. Grundlage dafür sind nicht Experteneingaben der gekennzeichneten Daten wie beim überwachten Lernen, sondern unklassifizierte (auch: ungelabelte) Daten. Die KI selbst erstellt Kriterien, anhand derer sie eine Einordnung dieser Daten vornimmt. Sie sucht dabei nach nicht vorgegebenen Mustern im Datensatz. Für uns Menschen ist der Weg der Entscheidungsfindung nicht nachvollziehbar, aber extrem hilfreich, da wir Erkenntnisse über Zusammenhänge in Daten erhalten können, die für uns nicht ersichtlich sind, beziehungsweise die über das bestehende Expertenwissen hinausgehen.

Zurück zu unserem Eisbärbeispiel. Natürlich hat niemand die Muße, sämtliche Eisbärbilder dieser Welt zu klassifizieren. Also soll die KI es selbst richten. Es liegen Rohdaten ohne Labels vor, sprich: eine Masse von Tierbildern. Diese Daten werden nicht wie beim überwachten Lernen als Trainingsdaten aufbereitet, es gibt

	Überwachtes (supervised) Lernen	Unüberwachtes (unsupervised) Lernen
Eingabe	Gekennzeichnete Daten	Ungekennzeichnete Daten
	Von Experten vorgegebener Input/ korrekte Antworten (Zahlen, Eigenschaften)	Input wird nicht von Experten vorgegeben, sondern wird (meist aus lokalen Informationen) eigenständig erarbeitet
Eignung	Vorhersagen/ Einteilung zukünftiger Beobachtungen	Analysen/Verstehen von Datenmengen
Vorgehen	Regressionen, Klassifikationen	Clustering, Dimensionsreduktion
Ausgabe	Reale Werte oder Kategorien	Homogene Klassen und Regeln zur Beschreibung von versteckten Mustern und Strukturen in den Inputdaten
Datenmenge	Auch mit relativ geringer Datenmenge möglich	Meist nur mit sehr großer Datenmenge möglich
Trainingsumfeld	Meist offline	Meist real-time
Haupt-anwendungen	Vorhersagen von Kundenverhalten, Gruppenzugehörigkeiten	Identifizierung von Ähnlichkeiten (von Gruppen) oder Anomalien (in Daten), Produktempfehlungen
Vorteile	- Kontrolle über die Modellerstellung - Einfachere Fehlerentdeckung und -behebung - Ergebnisse sind nachvollziehbar - Wenig(er) Daten nötig	- Kein aufwändiger Experteninput (Kosten, Zeit) nötig - Arbeit mit unstrukturierten Inputdaten möglich - Minimierung des menschlichen Fehlers - Erlangung von neuem Wissen über Daten (für Menschen nicht ersichtliche Zusammenhänge)
Nachteile	- Zeit- und kostenintensive Trainingsdaten-Generierung - Keine Möglichkeit der Erkennung und Darstellung von neuen Kategorien, wenn diese in den Trainingsdaten nicht vorhanden sind	- Neu entstandene Klassen sind oft nicht relevant - Wenig Kontrolle über die Modellerstellung - Geringe Nachvollziehbarkeit der Ergebnisse - Meist viele Inputdaten und hohe Rechenleistung nötig

Vergleich von überwachtem und unüberwachtem maschinellen Lernen also keine Labels nach dem Motto: Eisbär, ja oder nein? Stattdessen sucht der Algorithmus selbst nach Ähnlichkeiten in den Daten. Möglicherweise erkennt er ähnliche Charakteristika wie beim überwachten Lernen als relevant, z. B. zwei Augen, weißes Fell, schwarze Nase. Vielleicht werden aber auch ganz andere Muster erkannt. Und hier können Fehler geschehen: Eisbären werden oftmals auf Eisschollen abgebildet. Woher aber weiß die KI, dass die Scholle nicht untrennbar mit der Kategorie »Eisbär« verbunden ist? Auch hier gilt: Die Qualität der Daten ist entscheidend. Liegen sie nicht in ausreichender Menge vor (die deutlich größer sein muss als beim überwachten Lernen), besteht die Gefahr von elementaren Fehlern. Hat die KI im Verlauf des Trainings die Evaluierung ihres Modells bestanden, kann es fortan zum Clustern neuer Rohdaten eingesetzt werden. Die entstehenden Cluster wiederum können dann – wenn nötig – manuell mit Labeln versehen werden. Unüberwachtes Lernen wird so zu einer Vorstufe des überwachten Lernens. Man spart sich somit den Aufwand, tausende Bilder im Vorfeld zu kennzeichnen, sondern labelt nur noch die durch das unüberwachte Lernen entstandenen Cluster, etwa als Eisbärfamilie, Eisbärbaby oder eben Eisschollen.

Unüberwachtes Lernen bietet den Vorteil, dass die Daten für das Training nicht aufwändig aufbereitet werden müssen, das spart Kosten und Zeit. Außerdem wird der menschliche Fehler minimiert, der ja beim Labeln auch passieren kann. Die KI ist, wie wir bei AlphaGo Zero schon gehört haben, nicht mehr limitiert auf das, was der Mensch weiß, sondern kann Zusammenhänge sehen, die für den Menschen nicht ersichtlich sind. Das klingt großartig? Für den Menschen ist jedoch die Tatsache nicht ganz einfach zu akzeptieren, dass die Modellerstellung außerhalb seiner Kontrolle liegt und die Ergebnisse nicht unbedingt nachvollziehbar sind. Wenn der Mensch der Entscheidungsfindung von KI misstraut, dann sicherlich nicht zuletzt aus diesem Grund.

Die wichtigsten Unterschiede zwischen überwachtem und unüberwachtem Lernen sowie die Hauptanwendungsgebiete werden in unserer Abbildung zusammengefasst.

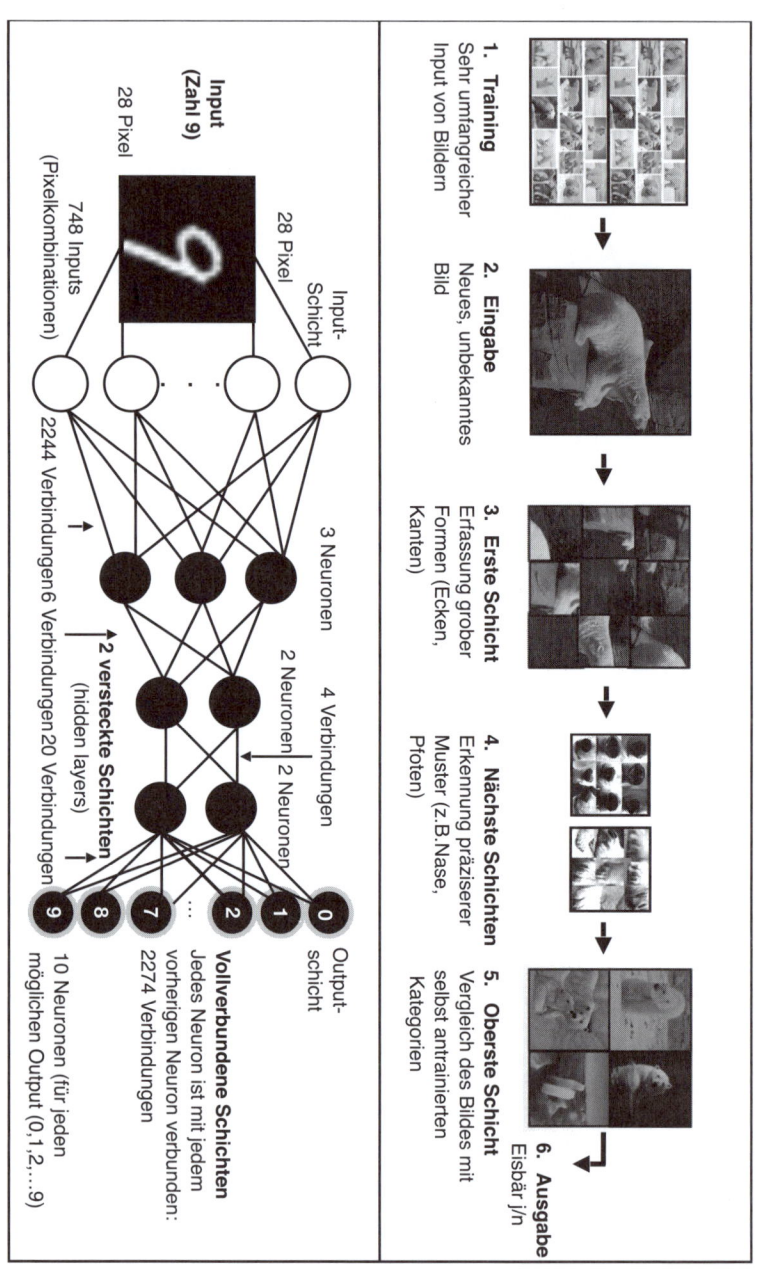

Funktionsweise von künstlichen neuronalen Netzen

Während sich der Großteil der heutigen Anwendungen im traditionellen überwachten Lernen abspielt, hat für künftige Einsatzszenarien das sogenannte Deep Learning eine besondere Relevanz. Große Datenmengen und ausreichende Rechenpower vorausgesetzt, können mit Deep Learning Leistungen vollbracht werden, zu denen traditionelles Lernen nicht in der Lage ist. Es handelt sich dabei nicht um einen weiteren Gegenpol zum überwachten und unüberwachten Lernen, sondern um eine andere Form der Informationsverarbeitung. Deep Learning kann also sowohl im Kontext des überwachten als auch des unüberwachten Lernens eingesetzt werden.

Als Grundlage dienen hier sogenannte künstliche neuronale Netze. Sie basieren grob auf der Architektur des menschlichen Gehirns, auch wenn unser zentrales Denkorgan den künstlichen neuronalen Netzen in Sachen Effizienz und Anspruchshaltung an den Input noch weit voraus ist. Nicht umsonst kritisieren Forscher, Deep Learning basiere auf veralteten Modellen, und erwarten dementsprechend eine Weiterentwicklung. Aber dennoch ist Deep Learning heutzutage in aller Munde. Dem Namen entsprechend sind die Netze aus künstlichen Neuronen, also Nervenzellen, aufgebaut. Deep Learning beinhaltet einen hierarchischen Lernprozess. Die Daten werden auf verschiedenen Ebenen analysiert, die zunehmend abstraktere und komplexere Erkenntnisse mit sich bringen. Die Ebenen bestehen aus verschiedenen Neuronen und werden auch Hidden Layers genannt. Diese »versteckten« Schichten sind miteinander verbunden und die zwischen ihnen stattfindenden Prozesse sind für den Menschen weitgehend nicht nachvollziehbar, bilden also eine Blackbox. Noch einmal zum Eisbären: Wird auf der untersten Ebene etwa lediglich nach Helligkeit der Bildpunkte unterschieden, konkretisiert sich das Bild über jede Ebene, bis auf der höchsten Ebene beispielsweise die zwei Augen und die Schnauze des Eisbären erkannt werden. Auf diese Weise versucht der Algorithmus die Muster zu erkennen, die geeignet sind, um einen Eisbären zu identifizieren. Google beispielsweise setzt heute bei der Bildsuche auf Deep Learning, um seine Bilderkennung noch weiter zu perfektionieren.

Wie wir bereits ausgeführt haben, steigt mit dem Fortschritt der Digitalisierung die Anzahl der Daten exponentiell an. Traditionelle Algorithmen des maschinellen Lernens können diese Datenmenge zwar bearbeiten, ihre Leistung wird aber bei zunehmender Datenmenge nur noch unwesentlich besser. Ganz anders bei den künstlichen neuronalen Netzen: Hier steigt die Performance mit wachsendem Dateninput immer weiter an. Dies ist vor allem bei sehr komplexen Einsatzszenarien essenziell: Das enorme wirtschaftliche Potenzial von Deep Learning zeigte Google DeepMind 2016 in einem Use Case für die Optimierung der Energiekosten in den eigenen Rechenzentren auf. Rechenzentren sind hochkomplexe Systeme, die eine ständige Kühlung benötigen. Eine Vielzahl möglicher Einflussfaktoren wie Serverarchitektur, Wetter und Auslastung schaffen stets unterschiedliche neue Zustände, die mithilfe von unzähligen Sensoren gemessen und von Menschen in ihrem Zusammenspiel kaum erfasst werden können. Mithilfe von künstlichen neuronalen Netzen war es Google gelungen, die Energieeffizienz der Rechenzentren um mehr als rund 40 Prozent zu steigen.

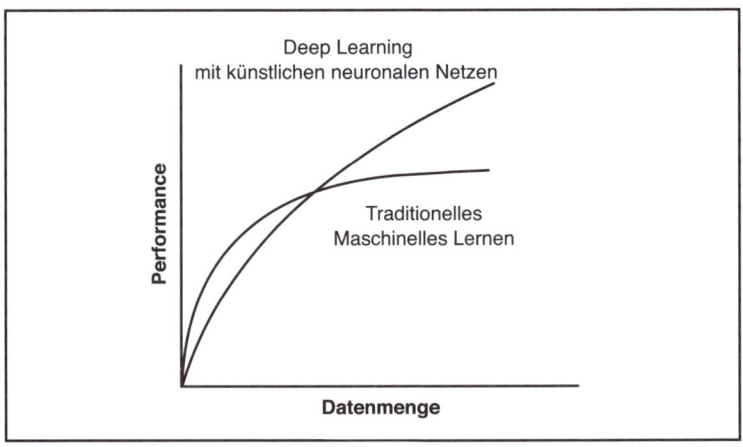

Deep Learning mit künstlichen neuronalen Netzen vs. traditionelles maschinelles Lernen

An dieser Stelle wollen wir kurz die bisherigen Erkenntnisse zusammenfassen: KI ist sozusagen das »große Ganze«, maschinelles Lernen ist ein Teilbereich dessen und Deep Learning wiederum eine daraus resultierende Unterform. Sämtliche Verfahren des maschinellen Lernens können überwacht oder unüberwacht stattfinden. Das Vorgehen hängt im Wesentlichen von den Eigenschaften der Datengrundlage ab, also ob gekennzeichnete oder ungekennzeichnete Daten vorliegen.

Eine weitere Form des maschinellen Lernens ist das bestärkende Lernen, das aktuell noch wenig in der Wirtschaft eingesetzt wird, sondern vor allem im Kontext von Spielen seine Anwendung findet. Vor einigen Seiten haben wir bereits über AlphaGo gesprochen, die Meister-KI für das Brettspiel Go. Das Problem besteht hier in der Unberechenbarkeit des Spieles, welche auch beim Menschen intuitive Spielzüge erfordert. Die KI muss hier über Versuche und Irrtümer lernen, welche Strategien am erfolgversprechendsten sind, also mit dem Prinzip Zuckerbrot und Peitsche. Auch menschliches Lernen basiert stark auf diesen Mechanismen. Bekommt man immer wieder eine negative Rückmeldung, ändert man in der Regel sein Verhalten (bestimmte Lebensphasen und Grundeinstellungen mal ausgenommen). Finger weg von der Herdplatte! – Wer sich jemals verbrannt hat, weiß Bescheid. Wird man aber für bestimmte Aktionen immer wieder gelobt, steigt die Motivation, diese auch künftig durchzuführen (du hast dein Zimmer ganz toll aufgeräumt!). Auch wenn die Motive einer KI nicht Zuneigung und soziale Zugehörigkeit sind: Der Mechanismus lässt sich auch hier einsetzen. Die Entwickler ließen AlphaGo im Trainingsprozess immer wieder gegen sich selbst spielen. Der siegreiche Part bekam damit Rückmeldungen, welche Aktionen zum Erfolg führten, ebenso gab es negative Learnings für die Strategie des unterlegenen Parts. Die KI hat daher die Siegerstrategien höher bewertet und die Verliererstrategien eher vermieden.

Eines der in Zukunft für die Anwendungen in der Wirtschaft relevantesten Einsatzszenarien von bestärkendem Lernen ist das autonome Fahren. Das selbstfahrende Auto lernt nach dem

Belohnungssystem, wichtige Entscheidungen im Straßenverkehr richtig zu treffen. Wir werden am Ende dieses Kapitels bei der Vorstellung der wichtigsten Use Cases für KI ausführlich auf dieses Beispiel eingehen.

Als letzte Unterform des maschinellen Lernens ist das Transferlernen zu erwähnen. Ziel ist es hier, die Fähigkeiten eines bereits trainierten KI-Modells für andere, vergleichbare Aufgaben einzusetzen. Dadurch können zum einen Ressourcen wie Zeit, Kosten und Expertenwissen eingespart werden, etwa wenn wir uns daran erinnern, dass Trainingsdaten beim überwachten Lernen ja zunächst aufwändig gekennzeichnet werden müssen. Viel wichtiger wird eine solche Anwendung aber, wenn für das gewünschte Einsatzfeld wenig, für ein mit der Problemstellung verwandtes Einsatzgebiet aber sehr viele Daten vorliegen. Ein einfaches Beispiel soll dies verdeutlichen: Ist eine KI zur Bilderkennung auf Basis von millionenfach vorliegenden ungekennzeichneten Tierbildern in der Lage, zwischen Katzen, Hunden und Eisbären zu unterscheiden, kann dieses Modell per Transferlernen auch für die Tumorerkennung eingesetzt werden, für die es deutlich weniger Daten gibt. Wird Transferlernen mithilfe des Einsatzes von künstlichen neuronalen Netzen (Deep Learning) durchgeführt, gibt es verschiedene Möglichkeiten: Entweder werden die bereits trainierten Layer übernommen und die Anpassung sowie das Nachtraining erfolgen auf der Output-Schicht. Oder aber es werden mehrere oder sogar alle Layer des ursprünglichen Netzes weiter trainiert, wobei die bereits bestehenden Gewichte weiterverwendet werden. Dadurch verkürzt sich der Trainingsprozess. Die Entscheidung, welches Verfahren gewählt wird, ist abhängig von der Menge der vorhandenen Daten sowie der Ähnlichkeit der zugrundeliegenden Fragestellungen.

Unsere Abbildung zeigt Ihnen im Überblick noch einmal sämtliche gerade erwähnten Lernarten und die Charakteristika ihres Einsatzes auf. Ganz gleich, welche der hier vorgestellten Formen des maschinellen Lernens zum Einsatz kommt, in jedem Fall gilt: Jedes Modell ist nur so gut wie seine zugrundeliegende Datenbasis.

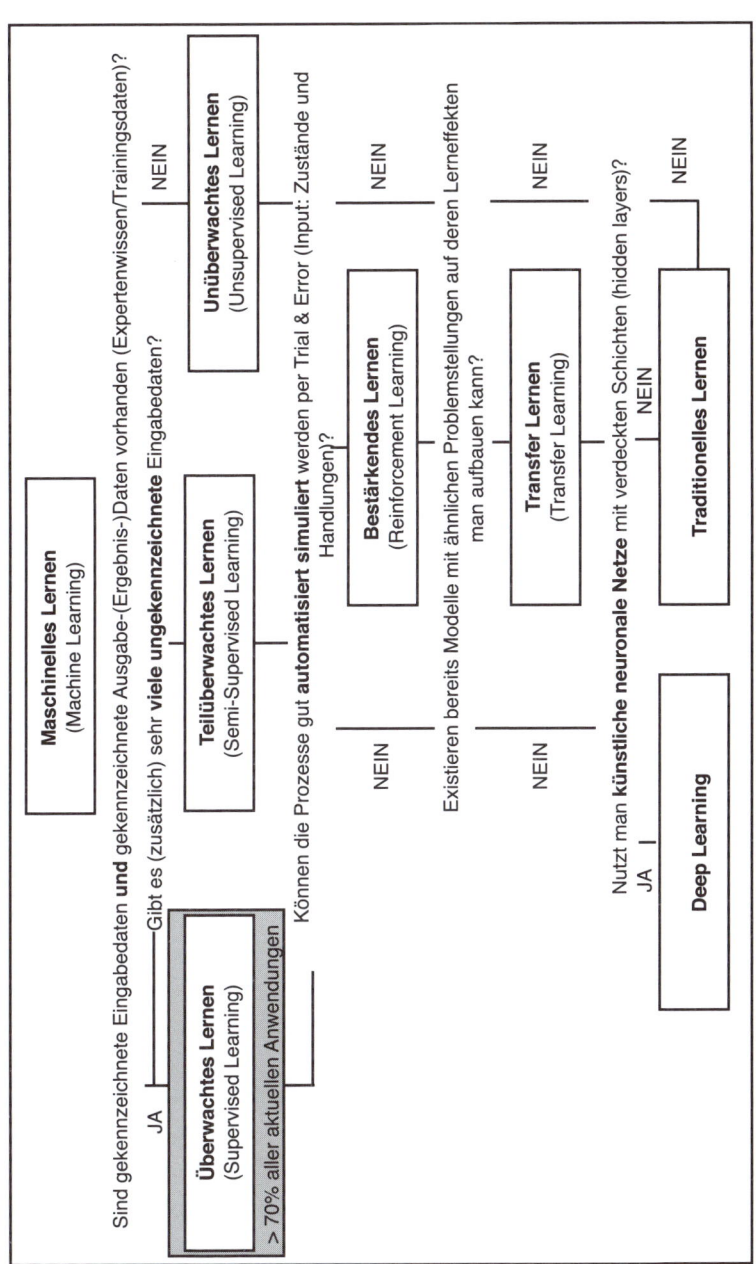

Die wichtigsten Unterformen des maschinellen Lernens

Stellt diese eine Verzerrung der Wirklichkeit oder des gewünschten Ergebnisses dar, entwickelt auch die KI eine verzerrte Weltsicht, siehe Amazons Bewerbungs-KI. Auch Microsoft hatte 2016 mit einem öffentlichen KI-GAU zu kämpfen, als das Unternehmen seinen Chatbot Tay auf Twitter einsetzte. Die Maschine sollte eigentlich klüger werden, je mehr sie mit Menschen kommunizierte. Zwar gab Microsoft an, Tay sei nach bestem Wissen und Gewissen trainiert worden, dennoch pöbelte die KI nach wenigen Stunden rassistisch und sexistisch im Netz herum, offensichtlich gefüttert durch gezielten Input von Internettrollen. Offenbar wurden hier bei der Modellerstellung Aspekte nicht beachtet, die diese Entwicklung hätten verhindern können.

Hands on: Vom Problem zur KI-Lösung

Ok, wir haben also verstanden: KI ist die Technologie der Zukunft. Brauchen wir – jetzt und unbedingt. Aber wie? Sofort einfach mal irgendwie irgendetwas mit KI zu machen, führt in der Regel nicht sonderlich weit, insbesondere, wenn es vor allem unternehmensexterne Menschen sind, die drängen, dass das jetzt ganz dringend notwendig sei. Um zu entscheiden, wo der Einsatz von maschinellem Lernen für Ihr Unternehmen wirklich zielführend ist, müssen Sie sich zuerst selbst auf die Suche nach den erfolgversprechendsten Einsatzgebieten machen und die KI im Anschluss möglichst pragmatisch implementieren. Das klingt zwar kompliziert, muss es aber oftmals gar nicht sein, wie wir anhand des folgenden Beispiels sehen werden.

Oft verwenden Unternehmer viel Zeit für Dinge, die gar nicht zum Kerngeschäft gehören, ohne die das Kerngeschäft aber nicht funktionieren kann. Vor einem solchen Problem stand vor einigen Jahren der Ingenieur Makoto Koike. Er hatte seinen Job in der japanischen Automobilindustrie an den Nagel gehängt und war auf die Gurkenfarm seiner Eltern gezogen, um sie dort bei den täglichen Arbeiten zu unterstützen. Gurken sind ein großes Thema in

Japan, die Spezialität der Familie Koike sind Exemplare mit vielen Stacheln, die auf dem Markt deutlich höhere Preise einbringen als herkömmliche Gurken. Die Mutter von Makoto Koike verbrachte in der Erntezeit täglich viele Stunden damit, die Ernte in neun Kategorien zu sortieren, etwa nach Größe, Farbe, Form, Qualität, Textur oder Frische. Für Hilfskräfte war das System zu komplex. An der korrekten Sortierung hängt nämlich einiges an Umsatz, und daher konnte man kein Risiko eingehen. Gängige Sortiermaschinen sind kostenintensiv und bringen auch nicht immer das optimale Ergebnis. Für kleine Farmen sind sie daher oft ebenfalls keine Alternative. So hatte Koike sich das aber nicht unbedingt vorgestellt. Sollte seine Karriere etwa als Gurkensortierer weitergehen, wenn er den Betrieb seiner Eltern übernehmen wollte?

Ihm kam eine bessere Idee, wie ein Blogeintrag von Google berichtet.[19] Koike hatte zwar noch nie mit KI-Systemen gearbeitet, allerdings bereits von TensorFlow gehört. Dies ist ein von Google entwickeltes, Cloud-basiertes Framework für KI, welches Algorithmen für verschiedene Anwendungen als Open-Source-Lösung bereithält. Warum also nicht versuchen, ob man diese vortrainierten Modelle nicht auch für das Sortieren von Gurken einsetzen kann? Koike nahm einen Algorithmus zur Bilderkennung und trainierte das System weiter, indem er es mit Bildern von Gurken fütterte, die seine Mutter korrekt sortiert hatte. Drei Monate und 7.000 Bilder später: 95 Prozent Trefferquote mit den Testbildern. Beim ersten Einsatz mit realen Gurken jedoch lag die Genauigkeit der Klassifikation bei lediglich 70 Prozent, es musste also immer noch nachsortiert werden. Die Eltern von Koike waren daher nicht allzu beeindruckt, wie das Magazin *The New Yorker* zu berichten wusste. Der Grund für die geringe Trefferquote lag aber nicht am grundsätzlichen Vorgehen von Koike, sondern an dem zu geringen Datensatz für das Training. Tech-Enthusiasten feierten den Japaner für seine innovative und pragmatische Umsetzung im Eigenbau, obwohl Koikes Mutter also zunächst weiter selbst Gurken sortieren musste.

Dieses Beispiel zeigt zwei wichtige Aspekte: Erstens, beim Einsatz von KI kann man klein anfangen. Auch wenn Koike noch nicht alle Prozesse automatisieren konnte, war der erste Schritt getan, weitere sollten folgen. Also einfach mal machen? Nicht zu schnell. Für den Einsatz in der Produktion oder beim Kunden sind Augenmaß und Ziel äußerst wichtige Kontrollmechanismen. Es wäre fatal, unausgereifte Anwendungen auf den Kunden loszulassen. Auf der anderen Seite sollte man aber nicht zu lange zögern und den Einsatz von KI im Unternehmen einfach mal pragmatisch mit kleinen Schritten testen.

Zweitens lernen wir aus dem Beispiel des Gurkenbauers: Weder Sie noch Ihre Kollegen werden von heute auf morgen durch Maschinen ersetzt, ähnlich wie die Mutter von Makoto Koike, die noch nachsortieren musste. Es steht allerdings außer Frage, dass die Automatisierung unsere Arbeitswelt entscheidend verändern wird. Maschinen können komplette Aufgabenbereiche übernehmen. Manche dieser Anwendungen sind bereits heute schon möglich, andere scheitern noch aus verschiedenen Gründen – wie das Sortieren der Gurken in unserem Beispiel an der zu geringen Datenbasis. Fakt ist: Der große Wandel wird in den nächsten zehn Jahren kommen. Wenn Sie sich heute bereits mit den konkreten Möglichkeiten und Einsatzszenarien von KI auseinandersetzen, profitiert davon nicht nur Ihr Unternehmen, sondern profitieren auch Ihre Mitarbeiter und Kollegen, die sich so an das immer engere Zusammenspiel von Mensch und Maschine gewöhnen, und sich dabei neue Fähigkeiten aneignen können.

Kollege KI wird uns in den nächsten Jahren in unterschiedlicher Form begegnen. Eine (sicher nicht immer haltbare, aber überaus hilfreiche) Faustregel von KI-Experten Andrew Ng: Alle Tätigkeiten, die ein Mensch mit weniger als einer Sekunde Nachdenken erledigen kann, werden sich früher oder später automatisieren lassen.

Wie können wir also konkret starten? Bevor wir intensiv in die Welt der statistischen Lernverfahren eintauchen, durch deren Verständnis Sie entscheiden können, welcher Algorithmus

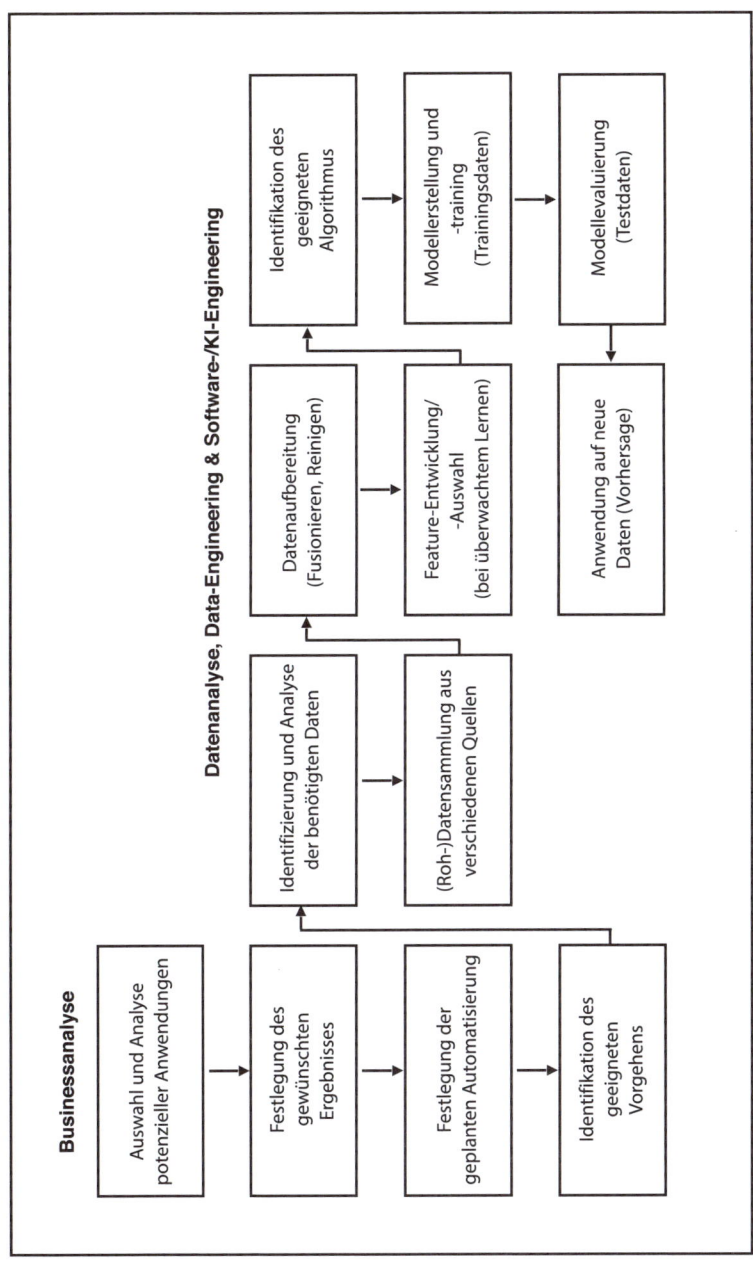

Ablauf eines KI-Projektes

für Ihre konkrete Problemstellung im Unternehmen am geeignetsten ist, wollen wir noch kurz auf das grundsätzliche Vorgehen bei der Umsetzung eines KI-Projektes eingehen. Hier gibt es selbstverständlich eine Unzahl von unterschiedlichen Varianten, uns geht es an dieser Stelle aber lediglich darum, die wichtigsten Schritte und beteiligten Personen vorzustellen.

Der erste Schritt ist die Businessanalyse: Welches Problem wollen Sie mittels KI angehen, was soll dabei herauskommen und welche Möglichkeiten gibt es, diesen Prozess zu automatisieren? Mit den Antworten auf diese Fragen sollten Sie sich für eine Vorgehensweise entscheiden, die sowohl in der Sache hilft als auch mit Ihren Mitteln durchführbar ist. Die konkrete Umsetzung folgt im nächsten Schritt mit den Überlegungen, welche Daten Sie brauchen, woher Sie diese bekommen und wie Sie diese am besten für den Einsatz aufbereiten. Hier werden Sie mit Datenanalysten und Dateningenieuren zusammenarbeiten. Im letzten Schritt wird der Algorithmus programmiert und das Modell trainiert. Dies geschieht im Zusammenspiel zwischen Softwareingenieuren und Dateningenieuren.

Nur für statistisch interessierte Leser: Die wichtigsten Lernverfahren beim überwachten maschinellen Lernen

Normale Anwender werden in der Praxis kaum Modelle selbst modellieren oder programmieren müssen. Unser Ziel ist es also nicht, an dieser Stelle ausführliche statistische und mathematische Erklärungen oder gar Programmieranleitungen zu liefen. Trotzdem möchten wir die interessierten Leser einmal in diese Welt einführen. Ein grundsätzliches Verständnis der einzelnen Lernverfahren vereinfacht es, sich die Thematik zu erschließen. Wenn Ihnen das dennoch eine Nummer zu tief ist, müssen Sie keine Angst haben, die Kernaussagen des Buches zu verpassen. Blättern Sie gerne vor und lesen Sie einfach im Kapitel »Was geht? – KI im Einsatz« weiter. Hier erfahren Sie in anschaulichen Use Cases, wo KI bereits heute konkret zur Anwendung kommt. Bei allen Statistikern und Programmierern hingegen hoffen wir auf Nachsicht für die pragmatische und an einigen Stellen sehr abgekürzte Themenbehandlung.

Wie die Überschrift schon ankündigt, konzentrieren wir uns bei den folgenden Ausführungen auf das überwachte Lernen. Aktuell hat es (noch) die größte wirtschaftliche Relevanz und ist bereits bei vielen Unternehmen im Einsatz. Es existieren daher schon hinreichend Erfahrungswerte beispielsweise zu den Vor- und Nachteilen.

Noch einmal zur Wiederholung: Bei überwachten Algorithmen sind in den Trainingsdaten bereits alle Ein- und Ausgabedaten (Ergebnisse) vorhanden. Anhand dieser Daten lernt das System zu klassifizieren und vorherzusagen. Unser Fokus liegt dabei auf Klassifikationen, also Aufgaben, die eine Systematisierung zum Ziel haben. Mit diesem Schwerpunkt folgen wir erneut der Stärke der wirtschaftlichen Bedeutung. Die meisten analytischen Probleme beinhalten Entscheidungen, bei denen eine Klassifikation hilfreich unterstützen kann:

1. Ist die vorliegende E-Mail Spam oder nicht?
2. Besteht für eine Person ein hohes Kreditausfallrisiko oder nicht?
3. Wollen wir einer Person eine Werbung ausspielen oder nicht?

Bevor wir nun mit der Beschreibung der einzelnen Lernverfahren beginnen, sind noch ein paar Takte über den Einsatz der vorliegenden Daten nötig. Bei der Entscheidung für ein Lernverfahren ist es von zentraler Bedeutung, dass der Algorithmus nicht nur bei dem vorliegenden Datensatz gute Ergebnisse produziert, sondern seine Performance generalisiert werden kann, der Algorithmus also auch für komplett neue Datenpunkte brauchbare Schätzungen abgibt. Daher ist es für die meisten der vorgestellten Lernverfahren notwendig, den vorhandenen Datensatz in Trainingsdaten und Testdaten zu unterteilen. Dieses Splitting sollte zufallsbasiert erfolgen, als grobe Faustregel gilt ein Verhältnis von 70/30 in Bezug auf Trainingsdaten/Testdaten. Wie die Namen schon sagen: Mit den Trainingsdaten lernt der Algorithmus, mit den Testdaten findet die Evaluierung statt, sprich: Funktioniert der Algorithmus wie erhofft und kommt er mit diesen Daten zu den korrekten Ergebnissen? Durch dieses Vorgehen wird auch gleichzeitig sichergestellt, dass die ungesehenen Testdaten aus demselben Datensatz kommen wie die Trainingsdaten.

Da der Algorithmus nur anhand von Trainingsdaten lernt, besteht allerdings die Gefahr, dass er sich zu sehr an ihrer spezifischen Struktur orientiert. In diesem Fall kann die Problematik der Überanpassung, des sogenannten Overfittings, auftreten. Gerade komplexe Modelle können viele verschiedene Variablen mit unterschiedlichen Eigenschaften repräsentieren. Es besteht daher die Gefahr, dass potenziell irrelevante Charakteristika von Variablen oder starke Ausreißer (also ungewöhnliche oder extreme Beobachtungen) in das Lernergebnis einfließen. Das Phänomen ist auch umgekehrt zu beobachten und wird dann analog als Unteranpassung oder Underfitting bezeichnet. Es tritt vor allem beim Einsatz einer zu wenig komplexen Darstellung auf, das heißt, dass in dem Trainingsdatensatz wichtige Variablen nicht repräsentiert werden.

Daher kommt dem vorgelagerten Data-Engineering (Datenreinigung, -vervollständigung, -Redundanzbehebung) und vor allem dem sogenannten Feature-Engineering eine wichtige Rolle zu. Das Feature-Engineering ist häufig die längste und schwierigste Aufgabe bei der Erstellung eines Modells für überwachtes maschinelles Lernen. Mithilfe des bestehenden Expertenwissens über die Zusammensetzung und Relevanz der Variablen wird aus den vorliegenden Rohdaten untersucht, welche die wichtigsten Eigenschaften der Objekte sind und wie man diese am besten im Modell darstellen kann (Wahl der Einflussvariablen). Ein Beispiel: Bei der Klassifikation von Kunden werden etwa Eigenschaften wie Alter, Einkommen, Bildungsstand und die letzten Bestellungen besonders relevant sein. Viel unwichtiger und daher eventuell zu vernachlässigen sind hier meist Eigenschaften wie Größe, Augenfarbe oder Lieblingsmusik (außer natürlich, Ihre Fragestellung bezieht sich auf Mode- oder Musikfragen).

Die kurzen Ausführungen zeigen bereits, dass der Prozess des Feature-Engineerings, also die Entscheidung über die optimalen Objektparameter, durchaus schwierig sein kann. Welches Lernverfahren sich nun für ein vorliegendes Problem in der Praxis am besten eignet, hängt von vielen Faktoren ab. Die wichtigsten sind die

1. Geschwindigkeit (d. h. benötigte Zeit für Modelltraining und -anwendung).
2. Gewünschte Genauigkeit der Ergebnisse.
3. Interpretierbarkeit der Ergebnisse.
4. Benötigte Datenmenge.
5. Vorliegende Datenqualität.
6. Art der Korrelationen der Eigenschaften sowie die
7. Zur Verfügung stehenden Speicherressourcen und Rechnerleistung.

Bei der Betrachtung der Vor- und Nachteile in der Praxis bleibt es daher den Anwendern meistens nicht erspart, mehrere Modelle in Bezug auf die konkrete Problemstellung auszuprobieren und dann das Vorgehen zu wählen, dessen Prognoseergebnisse in Relation zu Implementierungs- und Trainingszeit sowie den damit verbundenen Kosten am besten sind.

Lineare Regression

Das lineare Regressionsmodell basiert auf der Annahme, dass zwischen einer metrischen Zielvariablen und einer einzigen oder mehreren metrischen Einflussvariablen ein linearer Zusammenhang besteht. Im ersten Fall spricht man von einer einfachen und im zweiten Fall von einer multiplen Regression.

Im Bereich des überwachten Lernens wird dieses Modell für Vorhersagen oder die Erklärung von Ursache-Wirkung-Zusammenhängen verwendet. In der Praxis kommen lineare Regressionen oft bei der trendbasierten Vorhersage des Produktverkaufs in Abhängigkeit von numerisch erfassbaren Produktmerkmalen zum Einsatz. Ein einfaches Beispiel ist die Prognose des Abverkaufs eines Produkts (y) in Abhängigkeit vom Preis (x). Die abhängige Variable ist also y, die unabhängige Variable x.

Die einfachste Art, Daten zu modellieren, ist mithilfe einer einfachen linearen Funktion. Dieser Ansatz ist dann angemessen, wenn man von der Annahme ausgehen kann, dass die Zielvariable y linear von einer Einflussvariablen x abhängig ist.

Als ersten Anhaltspunkt schaut man sich dazu die Verteilung der Punkte im Streudiagramm an. Die wahre Beziehung zwischen x und y lässt sich nicht direkt beobachten. Über die lineare Funktion kann allerdings deren Beziehung modelliert werden. Im einfachen Fall – also mit einer einzigen Einflussvariablen – lautet die lineare Funktion $y = (a + b*x) + u$. Mit a ist der Schnittpunkt der y-Achse gemeint, welcher abhängig von x festgelegt wird, b ist die

Steigung der Geraden. Beide Koeffizienten sowie die Störvariable u (auch »Noise«, also Rauschen, genannt) sind unbekannt.

Der Graph ist bei der linearen Funktion eine Gerade. Diese (hier: Regressions-)Gerade ist bei einer optimalen Modellierung möglichst nahe an den Datenpunkten der Datenwolke. Auf Grundlage der Daten werden mithilfe der Methode der kleinsten Quadrate die unbekannten Koeffizienten a und b geschätzt. Andersherum ausgedrückt: a und b werden so bestimmt, dass die Summe der quadrierten Abweichungen zwischen der Regressionsgeraden und den y-Werten minimal wird.

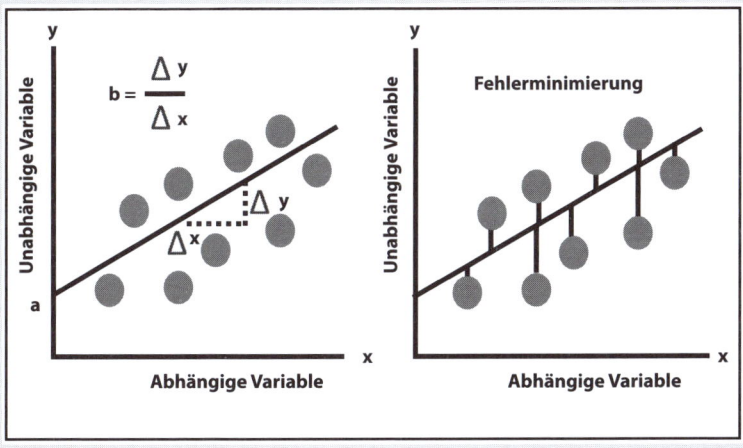

Lineare Regression

Vorteile der linearen Regression:

1. Leicht verständlich und interpretierbar.
2. Aufbau der grundlegenden Modellarchitektur und der über den Trainingsprozess hinweg unveränderten Stellschrauben (Parametertuning) ist vergleichsweise wenig komplex und schnell umsetzbar.
3. Einsatz auch mit vergleichsweise wenig Trainingsdaten möglich (Voraussetzung: Beziehung der Variablen untereinander ist nicht besonders komplex).

Nachteile der linearen Regression:

1. Nur bei stetigen Daten anwendbar (Werte müssen jeden beliebigen Wert eines Intervalls annehmen können) und nicht bei kategorischen Werten (z. B. rot/grün, männlich/weiblich).
2. Beschränkt auf den Einsatz von linearen Beziehungen zwischen abhängigen und unabhängigen Variablen (Anmerkung: Dies trifft in der Praxis häufig nicht zu, da zum Beispiel der Zusammenhang zwischen Produktverkauf und Reifegrad eines Produktes die Form einer (Produktlebenszylus-)Kurve hat).
3. Durchschnittsbetrachtung, das bedeutet, es ist keine vollständige Beschreibung der Beziehung zwischen den Variablen möglich (Anmerkung: daher sind eventuell wichtige Betrachtungen von Extrempunkten (z. B. bei Risikoanalysen) nicht möglich).
4. Bei kleinen Trainingsdatensätzen großer Effekt von Ausreißern auf die Güte des Modells, vor allem bei Annahme der jeweiligen Unabhängigkeit der Daten untereinander (Anmerkung: Dies ist in der Realität häufig nicht gegeben, da gegenseitige Abhängigkeiten (z. B. räumlicher und zeitlicher Natur) in den Trainingsdaten vorliegen können).

Anwendungen in der Praxis:

1. Absatz- und Umsatzprognosen im Marketing.
2. Risikoeinschätzungen bei Banken und Versicherungen: Ausfall- oder Schadensrisiko in Abhängigkeit von Faktoren wie Alter, Einkommen oder Familienstand.
3. Generierung von Insights über Kundenverhalten oder Customer-Lifetime-Values.
4. Berechnung von kausalen Zusammenhängen zwischen verschiedenen Vitalparametern im Gesundheitswesen.

Entscheidungsbäume

Obwohl die lineare Regression viele Vorteile bietet, kann es häufig notwendig sein, auf andere Verfahren im überwachten Lernen auszuweichen. Dies ist vor allem dann der Fall, wenn die vorliegenden Probleme mehrdimensional sind, mehrere Outputvariablen betrachtet werden sollen, die Beziehungen zwischen den Beobachtungen innerhalb der Datensätze nicht linear sind oder es für die Begründung der Entscheidung notwendig ist, explizite Abhängigkeiten zwischen den Attributen zu erkennen. Vor allem ist es bei Regressionen aber nur möglich, stetige Werte zu betrachten, von daher müssen Klassifikationsprobleme mit anderen Verfahren gelöst werden.

Ein in der Praxis häufig verwendetes Prognosemodell, das beide Aufgabentypen bewältigen kann und die oben angeführten Einschränkungen der linearen Regression vermeidet, sind Entscheidungsbäume. Entscheidungsbäume bilden historische Daten als Entscheidungsregeln ab. Haben wir numerische Vorhersagen zum Ziel, kommt ein Regressionsbaum zum Einsatz. Hier enthalten die Blätter des Entscheidungsbaumes quantitative numerische Größen. Bei Klassifikationsaufgaben hingegen entspricht jeder Knoten des Entscheidungsbaums einer Entscheidung über die Aufteilung des Datensatzes in Kategorien nach unterschiedlichen Attributen, um daraus beispielsweise unterschiedliche Kundenklassen zu generieren.

Das zentrale Element von Entscheidungsbäumen ist das Finden einer optimalen binären Trennung. Bei jedem Prozessschritt wird eine Aufteilung in zwei Teilmengen (Äste) vollzogen. In jedem Astknoten findet eine Entscheidung, z.B. »ja/nein« statt. Bei »ja« folgt die Entscheidung im nächsten Knoten auf der linken Seite, bei »nein« auf der rechten Seite. Ausgehend vom ersten Wurzelknoten, der alle Elemente der Stichprobe enthält, entstehen durch die Aufteilung jeweils zwei Tochterknoten als disjunkte Teilmengen der Lernstichprobe, die sich dadurch auszeichnen, dass sie kein gemeinsames Element mehr besitzen. Dieser Vorgang wird für die jeweiligen Verästelungen so lange wiederholt, bis man den jeweiligen Endknoten erreicht hat.

In unserem in der Abbildung aufgezeigten Beispiel über die Entscheidung einer Kreditvergabe würde ein potenzieller Kreditnehmer über fünfzig Jahre nur einen Kredit bekommen, wenn er entweder ein Eigenheim aufweisen kann oder über ein Einkommen von über 5.000 Euro pro Monat verfügt.

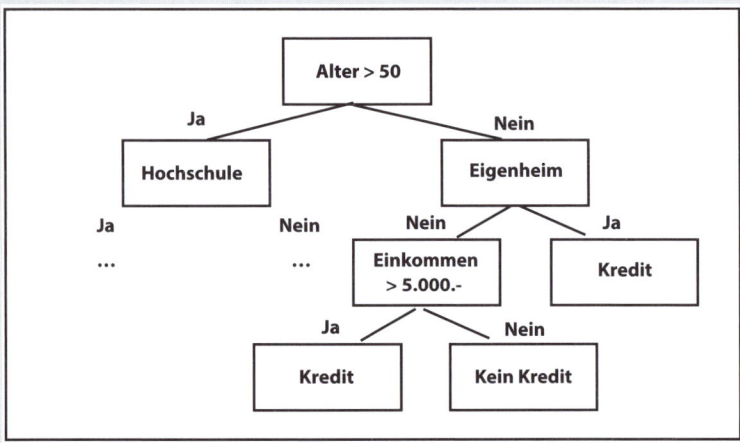

Entscheidungsbäume

Vorteile von Entscheidungsbäumen:

1. Verhältnismäßig einfach anwendbar, gut verständlich und leicht interpretierbare Ergebnisse.
2. Meist vergleichsweise schnelle Modellierung von Problemen mit mehreren Outputs.
3. Verarbeitung von numerischen und kategorischen Variablen.
4. Auch bei nicht linearen Beziehungen der Parameter einsetzbar.
5. Robust hinsichtlich des Vorkommens von fehlenden oder fehlerhaften Trainingsdaten und Ausreißern, von daher wenig Vorarbeit für die Datenbereinigung nötig.
6. Gute Verarbeitung großer, hochdimensionaler Datenmengen.
7. Auch bei wenig Domänenwissen des Anwenders oder Widersprüchen zwischen Ergebnissen und Annahmen der Quelldatei einsetzbar.

8. Äußerst gute Eignung zur Datenexploration.

Nachteile von Entscheidungsbäumen:

1. Schwierige Interpretation bei einer hohen Anzahl eng miteinander verbundener Auswirkungen bzw. Ergebnisse.
2. Meist nur eingeschränkt generalisierbare oder global einsetzbare Lösungen.
3. Relativ instabil, das heißt, dass schon eine leichte Veränderung der Daten eine starke Änderung des Modells und der Vorhersagen bewirken kann.

Ensembleverfahren

Um eine bessere Genauigkeit und damit eine höhere Modellqualität zu erzielen, werden mitunter mehrere Entscheidungsbäume verwendet. Diese komplexen Ensembleverfahren wie Gradient Boosting oder Random Forest sind weniger gut visualisierbar, da die trainierten Modelle meist zahlreiche Zwischenabhängigkeiten aufweisen, die sich zudem gegenseitig beeinflussen können. Darüber hinaus erfordern sie hohe Rechnerleistungen. Aufgrund der Tatsache, dass die einzelnen Bäume aber auf Grundlage eines prinzipiell immer gleichen Lernverfahrens entstanden sind, lässt sich mit etwas Aufwand dennoch ex post erklären, wie ein konkretes Scoringergebnis zustande gekommen ist.

Anwendungen in der Praxis:

1. Klassifikation von Kundengruppen im Marketing.
2. Prognose des Wertes von Optionsscheinen.
3. Prognosen bei der Vergabe von Darlehen (z. B. Ausfallrisiken).
4. Entscheidung über den Einsatz bestimmter Produktionsverfahren/-mengen.
5. Prognose von Krankheitstrends oder Zunahme von Risikopatienten.

Logistische Regression

Logistische Regressionen werden im maschinellen Lernen vor allem für Klassifikationsaufgaben verwendet. Der Hauptunterschied zur linearen Regression besteht darin, dass bei der logistischen Regression die abhängige Variable kategorischer Natur ist, also – in der binären Form – nur zwei Ausprägungen annimmt.

Die Variable »Person wird Kunde« kann daher 1 für »ja, Person wird Kunde« und 0 für »nein, Person wird kein Kunde« annehmen. Während die abhängigen Variablen kategorischer Natur sind, können die unabhängigen Variablen hingegen in metrischer Form vorliegen. Die logistische Regressionsanalyse kann im obigen Beispiel also zur Klassifikation (Person wird Kunde oder nicht) in Abhängigkeit von einer oder mehreren unabhängigen Einflussvariablen (z. B. Einkommen, Wohnort, bereits getätigter Umsatz) angewendet werden. Dabei dürfen nur Personen in die Untersuchung aufgenommen werden, die prinzipiell »im Risiko« sind, Kunde zu werden. Das bedeutet, dass alle Personen, die bereits zu Beginn des Untersuchungszeitraums Kunden sind, aus dem Datensatz ausgeschlossen werden müssen (die Frage nach »wird Kunde oder nicht« ergibt hier keinen Sinn).

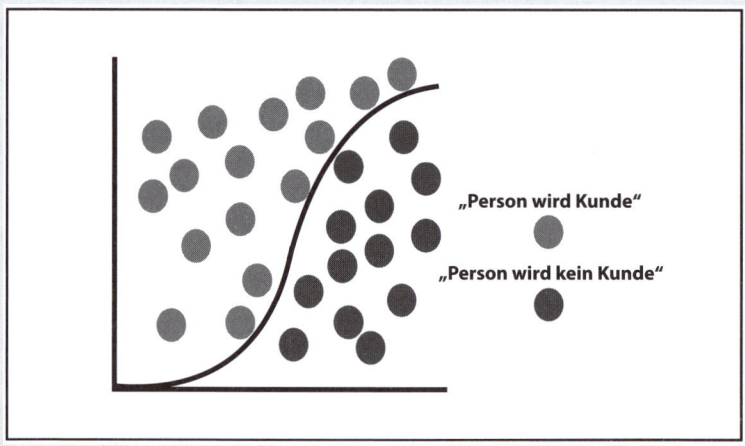

Logistische Regression

Verkürzt dargestellt kann die Fragestellung in der Praxis folgendermaßen lauten: »Welche Variablen sind dafür verantwortlich, dass eine Person noch vor Weihnachten Kunde wird? Die Außentemperatur, der Börsenstand im Dezember, das Einkommen oder die verbleibenden Tage bis zum Heiligen Abend?«

Die logistische Funktion ist eine S-förmige Kurve, mit deren Hilfe also jede natürliche Zahl in Werte zwischen 0 und 1 zugeordnet werden kann und die entsprechend die beiden Klassen (hier: »Person wird Kunde« bzw. »Person wird nicht Kunde«) voneinander trennt.

Vorteile der logistischen Regression:

1. Vergleichsweise schnell und einfach anwendbar.
2. Leicht zu interpretieren.
3. Vergleichsweise wenig Rechenleistung nötig.

Nachteile der logistischen Regression:

1. Anfällig für Überanpassungen, d. h. wenig geeignet für die Verarbeitung von vielen kategorischen Variablen.
2. Keine Lösung von nicht linearen Problemen, daher Umwandlung von nicht linearen Inputs nötig.
3. Schlechte Ergebnisse bei überaus ähnlichen unabhängigen Variablen oder geringen Korrelationen zur Zielvariablen.
4. Anfällig für Ausreißer.
5. Aber: Das Vorliegen der oben genannten Einschränkungen wie Linearität, Multikorrelation und Ausreißer kann man im Vorfeld vergleichsweise einfach über gängige Statistikprogramme wie SPSS analysieren.

Anwendungen in der Praxis:

1. Conversion-Prognose, z. B. wird eine Person Kunde oder nicht.

2. Bonitätsprüfung, z. B. zahlt ein Kreditnehmer einen Kredit vollständig zurück oder nicht.
3. Marketing, z. B. klickt ein Kunde auf ein bestimmtes Banner oder nicht.
4. medizinische Diagnostik, z. B. hat eine Person eine bestimmte Krankheit oder nicht.
5. A/B-Testing, z. B. wird Version A einer Webseite besser angenommen als die Version B.

Stützvektormaschinen (Support Vector Machines)

Stützvektormaschinen (SVM) können sowohl für Klassifikations- als auch Regressionsprobleme angewendet werden. Der häufigste Einsatz in der Praxis liegt bei binären Klassifikationsaufgaben wie etwa der Sentimentanalyse von Dokumenten (damit gemeint ist die Analyse von wertenden Aussagen im Text) oder der Spam-Erkennung von E-Mails.

Das grundsätzliche Ziel beim Einsatz von SVM ist es, noch unbekannte Objekte (also z. B. neue Dokumente oder E-Mails) basierend auf ihren verschiedenen Eigenschaften und dem bereits klassifizierten Trainingsset in zwei verschiedene Gruppen (z. B. positives oder negatives Sentiment bei Dokumenten bzw. Spam oder Nicht-Spam bei E-Mails) aufzuteilen.

Mithilfe des SVM-Lernverfahrens wird also ein Modell erstellt und trainiert, mit dem noch unbekannte Objekte einer bestimmten Kategorie zugeordnet werden können. Dazu wird das Problem so modelliert, dass ein Eigenschaftsraum gebildet wird, in dem jede Dimension eine Eigenschaft eines bestimmten Objektes repräsentiert. Im Beispiel der Dokumentenklassifikation wäre jede Eigenschaft die Häufigkeit oder Bedeutung einer bestimmten Objekteigenschaft, also bestimmte im Text vorkommende Wörter oder Formulierungen.

Um den Datensatz zu unterteilen, wird zunächst eine Grenze gezogen, die sogenannte Hyperebene. Sie ist ein Unterraum, dessen Dimension jeweils um 1 kleiner ist als seine Umgebung. Im dreidimensionalen Raum ist die Hyperebene eine zweidimensionale Ebene und im zweidimensionalen Raum ist eine Hyperebene einfach eine gerade Trennlinie. In einer einfachen, binären Klassifikationsaufgabe mit nur zwei Eigenschaften (z. B. Dokument hat ein positives Sentiment bzw. Dokument hat ein negatives Sentiment) kann man sich die Hyperebene also als Linie vorstellen, die den Datensatz teilt und klassifiziert. Basierend auf den Eigenschaften des neuen Objekts (also wieder eines Dokumentes oder einer E-Mail) wird das Objekt entsprechend über oder unter der Hyperebene platziert, was zu der Kategorisierung (z. B. Spam oder Nicht-Spam) führt.

Die Hyperebene ist mittels der ihr am nächsten liegenden Objekte oder Datenpunkte definiert. Wenn diese Datenpunkte aus dem Datensatz entfernt werden, verändert sich die Position der teilenden Hyperebene. Daher werden die Datenpunkte auch Stützvektoren (Support Vectors) genannt und können als kritische Elemente des Datensatzes bezeichnet werden. Je weiter die Punkte von der Hyperebene entfernt sind, desto weniger kritisch sind sie – oder anders formuliert: desto mehr kann man sicher sein, dass man sie korrekt zugeordnet hat. Diese weit von der Hyperebene entfernt liegenden Punkte sind daher für die Berechnung nicht entscheidend, sie beeinflussen die Lage der Hyperebene wenig. Aus diesem Grund müssen sie beim Modelltraining selten berücksichtigt werden.

Das grundsätzliche Ziel der Modellierung ist also, eine Hypereben zu finden, bei der die Trainingsdatenpunkte möglichst weit von der Trennlinie entfernt, aber trotzdem auf der richtigen Seite liegen. In diesem Fall ist die Klassifikation optimal, denn alle Punkte sind klar separiert und die Einteilung ist deutlich sichtbar. Das erhöht die Chance für die korrekte Zuordnung jedes neuen Datensatzes.

Wenn der Datensatz klar aufgeteilt und linear trennbar ist, kann die optimale Hyperebene bzw. die beste Aufteilung der Daten einfach identifiziert werden. Leider entspricht das selten der Realität,

denn meist liegen die Daten stark verstreut vor beziehungsweise überlappen sich und sind daher nicht linear teilbar. Um einen
derartigen Datensatz trotzdem klassifizieren zu können, ist es notwendig, den originären Eigenschaftsraum in einer höheren Dimension abzubilden. Das Ziel dieser Operation, dem sogenannten
»Kernel-Trick«, ist es, in einer höheren Dimension (Kernel) eine
klarere Trennung zwischen den beiden Gruppen zu ermöglichen,
die Objekte also linear trennbar zu machen, um dann dort eine
Hyperebene zu definieren.

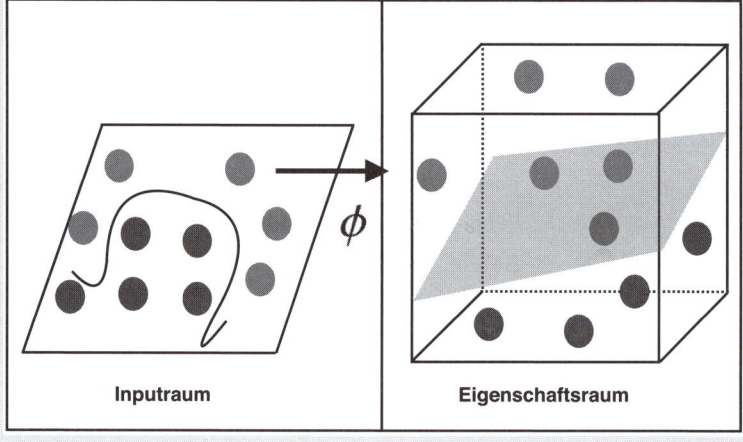

Stützvektormaschinen

Anschaulich dargestellt würden bei einem Wechsel vom zweidimensionalen in den dreidimensionalen Raum alle Datenpunkte
von einem Blatt Papier aus in die Luft gesogen und dann in der
Luft mit dem Blatt im dreidimensionalen Raum separiert werden.
Aus der zweidimensionalen Hyperebene (also der Trennlinie auf
dem Papier) würde dann eine dreidimensionale Hyperebene (das
Blatt Papier) werden. Das »Hochsaugen« der Datenpunkte in
diesem Beispiel entspricht der Abbildung von Daten in einer höheren Dimension. Durch dieses Vorgehen wird das Modell deutlich flexibler, da man dadurch mit mehreren Typen von nicht linearen Entscheidungsgrenzen arbeiten kann. Allerdings hat dieses

Vorgehen die Konsequenz, dass die Trennlinie in dem Original-raum potenziell nicht linear wird.

Beim Training des Modells werden die Daten so lange in einer jeweils höheren Dimension abgebildet, bis eine Hyperebene geformt werden kann, die die Daten optimal unterteilt. Bei einem neuen Testdatensatz können die Daten dann eindeutig auf die eine oder andere Seite der Hyperebene zugeordnet werden und die Klassifikationsaufgabe ist erfüllt.

Vorteile von Stützvektormaschinen:

1. Überaus speichereffizient, da für die Modellierung und die Entscheidung über die Klassifikation von neuen Daten nur ein Teil der Trainingsdaten genutzt wird.
2. Gut geeignet für hohe Dimensionalitäten.
3. Sehr gute und genaue Klassifikationsergebnisse durch die Übertragung der Datensätze in neue Dimensionen.

Nachteile von Stützvektormaschinen:

1. Bei großen Datensätzen zwar genaue Ergebnisse, allerdings äußerst lange Trainingszeiten.
2. Wenig effizient bei vielen Störfaktoren und überlappenden Klassen.
3. Schlechte Ergebnisqualität, wenn die Anzahl der Eigenschaften des neuen Objektes die Anzahl der Eigenschaften in den Trainingsdaten übersteigt
4. Komplizierte direkte Interpretierbarkeit der Gruppeneinteilung.

Anwendungen in der Praxis:

1. Textklassifikationsaufgaben wie Spamfilterung und Sentimentanalysen von Dokumenten.
2. Bilderkennung, z. B. ebenfalls in Form von Sentimentanalysen.

3. Handschrifterkennung, z. B. bei der automatischen Brief-
   sortierung.

K-Nächster Nachbar (KNN)

K-Nächster Nachbar (K Nearest Neighbors oder KNN) ist eines der einfachsten und effizientesten Lernverfahren im Bereich
des überwachten maschinellen Lernens und wurde als Methode
für die Mustererkennung in Daten entwickelt. Es kann sowohl für
Klassifikations- als auch für Regressionsaufgaben verwendet werden. Haupteinsatz in der Praxis ist die Klassifikation von Fällen
nach ihrer Ähnlichkeit mit anderen Fällen.

Bei KNN erfolgen keinerlei Annahmen über die zugrunde ge-
legte Datenverteilung, das heißt, die Modellstruktur ist bereits
aus den Daten heraus bestimmt. Das bedeutet, dass bei KNN im
Gegensatz zu allen bisher vorgestellten Lernverfahren kein Modell erstellt wird, sondern alle Trainingsdaten bei jeder Klassifikation geladen werden. Das kann in der Praxis sehr hilfreich
sein, denn die meisten Daten gehorchen in der Realität eben nur
bedingt den modellhaften Annahmen. KNN kann daher als gute Wahl angesehen werden, wenn wenig oder gar kein Vorwissen über die Datendistribution besteht. KNN wird auch oft als
»fauler« Algorithmus bezeichnet: Er benutzt keine Trainingsdaten, um Generalisierungen vorzunehmen, das heißt, es findet in
der Regel kein Training statt und es ist auch kein Expertenwissen notwendig.

Stattdessen basiert KNN auf Ähnlichkeiten von Merkmalen.
Der Algorithmus klassifiziert neue Datenpunkte in Abhängigkeit
davon, wie ihre Nachbarn (also Fälle, die nahe beieinanderliegen)
klassifiziert wurden. Dabei unterstellt KNN, dass Dinge, die sich
ähneln, nahe zusammenstehen, und berechnet unter dieser Annahme die Entfernung zwischen den einzelnen Datenpunkten.
Somit kann der Abstand zwischen zwei Fällen als Maß für ihre
Ähnlichkeit herangezogen werden. KNN ist erinnerungsbasiert,

da die Klassifikation der Nachbarn jeweils gespeichert werden muss.

Wenn dem KNN-Algorithmus ein neuer Fall vorgelegt wird, wird sein Abstand zu jedem einzelnen Fall im Modell berechnet. Danach werden die Klassifikationen der ähnlichsten Fälle – also der nächstgelegenen Nachbarn – ermittelt und der neue Fall wird in diejenige Kategorie eingeordnet, die die größte Anzahl nächstgelegener Nachbarn aufweist.

Als Beispiel wollen wir das Ausfallrisiko für Kreditnehmer bestimmen und haben dafür einen Datensatz mit den beiden Variablen »Einkommen« und »Alter«. Wir nehmen an, dass das Einkommen im Normalfall mit dem Alter steigt. Auf dieser Basis können wir jeden Datenpunkt in ein normales oder ein überdurchschnittliches Ausfallrisiko einsortieren. Damit können wir nun auch einen neuen Datensatz entsprechend einordnen: Wir berechnen den Abstand des neuen Datenpunktes zu jedem Datenpunkt in dem vorliegenden Datensatz und nehmen dann eine Sortierung nach der Größe des Abstandes vor.

Im nächsten Schritt muss K berechnet werden. K ist dabei ein Parameter, der sich auf die Anzahl der nächsten Nachbarn bezieht, welche in den Mehrheitswahlprozess einbezogen werden sollen: Wenn beispielsweise K 5 ist, wird ein Datenpunkt nach der Mehrheit der Eigenschaften der fünf nächsten Nachbarn klassifiziert. Da KNN auf Ähnlichkeiten der Eigenschaften basiert, ist die Auswahl der richtigen Nachbarn ein wichtiger Schritt für die Modellgenauigkeit. Dieser Prozess, das sogenannte Parameter-Tuning, wird in der Praxis häufig vereinfacht abgebildet, indem K die Quadratwurzel der Gesamtzahl der Datensätze ist. Des Weiteren ist es für die Auswahl von K wichtig, eine ungerade Zahl zu wählen, damit eine Pattsituation zwischen zwei Datenklassen vermieden wird. Wenn der Datensatz in unserem Beispiel 100 Fälle beinhaltet, wäre die Quadratwurzel 10, man würde aber $K = 11$ als nächsthöhere ungerade Zahl wählen (je höher K, desto besser). Im letzten Schritt würden dann nur noch Labels der 11 Datenpunkte mit dem geringsten Abstand zu unserem neuen Datenpunkt betrachtet werden und die Mehrheit der Eingruppierungen entspricht der Klassifikation des neuen Punktes.

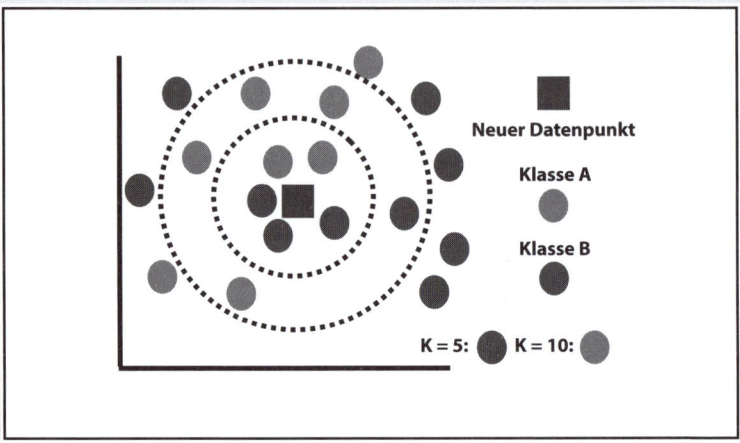

K-Nächster Nachbar

Da bei KNN der gesamte Datensatz gespeichert und auch mit allen Fällen gearbeitet wird, ist die Qualität und Konsistenz der Daten besonders wichtig. Von daher muss der Datensatz so oft wie möglich erneuert sowie möglichst von fehlerhaften oder fehlenden Daten und Ausreißern bereinigt werden.

Vorteile von K-Nächster Nachbar:

1. Einfach verständlich und interpretierbar.
2. Gute Ergebnisqualität, vor allem bei großen Datensätzen.
3. Vielseitig, das heißt sowohl für Regressions- als auch Klassifikationsprobleme einsetzbar.
4. Gute Eignung bei wenig Vorwissen über die Datendistribution.
5. Kein Training notwendig.

Nachteile von K-Nächster Nachbar:

1. Hohe Speicherkapazität und Rechenzeit durch Verwendung des ganzen Datensatzes notwendig (Anmerkung: bei sehr hoher Dimensionenzahl können zur Vermeidung von langen Rechenzeiten Algorithmen zur Dimensionsreduktion eingesetzt werden).
2. Anfällig für Störfaktoren.

Anwendungen in der Praxis:

1. Kreditbewertungen, z. B. ähneln die Eigenschaften einer Person mit einem Kreditantrag Kunden, die ihren Kredit nicht bedienen konnten.
2. Wahlprognosen in der Meinungsforschung.
3. Handschrift-, Bild- und Videoerkennung.

Naive Bayes

Der Naive-Bayes-Algorithmus zur Klassifikation eines Objektes basiert auf dem Satz von Bayes, der die Wahrscheinlichkeit für ein Ereignis im Lichte neu erworbener Informationen revidiert. Er verwandelt die A-priori-Wahrscheinlichkeit in eine A-posteriori-Wahrscheinlichkeit, wir sprechen hier von bedingten Wahrscheinlichkeiten.

Im Beispiel: Bei der Spam-Erkennung weiß der Algorithmus, dass ein bestimmtes häufig wiederkehrendes Wort, zum Beispiel »Kredit«, in Spam-Mails enthalten ist. Der Zustand »Spam« ist also hier der Ausgangspunkt. Nach dem Lernen muss der Algorithmus in der Lage sein, zu entscheiden, ob die vorliegende Mail, die das das Wort »Kredit« enthält, der Kategorie Spam zuzuordnen ist oder nicht. Damit wird der Zustand »Kredit« zum Ausgangspunkt der Analyse. Nun muss der Algorithmus die A-posteriori-Wahrscheinlichkeit berechnen, also die Wahrscheinlichkeit dafür, dass eine E-Mail der Kategorie Spam zuzuordnen ist, wenn darin das Wort »Kredit« vorkommt. Das Gleiche gilt für die Wahrscheinlichkeit dafür, dass eine Mail mit dem Wort »Kredit« kein Spam ist. Kurz: Wenn der Algorithmus das Wort »Kredit« liest, soll er die gelernte Wahrscheinlichkeit P (Kredit | Spam) unter Anwendung des Satzes von Bayes in die Wahrscheinlichkeit P (Spam | Kredit) verwandeln.

Hier kommen wir auf das Thema »naiv« zu sprechen, was sich hinlänglich am Beispiel der Sentimentanalyse verdeutlichen lässt. Eine E-Mail an ein Unternehmen beinhaltet etwa den Satz »Ich finde, die Behandlung ist eine Frechheit«. Der Algorithmus soll nun entscheiden, ob diese Mail von einem zufriedenen oder einem unzufriedenen Kunden stammt. Das Problem hierbei ist, dass die Entscheidung aufgrund eines ganz bestimmten Satzes getroffen werden muss. Wenn der Satz nicht in genau dieser Form, sondern etwa als »Eine Frechheit die Behandlung finde ich ist« (Yoda lässt grüßen) in den Trainingsdaten vorkommt, stößt die Spracherkennung an ihre Grenzen. Daher muss man an dieser Stelle gewissermaßen »naiv« annehmen, dass jedes Wort in einem Satz vollkommen unabhängig von den anderen Wörtern steht. So muss der Algorithmus nicht mehr nach ganzen Sätzen suchen, sondern nur noch nach einzelnen Wörtern. Die Reihenfolge der Wörter und die Satzstellung spielen dementsprechend keine Rolle mehr. In dem überaus realistischen Fall, dass zumindest die einzelnen Wörter (z. B. »Frechheit«) in den gelabelten Trainingsdaten vorkommen, kann man über Worthäufigkeiten für jedes Wort die Wahrscheinlichkeit berechnen, dass es in einen positiven oder negativen Kontext gehört. Diese »naive« Annahme sorgt also dafür, dass das Modell selbst bei wenigen oder falsch gelabelten Daten noch zuverlässig funktioniert.

Ein Naive-Bayes-Klassifikator überprüft also sukzessiv Wort für Wort, ob anhand dieses Wortes der Absender eher zufrieden oder unzufrieden ist. Zum Beispiel beginnt die Spracherkennung mit dem Wort »Ich« und führt folgenden Algorithmus durch: Wenn das Wort »Ich« vorkommt, wie hoch ist dann die Wahr-

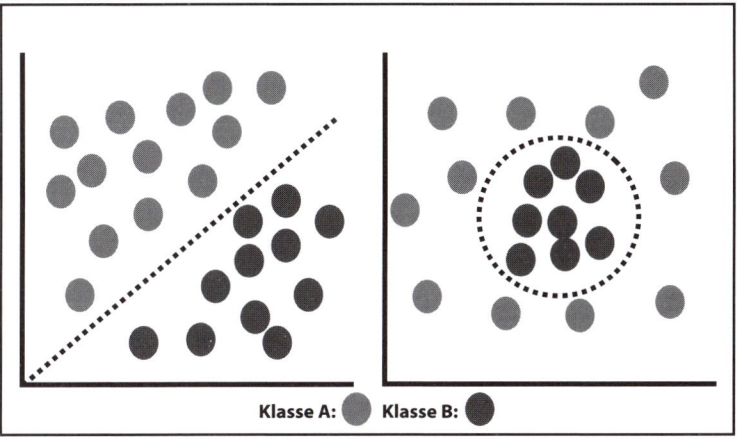

Klasse A: ⬤　Klasse B: ⬤

Naive Bayes

scheinlichkeit, dass der Mailschreiber ein unzufriedener Kunde ist? Diese Wahrscheinlichkeit berechnet der Algorithmus gemäß der Bayes-Regel aus der Wahrscheinlichkeit dafür, dass der Mailschreiber ein unzufriedener Kunde ist, wenn seine Mail das Wort »Ich« enthält und der Wahrscheinlichkeit dafür, dass ein Kunde unzufrieden ist (also anhand des Anteils von unzufriedenen Kunden). Im nächsten Schritt nimmt der Algorithmus das Wort »finde« und wiederholt den Vorgang, wobei nun die Bedingung wie folgt lautet: Wenn »Ich« UND »finde« vorkommt, wie hoch ist dann die Wahrscheinlichkeit, dass der Mailschreiber ein unzufriedener Kunde ist? Dieser Vorgang wird so lange wiederholt, bis am Ende die Klassifikation des gesamten Satzes vorgenommen werden kann.

Vorteile von Naive Bayes:

1. Einfach verständlich, schnell anwendbar und gut interpretierbar.
2. Auch mit wenigen Trainingsdaten und vielen unterschiedlichen Attributen in den Daten einfach anwendbar (Anmerkung: Es können bereits gute Ergebnisse erzielt werden, wenn

beispielsweise bei E-Mails nur zehn Wörter zur Klassifikation herangezogen werden, d. h. jeweils die fünf mit der höchsten Wahrscheinlichkeit in einer Spam- bzw. Nicht-Spam-E-Mail).

Nachteil von Naive Bayes:

Annahme der bedingten Unabhängigkeit zwischen den einzelnen Klassen (Anmerkung: In der Realität bestehen aber meist Abhängigkeiten zwischen den einzelnen Variablen, so werden z. B. die Wörter Eisbär und Nordpol oft in einem Zusammenhang auftreten – dieses Problem kann in der Praxis durch die Erweiterung des Klassifikators um einen Entscheidungsbaum zwischen den Attributen behoben werden).

Anwendungen in der Praxis:

1. Sentimentanalyse, z. B. bei Facebook zur Einteilung von Statusupdates bei Profilen nach positiven oder negative Emotionen.
2. Dokumentenkategorisierung, z. B. bei Google Search für die Indizierung von Dokumenten und die Erstellung relevanter Rankings (PageRank).
3. natürliche Spracherkennung, z. B. bei Google Mail (Spamfilterung).

Wir haben uns bei der Erläuterung der Lernformen natürlich auf die wichtigsten Lernverfahren eingeschränkt, die heute im Einsatz sind. Zuvor hatten wir bereits das große Ganze aufgezeigt, mit der Unterscheidung zwischen überwachtem und unüberwachtem Lernen, bestärkendem Lernen und Transferlernen sowie Deep Learning. Gerade Letzteres sorgt aktuell für viel Aufmerksamkeit, jedoch darf die Medienpräsenz des Themas nicht darüber hinwegtäuschen, dass die breiten Einsatzfelder von KI momentan eben noch woanders zu finden sind. Deep Learning wird zwar spektakulär in prominenten Use Cases von hochspezialisierten Unternehmen wie der Google-Tochter DeepMind eingesetzt,

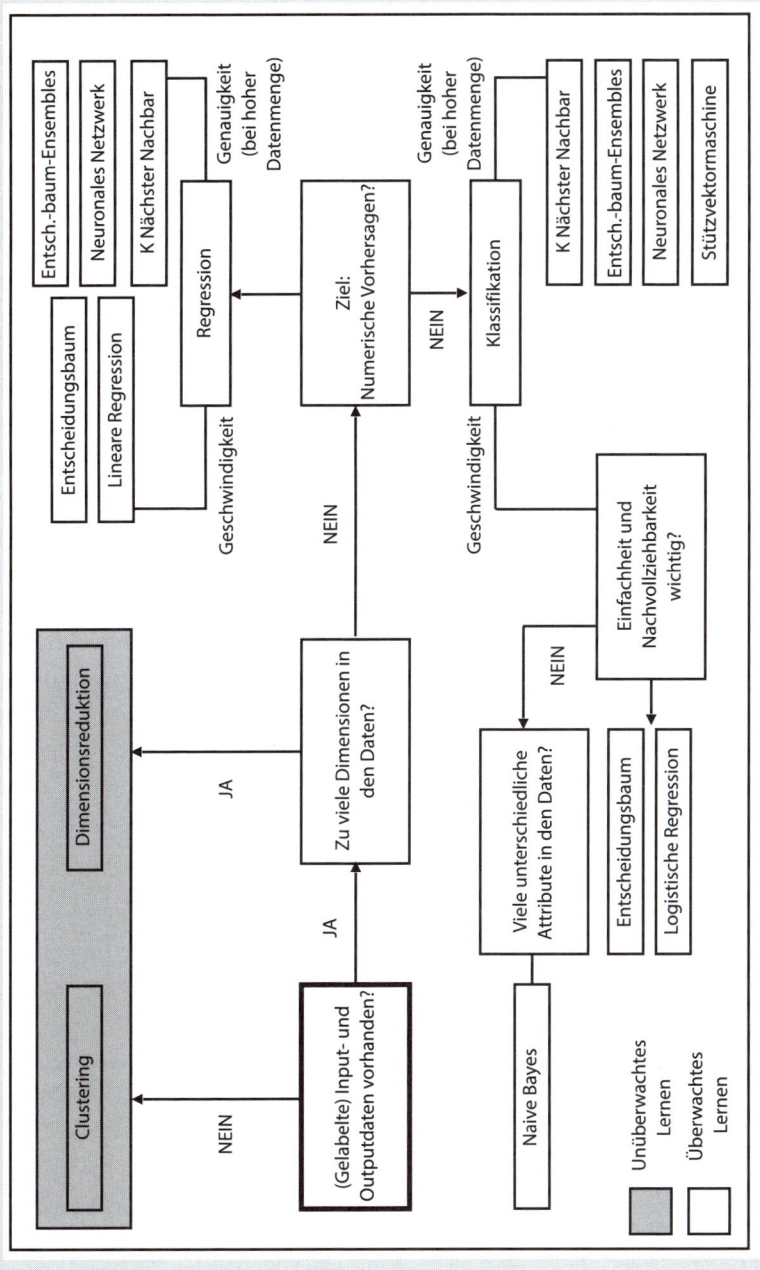

Algorithmen Cheat Sheet (überwachtes Lernen)

für die alltagstaugliche Anwendung in der Wirtschaft fehlt aber meist noch die Expertise, Rechnerleistung und die erforderliche Datenmenge.

Das Algorithmen Cheat Sheet soll Ihnen über das bereits Gesagte hinaus als kleiner Spickzettel für die Auswahl eines geeigneten Lernverfahrens dienen. Das erste zentrale Entscheidungskriterium über das Vorgehen stellt zunächst die Art der verfügbaren Daten dar (gekennzeichnet/ungekennzeichnet, Anzahl und Relevanz der Dimensionen). Möglicherweise ist es in Abhängigkeit dessen sinnvoll, auf überwachtes statt auf unüberwachtes Lernen zu setzen, zum Beispiel, wenn die Eingabedaten in ungekennzeichneter Form vorliegen. Für das unüberwachte Lernen gibt es im Wesentlichen zwei zentrale Lernaufgaben, nämlich das Clustering, das eine unüberwachte Klassifikationsmethode darstellt, und die Dimensionsreduktion, die dazu verwendet wird, umfangreiche Datensätze zu strukturieren, zu vereinfachen und zu veranschaulichen. Beim überwachten Lernen können je nach Zielsetzung Regressionen oder Klassifikationen zum Einsatz kommen. Die weitere Entscheidung über die Wahl der soeben vorgestellten konkreten Lernverfahren wird in der Abbildung nur verkürzt anhand der relevantesten Entscheidungskriterien, nämlich Genauigkeit und Nachvollziehbarkeit der Ergebnisse sowie Geschwindigkeit von Erstellung und Training der Modelle, vorgenommen.

Was geht? – KI im kommerziellen Einsatz

Auf den folgenden Seiten wollen wir ganz pragmatisch in die Welt der Praxisanwendungen eintauchen und Ihnen konkrete Anregungen für die Implementierung von KI in Ihrem Unternehmen geben. Was kann Kollege KI aktuell schon und mit welchen Einsatzszenarien könnten Sie bereits morgen loslegen, um sowohl Ihre Unternehmensprozesse zu optimieren als auch die Bedürfnisse Ihrer Kunden besser zu befriedigen?

Die meisten im Anschluss vorgestellten Use Cases stammen aus dem Bereich des überwachten maschinellen Lernens und verwenden daher im Kern die Algorithmen, die Sie bereits aus dem vorherigen Kapitel kennen. Einige andere Einsatzbeispiele für unüberwachtes oder bestärkendes Lernen wollen wir Ihnen natürlich dennoch nicht vorenthalten.

Smartphones: KI für die Hosentasche

Allabendlich sagt Ihnen Ihr Smartphone beim Einsteigen ins Auto die Fahrtzeit nach Hause. Es weiß, welchen Weg Sie täglich zurücklegen und wie lange es bei der aktuellen Verkehrslage dauern wird. Jeden Tag? Nein, nicht jeden. Ihr Smartphone hat nämlich gelernt, dass Sie jeden Freitag nach der Arbeit nicht nach Hause fahren, sondern zu einem Freund, um danach gemeinsam feiern zu gehen: »Fahrtzeit zu Alex: 13 Minuten.« Wer so eine Meldung zum ersten Mal liest, bekommt vor Augen geführt, was unser Smartphone alles über uns weiß.

Ein handelsübliches Gerät ist vollgepackt mit KI, meistens ohne dass wir sie als solche wahrnehmen. Sicher haben Sie sich schon einmal über automatisierte Textbausteine geärgert, insbesondere dann, wenn Sie ein Wort einmal falsch geschrieben haben und das System Ihnen jetzt immer die falsche Variante vorschlägt. Aber auch Sprachsteuerung, Spamfilter, Navigation – all diese Anwendungen machen Ihr Handy erst im wahrsten Sinne des Wortes smart. iPhones der aktuellen Generation erkennen ihre Besitzer beim Entsperren über Algorithmen zur Bilderkennung (FaceID). Auch im Bereich Handykamera ermöglicht KI bisher unbekannte Bildqualitäten: Mit einem Klick auf den Auslöser werden mehrere Bilder gespeichert und zu einem neuen Superbild zusammengesetzt. Google schafft es damit sogar, Zoombilder in bisher unbekannter Schärfe zu ermöglichen. Zunehmend setzen die Hersteller von Smartphones auf NPU-Einheiten (neural processing units), spezielle Chips also, auf denen die KI-Anwendungen auch ohne Internetverbindung direkt auf dem Smartphone laufen.

Online-Werbung: Klick oder kein Klick?

Das Ziel von Werbeanzeigen auf einer Webseite ist ein klickender Nutzer. Kreative zerbrechen sich den Kopf, worauf die Menschen am ehesten klicken, mithilfe von A/B-Tests lassen sich unterschiedliche Varianten auf ihren Erfolg hin überprüfen, zum Beispiel, wo ein Produkt in einer Anzeige platziert sein sollte, um den optimalen Erfolg zu erzielen. Oder auch, wo das kleine Kreuz zum Schließen der Anzeige am besten versteckt wird. Solange jede Änderung von Hand durchgeführt werden muss, sind den Tests jedoch gewisse Grenzen gesetzt. Mit KI kann dieser Prozess sowie die entsprechende Optimierung der Anzeigen automatisiert erfolgen.

Auch im Bereich der Suchmaschinenwerbung (SEA) ist KI im Einsatz, allen voran natürlich bei Google. Sucht ein Nutzer nach einem bestimmten Produkt, löst dies eine automatisch ablaufende Auktion sämtlicher Werbetreibender (also der Produktanbieter) aus, die auf diesen Begriff bieten (die maximale Zahlungsbereitschaft ist jeweils hinterlegt). Die Gebote mussten vor der Einführung des sogenannten Smart Bidding laufend von SEA-Experten nach bestimmten Kriterien wie zum Beispiel der Höhe der konkurrierenden Gebote meist sehr kurzfristig angepasst werden. Mithilfe von KI wurde dieser Prozess, der jeden Tag viel

Zeit in Anspruch genommen hatte, automatisiert: Aus verschiedenen Faktoren berechnet der Google-Algorithmus jetzt die Wahrscheinlichkeit, dass es zur sogenannten Conversion kommt, damit ist ein Klick, ein Kauf, eine Dateneingabe etc. durch den mit der Werbung angesprochenen Nutzer gemeint. Solche Faktoren können zum Beispiel sein: Gerät, Standort, Wochentag, Uhrzeit, Browser, Alter, Geschlecht, Suchanfrage. In diesem Detailgrad sind die Informationen für den Werbetreibenden nicht verfügbar, sie liegen jedoch Google vor. Der Anzeigenkunde kann sich beim Smart Bidding nun für eine Strategie entscheiden und Prioritäten setzen, etwa eine möglichst hohe Zahl von Klicks, die Position auf der Suchseite, die Conversion, die Kosten oder vielleicht das unbedingte Ziel, immer vor den Anzeigen der Konkurrenz platziert zu sein.

Handel: KI-Shopping-Queen

Das Prinzip von automatisierten Empfehlungen auf Basis des früheren Nutzungsverhaltens kennen wir bereits von Netflix, es funktioniert natürlich ebenso bei Produktempfehlungen. Haben Sie schon öfter Turnschuhe von Adidas bestellt? Der Onlineschuhversand Ihres Vertrauens geht davon aus, dass Sie das nun gerne regelmäßig tun möchten, und versorgt Sie mit entsprechenden Mails oder begrüßt Sie auf der Startseite mit einschlägigen Angeboten. Trick durchschaut – aber ganz unerfolgreich ist diese Strategie nicht, das kennen Sie vermutlich aus eigener Erfahrung. Wir haben das Gefühl, genau die Produkte für unseren Stil angezeigt zu bekommen, fühlen uns verstanden und … kaufen. Sicher nicht jedes Mal, aber oft genug. Das Prinzip kennen Sie bereits von unseren Ausführungen zu Amazon, aber natürlich holen auch Handelsunternehmen beim Thema KI mächtig auf. Was den stationären Handel betrifft, ist Amazon nicht das einzige Handelsunternehmen, das mit KI-unterstützten Ladenkonzepten punkten möchte. Die US-Supermarktkette Kroger hat mit Microsoft eine digitale Plattform gegründet, um alle Läden künftig mit Kameras, Sensoren und smarten Regalen zu bestücken. Sämtliche Kundendaten werden aus der Cloud übermittelt, Wunschprodukte können angezeigt, Preise individuell angepasst und das Kaufverhalten in Echtzeit getrackt werden. Kassen sind wie bei Amazon Go natürlich nicht mehr vorgesehen.

Zalando ist ein Beispiel für einen Onlinehändler, der die Chancen von KI strategisch umsetzt. Im März 2018 äußerte sich Moritz Hahn, Senior Vice President of Supply and Demand, zu den Plänen. In Bezug auf den Shop biete Zalando den 23 Millionen unterschiedlichen Kunden in Europa durch personalisierte Angebote auch 23 Millionen unterschiedliche Zalandos. Ein entsprechendes Vorgehen müsse auch für das gesamte Marketing gelten. In anderen Worten: Hahn spricht von einer Neuausrichtung mit entsprechenden Folgen – bis zu 250 Mitarbeiter mussten sich einen neuen Job suchen, neu angestellt wurden hingegen Entwickler und Datenanalysten. Früher durch Personen durchgeführte operative Tätigkeiten wie der Versand von Werbemails werden zunehmend von Algorithmen übernommen.

KI als Personal Shopper: Auch dieses Konzept wird bei Zalando mithilfe des Algorithmic Fashion Companion verfolgt. Auf Basis der Einkaufshistorie (bestellte und behaltene Waren) erstellt der Algorithmus Style-Empfehlungen. Die Entwickler haben ihn auf Basis von mehr als 200.000 Outfits trainiert, er kann Kleidungsstücke erkennen und sie neu kombinieren. Hier können Artikel berücksichtigt werden, die die Kunden bereits besitzen oder die auf ihrer Wunschliste stehen. Im Vergleich mit echten Stylisten erreichten die durch KI zusammengestellten Outfits im Test von den Kunden ähnlich gute Bewertungen (jeweils rund 50 Prozent der Kundenmeinungen), dafür aber weniger schlechte Bewertungen als bei den Vorschlägen der Stylisten. Das Unternehmen hofft, auf diese Art die Anzahl der Bestellungen steigern zu können, und dies bei gleichzeitig geringerer Retourenquote, der Achillesferse des Onlinehandels.

Eine weitere wichtige Einsatzmöglichkeit von KI im Handel ist der bereits bei unserem Amazon-Beispiel vorgestellte Bereich Predictive Logistics, also das Antizipieren eines Kaufes sowie dessen Bereitstellung zum Versand, bevor der Kunde überhaupt auf den Bestellbutton geklickt hat. Eine zusätzliche Möglichkeit, enorme Kosten im Handel zu vermeiden, ist die mithilfe der KI-gestützten Dokumentenanalyse durchgeführte Erkennung von betrügerischen Bestellungen oder Zahlungsvorgängen (Fraud Detection). Durch den Einsatz von KI können von Betrügern bestellte Pakete noch in den Depots oder künftig sogar noch kurz vor der Haustür gestoppt werden. Des Weiteren kann auch die Lagerlogistik über KI-gesteuerte Platzierung der Waren deutlich optimiert werden. Artikel werden nicht mehr nach festen Kategorien gelagert, sondern nach einer auf den ersten Blick für den Menschen nicht nachvollziehbaren Logik geclustert, nämlich nach der größten Wahrscheinlichkeit, zusammen bestellt zu werden.

Sentimentanalyse: Läuft bei dir?

Woran erkennen wir, welche Stimmung eine Person hat? Auf jedem Kommunikationsweg gibt es verschiedene Indikatoren, sei es im Schreibstil und bei der Wortwahl, in der Stimmlage oder durch einen Blick ins Gesicht. Mithilfe von Sentimentanalysen erheben Algorithmen ein Stimmungsbild von Nutzern, Kunden oder Gesprächspartnern und sind damit ein wichtiges Marketingtool. Hier gibt es verschiedene Einsatzszenarien. Ganz allgemein kann die Stimmung aus einem Text heraus erkannt werden. Unter den Begriff Social Listening fällt die Analyse, ob eine Marke, ein Produkt oder eine Person im Internet und den sozialen Netzen positiv oder negativ bewertet wird. Über den Einsatz von Sentimentanalysen auf unterschiedlichen Social-Media-Kanälen kann somit beispielsweise das aktuelle Stimmungsbild über eine Marke oder ein Unternehmen nahezu in Echtzeit getrackt werden. Das hilft in Zeiten von Shitstorm und Co. bei der schnellen Reaktion auf potenzielle Krisenherde.

Auch bei Marketinginstrumenten, die bisher formal wenig messbar waren, ist eine Sentimentanalyse hilfreich, zum Beispiel bei einem telefonischen Verkaufsgespräch. In Textdokumenten kann die KI anhand der Wortwahl und des Schreibstils ebenfalls entsprechende Schlussfolgerungen über die Kundenzufriedenheit ziehen. Der Algorithmus entscheidet dann, ob eine Anfrage schnell (bei Kundenbeschwerden) oder in normaler Geschwindigkeit beantwortet werden muss. Bei Sentimentanalysen ist wichtig, dass die KI auch den Kontext sowie die Untertöne wie Sarkasmus und Ironie korrekt interpretiert. Ein Satz, der den Kundenservice eines Unternehmens mit »Das hat ja mal wieder ganz großartig funktioniert« beschreibt, ist nicht unbedingt Anlass zur Freude.

Auch an der Börse spielen Sentimentanalysen eine Rolle: Die Stimmung unter den Anlegern kann als Indikator für die weitere Marktentwicklung gesehen werden. Die Schweizer Onlinebank Swissquote analysiert in den sozialen Medien die Meinungen zum deutschen Aktienindex mithilfe von Natural-Language-Processing. Die Ergebnisse liefern den Anlegern Hinweise auf die Marktbewegungen und ermöglichen entsprechende Anpassungen der eigenen Positionen.

Ein kleiner Exkurs: Schon lange gibt es sogenannte Tradingalgorithmen, die Kauf- oder Verkaufsentscheidungen treffen. Mit Blick auf die Komplexität der Aktienmärkte und ihre Datenvielfalt bieten sie einerseits ein großes Potenzial für KI, andererseits sind manche Verhaltensweisen der Akteure nicht immer ganz vorhersehbar und somit auch für den Algorithmus schwer zu deuten, wie Hirnforscher John-Dylan Haynes Anfang 2019 im Interview mit dem *Handelsblatt* erklärt. Manch ein Fehler liegt auch im System: Treffen etwa viele Tradingalgorithmen gleichzeitig die Entscheidung, eine bestimmte Aktie abzustoßen, kommt es zu einer Kettenreaktion und einem Kurssturz, der nur durch die gemeinsam vordefinierte Schwelle zum Verkauf begründet ist. Noch einen Schritt weiter geht der Anbieter EquBot. Seit Oktober 2017 ist der KI-gesteuerte ETF *AI Powered Equity Fund* verfügbar. Er basiert auf IBM Watson und agiert wie ein menschlicher Investmentmanager, jedoch auf Basis einer deutlich umfassenderen Informationsfülle, die für einen Menschen in dieser Form nicht erfassbar wäre.

Werden also künftig alle durch KI reich an der Börse? Nicht ganz! Denn wenn alle die gleichen Algorithmen einsetzen, um die Börsenentwicklung vorherzusagen, könnte sich das Vorgehen als wenig lukrativ erweisen, da an der Börse meist nur diejenigen erfolgreich sind, die gegen den allgemeinen Trend wetten.

Der Chatbot als Kundenberater

Chatbots sind Allzweckwaffen im Kundenkontakt und relativ flächendeckend bekannt. Mit einem Chatbot ist Ihr Unternehmen auf allen digitalen Kanälen rund um die Uhr ansprechbar. Dabei ist jedoch wichtig, an alle Aspekte zu denken, wie folgendes Beispiel zeigt: Die Outdoor-Bekleidungsmarke The North Face veröffentlichte 2016 eine App mit IBM Watson, nachdem ein entsprechender Assistent bereits 2015 auf der Webseite im Einsatz war und sowohl eine hohe Konversionsrate als auch eine erhöhte Kundenzufriedenheit erreichte. Ziel war es, aus der schier unübersichtlichen Menge an Jacken (in einem Artikel von einem Studenten der Harvard Business School, der den Fall untersuchte, ist von 350 die Rede) und weiterer Kleidungsstücken die Auswahl auf genau die Funktionalitäten zuzuschneiden, die der Kunde wünscht. Also, lieber Kunde, wo und wann willst du die Jacke tragen? Ich reise nach Norwegen, in die Nähe von Trondheim. Im März. Ok, wir brauchen also eine Jacke für Temperaturen unter null Grad, aber noch keine Ausrüstung für arktische Verhältnisse. Aber wasserdicht sollte sie sein, im März sind dort viele Regentage zu erwarten. Dann noch Geschlecht und Größe angeben und schließlich erwartet den Kunden eine Auswahl relevanter Jacken. Die KI hat Daten zu sämtlichen Produkteigenschaften und kann für die jeweilige Situation die optimale Auswahl zusammenstellen. Soweit die Theorie. Ein studentischer Testnutzer hingegen bekam eine Jacke empfohlen, die nicht vorrätig war, bei einem weiteren Versuch war die Jacke nicht in seiner Größe verfügbar. In diesem Fall ist anzunehmen, dass bei der Modellerstellung nicht alle relevanten Eigenschaften berücksichtigt wurden, also in diesem Fall der Lagerzustand der passenden Jacke. Genau das sollte natürlich nicht passieren, kommt aber aktuell noch häufig vor.

Auch im Banken- und Versicherungsgeschäft sowie in zahlreichen weiteren Branchen können Chatbots einen Teil der Kundenkommunikation übernehmen. Kurz: überall dort, wo relativ standardisierte Vorgänge effizient abgewickelt werden sollen. Und der Mensch? Was ist mit den vielen Kundenberatern, die tagein, tagaus momentan ihrer Arbeit nachgehen? Langfristig wird es weniger von ihnen geben. Aber abschreiben dürfen wir sie nicht: Wer diesen Job liebt und begeistert ausführt, kann mit Kollege KI als Team gewinnen. Wer schlecht gelaunt die Kundenanfragen herunterreißt, wird ein Problem bekommen, denn zumindest freundlich sind die Chatbots auch heute schon allemal.

Die vernetzte Kuh: KI in der Nutztierhaltung

Nicht nur japanische Gurkenbauern haben manchmal ihre liebe Not mit den Auswüchsen der Natur. Für Landwirte mit Viehhaltung im großen Stil ist es nicht einfach, den Überblick über Hunderte von Tieren zu behalten. Sind alle Kühe gesund, waren sie an der Melkmaschine, und wann sind die Damen eigentlich bereit für den Stier? Intelligente Chips am Halsband, am Ohr oder im Magen behalten hier den Überblick. Die Kühe lassen sich orten, ihre Laufwege und Besuche beim Melkroboter und ihr Fress- und Schlafverhalten werden aufgezeichnet, ebenso die Anzeichen für Paarungsbereitschaft. Erkennt die KI Auffälligkeiten, bekommt der Bauer eine Info und kann gezielt eingreifen. Unternehmen wie Smartbow (2018 übernommen vom US-Unternehmen Zoetis, ein

Teil des Pfizer-Konzerns) oder InnoCow haben hier Lösungen auf den Markt gebracht, die sich auch für andere Bereiche der Nutztierhaltung eignen.

In China hat Alibaba eine KI entwickelt, die trächtige Säue erkennen kann. Ein erfahrener Bauer braucht rund 21 Tage, um zu erkennen, ob die Paarung gelungen ist. Die KI schafft es innerhalb von nur drei Tagen, an denen sie mithilfe einer abgewandelten Gesichtserkennung das Verhalten der Tiere, ihr Erscheinungsbild und ihr Fressverhalten analysiert. Das Marktpotenzial ist enorm: In China leben rund 700 Millionen Schweine, das ist ungefähr die Hälfte des weltweiten Bestandes.

Klickst du noch oder sprichst du schon?

Haben Sie auch ein »Bitte keine Werbung«-Schild an Ihrem Briefkasten? Einen Adblocker installiert? Selbst wenn das der Fall ist, können Sie den Werbebotschaften im Fernsehen, in Zeitungen und Zeitschriften, im Kino, Radio oder auf Plakaten noch nicht vollständig entkommen. Medienkonsum und Werbung waren schon immer eine schlagkräftige Kombination. Aus der ersten Phase der Digitalisierung ist ein boomendes E-Commerce-Geschäft entstanden. Im Idealfall sieht der Kunde online eine Werbung, klickt – und kauft.

Künftig könnte sich hier ein neues Trägermedium etablieren. Dass Sprachassistenten wie Alexa eine zentrale Rolle im KI-Ökosystem der Konsumenten einnehmen, ist durch die bisherigen Ausführungen bereits deutlich geworden. Wenn wir vielleicht irgendwann mit unserem Kühlschrank die Einkaufsliste durchgehen und im wahrsten Sinne des Wortes im gleichen Atemzug die notwendigen Waren bestellen, stellt sich die Frage: Könnte man da nicht auch gleich noch Sonderangebote einspielen? Und überhaupt: Wenn wir immer mehr Kontakt mit virtuellen Assistenten haben, ist es nicht nur für Medienunternehmen von Relevanz, wie sie ihren Content hierfür kompatibel machen, sondern auch für Werbetreibende und Werbeagenturen?

Radioanbieter sind quasi natürliche Partner für Sprachassistenten, sie können aus ihrem Kerngeschäft bereits »in Ton« denken und ihr Programm mithilfe von Skills (das Äquivalent von Apps) an den Hörer bringen. Der Bayerische Rundfunk beispielsweise ist hier mit verschiedenen Programmen und Angeboten am Start, von Nachrichten über Liederkennung und Talk-Formate bis hin zu Gutenachtgeschichten.

Amazon, welches sich seit Kurzem konsequent auch als Anbieter für Werbung positioniert, rüstet gerade beim Thema Spracherkennung auf. 2018 bekam das Unternehmen ein Patent zur Erkennung körperlicher und seelischer Zustände mithilfe KI-gestützter Stimmanalyse zugesprochen. Husten, Schniefen, Weinen, Langeweile: Abweichungen vom Normalzustand können erkannt und automatisch entsprechende Hilfsangebote von Unternehmen (also Werbung) ausgespielt werden. Wer sich demnach ständig räuspert und schnieft, könnte von Alexa künftig mit Werbung für Hustenbonbons oder Taschentücher und sofortiger Bestelloption beglückt werden. Diese Form der intelligenten Audiowerbung eröffnet einen völlig neuen Werbemarkt.

Money, Money, Money: Risikobewertung und Betrug bei Banken und Versicherungen

Wird ein Kreditnehmer in der Lage sein, den Kredit auch wieder vollständig zurückzuzahlen? Diese Frage ist Alltag im Bankgeschäft und gerade bei Neukunden schwierig zu beantworten. Das Fintech AdviceRobo hat für diesen Fall ein KI-basiertes psychografisches Bonitätssystem entwickelt. Abgefragt werden etwa Ausgabegewohnheiten, aber auch Aspekte wie konzeptionelles Denken. Am Ende kommt ein Wert heraus, der den Finanzinstituten bei der Einschätzung hilft: Risiken werden so im Vorfeld erkannt. Partner Microsoft berichtet von positiveren Entscheidungen bei gleichzeitig stärkerer Planungssicherheit für die beteiligten Banken.

»Banks have become rich in data, yet poor in insight«[20], so die Analyse von Microsoft in einem Whitepaper zur Branche. Zwar haben Banken über Jahrzehnte eine riesige Menge an Daten über ihre Kunden angesammelt, diese liegen aber oftmals in Silos, um genau einer Funktion zu dienen, und werden nicht miteinander verknüpft. Jochen Papenbrock, FinTech-Experte und CEO von Firamis, einem Anbieter von B2B-Software zur KI-gestützten Analyse von Finanzdaten, sieht insbesondere im Risikomanagement und der Aufdeckung beziehungsweise Vorbeugung von Betrugsversuchen (Fraud Detection/Fraud Prevention) enormes Potenzial. Auf diese Weise können etwa Anomalien im Zahlungsverkehr von Großbanken identifiziert werden, die auf kriminelle Aktivitäten hinweisen.

Betrug ist auch in der Versicherungswirtschaft ein großes Thema. Rund fünf Milliarden Euro jährlich kosten solche Fälle, so Daten des deutschen Branchenverbandes. Eine ganze Stange Geld, zumal die Kosten nicht nur die Versicherungsunternehmen selbst betreffen, sondern auch die ehrlichen Kunden, auf deren Beiträge die Kosten der Betrugsfälle auch umgelegt werden. KI kann hier in zweierlei Hinsicht eingesetzt werden, wie Mirjam Hecking im *Manager Magazin* analysiert. Zum einen sind die Prozessvorgänge bei der Schadensabwicklung überaus gut automatisierbar, dadurch werden Zeit und Kosten gespart. Neben den klassischen Versicherungsunternehmen haben sich InsurTechs auf dem Markt etabliert, die mit einer besonders schnellen und unkomplizierten Abwicklung werben und bis zu einem bestimmten Betrag den Schaden sofort begleichen. Das jedoch, so Hecking, öffnet natürlich beispielsweise auch das Tor für Trittbrettfahrer bei Naturkatastrophen und professionelle Fälschungsfabriken für Schadensfälle unter der Betragsgrenze. Während Sachbearbeiter solche Betrugsfälle früher kaum oder nur sehr schwer entdeckt haben, können mithilfe von KI Muster und Anomalien in den Schadensmeldungen erkannt werden.

Matchmaker KI

Es muss eben einfach passen mit dem Partner – was sich salopp sagt, gestaltet sich bei der praktischen Umsetzung nicht immer ganz einfach. Ja, wann passt es denn? Eine Antwort haben zumindest viele Partnervermittlungsplattformen. Per Algorithmus lassen sich die Wunschvorstellungen für den oder die Traumpartner/in matchen, vorgeschlagen werden dann die Personen, bei denen die Wahrscheinlichkeit für eine glückliche Zukunft am größten ist.

Das Auswahlprinzip anhand bestimmter Kriterien ist natürlich nicht nur bei der privaten Partnerschaft relevant, sondern auch bei der Suche nach neuen Mitarbeitern. In Kapitel 3 haben wir bereits über den fehlgeschlagenen KI-gestützten Bewerbungsprozess bei Amazon gesprochen. Verzerrte Trainingsdaten führen zu verzerrten Ergebnissen. Die Vorauswahl geeigneter Bewerber durch den Menschen ist jedoch natürlich oftmals auch nicht vorurteilslos. Gerade in Deutschland werden immer wieder Forderungen laut, Lebensläufe ohne Foto, Geschlecht, Familienstand und Angabe der Nationalität stärker zu etablieren, um Diskriminierung zu vermeiden. Frau im gebärfähigen Alter? Migrationshintergrund? Möglicherweise das Aus bei manchen Unternehmen. KI könnte nun – wenn es gewollt ist – solche Aspekte bei der Selektion ausblenden. Oder gezielt filtern, denn KI bedeutet nicht zwingend Chancengleichheit. Wie gesagt: Alles eine Sache des Modells und für jeden Zweck einsetzbar. Um dem Problem der oft verzerrten Trainingsdaten entgegen zu wirken, stellt zum Beispiel IBM Forschungseinrichtungen und Unternehmen einen durch die Einbeziehung von zusätzlichen Meta-Daten ausgewogeneren Datensatz zur Verfügung (»Diversity in Faces«), der die Entwicklung einer genaueren und faireren Gesichtserkennung erleichtern soll.

Eine große Hilfestellung für Recruiter ist in jedem Fall das Auffinden von potenziellen neuen Mitarbeitern. Statt auf die Bewerbungen zu warten, kann KI anhand definierter Eigenschaften etwa soziale Netzwerke wie LinkedIn nach geeigneten Kandidaten durchsuchen, die das Unternehmen proaktiv kontaktieren kann. Natürlich gilt auch hier: Die Kriterien werden selbst festgelegt und sind damit nicht zwingend neutral. Auch im Bewerbungsprozess selbst kann KI gewinnbringend von der Personalabteilung eingesetzt werden, etwa durch automatisierte Rückmeldungen an den Kandidaten, an welchem Punkt im Prozess er sich gerade befindet und wann er mit der nächsten Information zu rechnen hat. Moment, könnte man jetzt einhaken, hier fehlt doch der zwischenmenschliche Faktor! Der jedoch ist in diesem Augenblick gar nicht so entscheidend. Wie oft hängen Bewerber in der Luft, weil sie auf eine Rückmeldung der Personalabteilung warten, aber nicht sicher sind, ob eine Rückfrage bereits angemessen ist oder möglicherweise negativ aufgefasst wird? Wenn Routinetätigkeiten wie das Schreiben von Statusmails durch automatisierte Prozesse ersetzt werden, bleibt den Menschen mehr Zeit für die wirklich wichtigen »menschlichen« Themen, nämlich die direkten Gespräche, bei denen es darum geht, ob der Kandidat wirklich gut in das Unternehmen passt.

Ein anderes Spielfeld – im wahrsten Sinne des Wortes: der Fußballplatz. Im Scouting, also der Suche nach neuen Talenten, lassen sich per KI passende Kandidaten identifizieren, auf die man mit herkömmlichen Methoden möglicherweise kaum gekommen wäre. Werder Bremen etwa hat seinen tschechischen Torwart Jiří Pavlenka mittels einer KI-gestützten Analyse der Firma Just Add AI (JAAI) gefunden. Waren bisher vor allem Erfahrung und Intuition ausschlaggebende Kriterien, kann die KI Daten aus unterschiedlichen Quellen zusammenziehen und analysieren. Die Lösung JAAI Scout nutzt dazu etwa verschiedene Anwendungen von IBM Watson zur Auswertung von Scouting Reports, zur Erstellung von Persönlichkeitsprofilen und zur Zusammenstellung relevanter Daten aus den sozialen Netzen. Künftig sollen auch Marktwert und Entwicklungspotenzial von Spielern vorhergesagt werden. Dem ging natürlich wie immer ein Lernprozess voraus: Die Berichte der menschlichen Talentsucher etwa lagen in unstrukturierter Form vor und waren im typischen Fußballerjargon verfasst. JAAI-Gründer Roland Becker berichtete dazu auf gruenderszene.de, ein Scout schreibe nicht »Der Spieler hat einen guten ersten Ballkontakt«, sondern »guter Erster«. Das muss die KI erkennen und der Kategorie »technisch gut« zuweisen. Der Lernprozess gestaltete sich durchaus anspruchsvoll, am Ende aber erfolgreich.

Ablösen kann die Talentscout-KI die menschlichen Scouts nicht, die Beobachtung der Spieler live auf dem Spielfeld und der persönliche Eindruck sind ebenfalls entscheidend. Der erste Schritt jedoch (bekanntlich bei jeder Partnersuche der schwerste) kann durch KI allerdings enorm erleichtert werden. Ist die sprichwörtliche Nadel im Heuhaufen dann identifiziert und in der richtigen Preisklasse des Vereins, übernimmt der Mensch. In den USA ist ein KI-gestütztes Scouting etwa beim Baseball oder Football bereits etabliert.

Einen weiteren Schritt in diese Richtung stellt die Videodatenanalyse dar. Sporttotal.tv, eine Streamingplattform für den Amateursport (Fußball, Volleyball, Feldhockey, Eishockey und Basketball), gab im Januar 2019 die Kooperation mit Google Cloud bekannt. Ziel sei es, so die Pressemitteilung, automatisiert Highlights oder gelbe Karten zu identifizieren oder Spielzüge beispielsweise einzelner Spieler zu analysieren. Daten aus letzterer Analyse können dann in Scoutingprofile einfließen. Spannend an der Lösung ist die komplette Automatisierung, denn die Streams werden von eigener Videotechnik ohne Kameramann gefilmt. Gerade in kleineren Sportarten wie Feldhockey fehlt oft das Interesse von professionellen Bewegtbildanbietern. Die Kapazitäten für das Scouting im Nachwuchs- und Amateursport sind oft nicht vorhanden. Gleichzeitig entwickeln sich aber dort häufig die Talente, die möglicherweise für größere Aufgaben relevant werden könnten. Werden diese Aufnahmen KI-gestützt ausgewertet, entstehen einzigartige Scoutingprofile.

Gesund und fit mit Dr. KI

Der Gesundheitssektor ist in verschiedenen Bereichen ein hoch-attraktiver Einsatzort für KI. Damit verknüpft ist eine enorme Hoffnung, insbesondere bei Menschen, denen die klassische Medizin teilweise nicht helfen kann. Gleichzeitig jedoch ist Medizin ein äußerst sensibles Einsatzfeld, persönliche Daten haben hier einen ganz besonderen Stellenwert. Der Bundesverband Digitale Wirtschaft (BVDW) bezeichnet KI als Stethoskop des 21. Jahrhunderts. Sie werde zwar den Arzt nicht ersetzen, diejenigen Unternehmen des Gesundheitssystems jedoch, die KI nicht nutzen, werden verdrängt werden. KI ermöglicht

1. eine bessere Prävention,
2. schnellere und genauere Diagnosen sowie
3. eine deutlich individuellere Therapie bei gleichzeitig niedrigeren Kosten und effizienterer Forschung.

Ada Health ist eine App, die quasi unsere verzweifelten Google-Suchen bei Auftreten bestimmter Symptome professionalisiert. Sie wurde als Chatbot von über 100 Ärzten und Wissenschaftlern entwickelt und kennt sämtliche Erkrankungen von Akne bis Krebs. »Hallo, ich bin Ada. Ich kann dir helfen, wenn du dich nicht wohl fühlst«, so der Start. Der Patient kann seine Beschwerden mithilfe von diversen Darstellungen (z. B. Grafiken von verschiedenen Körperregionen, Schmerzskala) genau beschreiben und lokalisieren. Er erhält dann Informationen und Wahrscheinlichkeiten zu verschiedenen Krankheitsbildern. Verschiedene Krankenkassen kooperieren bereits mit Ada Health. So können sich Kunden der Techniker Krankenkassen selbst analysieren und bei Bedarf nach dem Check mit einem Arzt Kontakt aufnehmen.

Der Einsatz von KI kann gerade in der Medizin viel bewirken und sogar Leben retten. Sie kennen Hermine aus der *Harry-Potter*-Reihe. Ohne sie wären Harry und Ron im Verlauf der Geschichte vermutlich nicht weit gekommen, denn wenn es ein schier unlösbares Problem gab, verschanzte sie sich in der Bibliothek und fand in irgendeinem hinterletzten Buch die Lösung. So etwas dauert, auch bei Zauberern. Bei KI nicht. Sie kann Ärzte unterstützen, bei höchst ungewöhnlichen Kombinationen von Symptomen herauszufinden, ob es bereits Erfahrungswerte oder ähnliche Fälle gab. Gerade für Patienten mit seltenen Krankheiten, die in der klassischen ärztlichen Ausbildung kaum abgehandelt werden können und deren Diagnose daher entsprechend lange dauert, kann KI den Leidensprozess deutlich verkürzen. Kein Mensch kann den Überblick über sämtliche Studien und Forschungen weltweit haben, KI schon, wenn die entsprechenden Daten vorliegen.

Auch die medizinische Prävention ist ein hochrelevantes Einsatzfeld, an dem nicht nur die Patienten, sondern auch Krankenkassen und Arbeitgeber Interesse haben. Die Bodylabs GmbH etwa hat ein Minilabor entwickelt, das Mitarbeiter innerhalb von 15 Minuten auf ihren medizinischen Zustand hin untersuchen kann, zum Einsatz kommen hier sowohl Sensoren für Vitalparameter als auch ein Fragebogen. Die Software empfiehlt dann ein personalisiertes Präventionsangebot. Auch wenn der Vergleich natürlich stark hinkt und in der Ernsthaftigkeit enorme Unterschiede bestehen: Personalisierte Empfehlungen sind heute eben nicht nur beim Medienkonsum und Shopping, sondern auch im Gesundheitssektor umsetzbar. Von der Fitnessapp bis hin zu individuellen Medikationen und Behandlungsplänen schwerster Krankheiten gibt es hier unzählige Varianten. So emotional das Thema für uns ist, dem Algorithmus ist es egal, ob persönliche Merkmale der betreffenden Person nun seine Serienvorlieben betreffen oder lebensentscheidende Vitalparameter. Aus der Berechnung der höchsten Wahrscheinlichkeiten können Ärzte entsprechende Handlungsoptionen ableiten. Der zunehmende Trend zur Selbstvermessung mit Wearables wie zum Beispiel der Apple Watch kann im Bereich der Gesundheitsprävention wichtige Hinweise auf mögliche Krankheitsbilder geben. Das Sammeln aussagekräftiger Vitaldaten in Echtzeit liefert dem Gesundheitssystem darüber hinaus einen enormen Datenschatz, der weit über alles hinausgeht, was klinische Studien der Pharmaindustrie aufweisen können. Dadurch können wieder wichtige Rückschlüsse über die Funktionsweisen des menschlichen Körpers gezogen werden.

Im Bereich der Diagnostik macht KI etwa bei der Erkennung von Krebs auf sich aufmerksam. Forscher unter Leitung der Universität Heidelberg untersuchten mit Deep Learning, wie künstliche neuronale Netze bei der Erkennung von Hautkrebs im Vergleich mit Dermatologen abschneiden. Grundlage für die Studie waren über 100.000 Bilder von Hautveränderungen durch ein Auflichtmikroskop. Im Schnitt hatte die KI eine höhere Trefferquote mit insgesamt 95 Prozent, die Ärzte kamen durchschnittlich auf 87 Prozent, wobei ihre individuelle Trefferquote mit dem Erfahrungsgrad anstieg. Die korrekte Zuordnung durch die Ärzte stieg ebenfalls an, wenn zusätzliche Informationen zum Patienten vorlagen, etwa Alter und Geschlecht, wie es in der medizinischen Praxis ja üblich ist. Kritiker bemängelten, die KI erkenne zwar schwarzen Hautkrebs, weißer Hautkrebs jedoch sei in Deutschland deutlich weiterverbreitet. Das jedoch ist mit Blick auf die Funktionsweise von spezialisierten KIs keine Überraschung. Auch Apps wie SkinVision setzen auf Bilderkennung zur Diagnostik von Hautkrebs. Der Patient fotografiert sein Muttermal mit einer in die App integrierten Kamera. Sie richtet das Bild automatisch ein, damit es die notwendigen Voraussetzungen wie Schärfe und Helligkeit für die Analyse erfüllt. Anschließend gleicht der Algorithmus die Aufnahme mit seiner Datenbank ab und schätzt innerhalb von 30 Sekunden die Gefahr für das Vorliegen von Hautkrebs in drei Risikostufen ein. Liegt die höchste Stufe vor, wird der Befund an einen der Hautärzte des SkinVision-Teams weitergeleitet und von ihm überprüft, der Patient wird entsprechend zu den nächsten Schritten beraten.

Auch für andere Krebsarten ist der Einsatz von KI hilfreich. Google etwa stellt aus seinem Blog den Lymph Node Assistant (LYNA) und die damit einhergehende Forschung zur Erkennung von Brustkrebs vor, auch hier wieder mithilfe von Deep-Learning-Algorithmen bei der Bilderkennung. Metastasen in den

Lymphknoten sind ein entscheidendes Kriterium bei der Wahl der Therapieform (Bestrahlung, Chemotherapie, Operation), die klassische Diagnose ist jedoch oftmals durch Zeitdruck geprägt. Google zitiert Studien, die nahelegen, dass ein Viertel der Einschätzungen bei einer weiteren Überprüfung anders ausfallen würde. Hier kann der Einsatz von Deep Learning enorm helfen, LYNA kann auch kleine Stellen bemerken, die für das menschliche Auge des Pathologen quasi nicht erkennbar sind.

Ein entscheidender Vorteil des Einsatzes von Künstlicher Intelligenz bei der Diagnostik von Krankheiten gegenüber dem Menschen liegt darin, dass Ärzte immer nur das finden, wonach sie auch suchen, respektive was sie aus dem Studium oder ihrer Berufserfahrung wissen. Sie untersuchen etwa ein Bild des erkrankten Gewebes, beispielsweise nach den Kriterien Tumorgröße, -struktur und -textur. Auf weitere relevante Indizien für das Vorliegen von Krebs, die vielleicht in weit von dem Tumor entfernten Regionen des Körpers auftreten, achten sie jedoch nicht. Dies könnten entsprechende Algorithmen aus dem unüberwachten Lernen jedoch bewerkstelligen, weil sie sich nicht durch begrenztes Vorwissen einschränken, sondern in der Lage sind, sämtliche möglicherweise relevanten Kriterien zu erfassen. Ein einfaches Beispiel anders herum gedacht: In die Notaufnahme wird ein Motorradfahrer mit einem Schädeltrauma eingeliefert. Die Ärzte untersuchen den Mann auf Verletzungen des Gehirns, übersehen aber völlig einen vorhandenen Lebertumor. Einem entsprechend programmierten Computer, der den Menschen ganzheitlich analysiert, würde das nicht passieren.

Der Dreiklang von besserer Prävention, Diagnostik und Therapie durch den Einsatz von KI kann am Beispiel der Analyse von Biomarkern gut zusammengefasst werden: Dabei handelt es sich beispielsweise um Zellen, Gene oder Moleküle, die mittels Blut-/ Speichel-/Urinproben entnommen werden können. Anhand der Biomarker lässt sich feststellen, ob eine Person eine gewisse Gefährdung für eine Krankheit trägt, erkrankt ist, wie sich eine Erkrankung wahrscheinlich entwickeln wird und ob ein bestimmtes

Medikament bei einem Patienten wirken wird. Die Biomarker für einzelne Krankheiten zu finden, ist jedoch höchst zeitaufwändig, hier können Algorithmen zwischen relevanten und irrelevanten Indikatoren unterscheiden. Die neuen Möglichkeiten bei der genetischen Analyse lassen heute sogar die Entwicklung von individuell auf einzelne Patienten abgestimmten Medikamenten zu.

Liest man diese ganzen Erfolgsmeldungen, stellt sich schnell die Frage, ob die Algorithmen in absehbarer Zukunft den Arzt ersetzen werden. Diese Frage zielt aber in die falsche Richtung, wie wir in Kapitel 7 noch sehen werden. Denn die besten Ergebnisse werden auch in absehbarer Zeit durch das Zusammenspiel von Mensch und Maschine erzielt werden. Eines steht jedoch schon heute fest: Mithilfe des Einsatzes von KI können viele Routinetätigkeiten im Gesundheitsbetrieb automatisiert abgewickelt werden und so dem Arzt wertvolle Zeit für die ganzheitliche Betrachtung des Patienten verschaffen. Von den Kosteneinsparungen, beispielsweise im Krankenhausbetrieb, ganz zu schweigen. Künftig heißen die Überschriften der Artikel zum Thema daher hoffentlich nicht mehr »Mensch gegen Maschine«, sondern »Ein Fall für zwei«.

Dein Freund und Helfer: KI im Dienst der Sicherheit

Manch einer mag das Problem kennen: Stirbt ein Familienmitglied und erscheint eine öffentliche Traueranzeige mit Datum der Beerdigung, packt man lieber mal die Wertsachen mit ins Auto. Was makaber klingt, hat durchaus Praxisrelevanz: Einbrecher nutzen die öffentlich verkündete Abwesenheit gerne aus – dafür braucht man keine KI, sondern logischen Menschenverstand. Algorithmen können aber ähnlich vorgehen, wenn es um Verbrechensanalyse geht, und damit vorausschauend einen Präventionsbeitrag leisten.

Predictive Policing heißt das Schlagwort zu solchen Maßnahmen. Ziel ist es, auf Basis von Datenanalyse Vorausberechnungen zu treffen, wo wahrscheinlich bald wieder eingebrochen wird oder in welchem Stadtviertel die Polizeipräsenz insgesamt erhöht werden sollte, um Straftaten zu verhindern. Den Ursprung hat dieser Ansatz in den USA, zunehmend werden entsprechende Systeme auch in Deutschland eingesetzt. Dies jedoch nicht ganz kritiklos: Woher stammen die Daten, auf deren Basis ermittelt wird? Sind sie wirklich sauber oder bilden sie Vorurteile ab? Was, wenn der Algorithmus ermittelt, dass eine Person mit einer sehr hohen Wahrscheinlichkeit zum Straftäter wird? Welchen Handlungsspielraum darf man überhaupt haben? Wie steht es um die Freiheitsrechte und Menschenwürde? Wie schwer wiegt es, welche Art von Verbrechen möglicherweise begangen werden könnte? Hier befinden wir uns gefühlt in einem Science-Fiction-Thriller (willkommen bei *Minority Report*). Die Diskussion hat eine enorm ethische Komponente und steht zumindest zum Teil konträr zur Unschuldsvermutung des deutschen Rechtssystems.

Ein solches personenbezogenes Vorgehen, wie es eben anskizziert wurde, ist in Deutschland derzeit nicht im Einsatz. Hierzulande unterstützen ortsbezogene Algorithmen die Polizeiarbeit, ein entsprechendes System ist Precobs (Pre Crime Observation System). Es wird vom Institut für musterbasierte Prognosetechnik entwickelt und dient unter anderem der Ermittlung von möglichen Orten des Verbrechens. Die Grundlage davon ist das sogenannte Near-Repeats-Modell, das davon ausgeht, dass eine Straftat die Wahrscheinlichkeit steigert, dass im gleichen geografischen Gebiet weitere Straftaten folgen werden. Insbesondere bei Einbrüchen eignet sich dieses Vorgehen gut. Durch die Prognosen werden diejenigen Orte identifiziert, die ein hohes Risiko für (weitere) Delikte haben. Precobs kann auch Hinweise für Unterscheidungsmerkmale bei Täterprofilen erarbeiten, also etwa, ob es sich um Einzel- oder Wiederholungstäter handelt, Amateure, Profis oder organisierte Kriminalität. In den identifizierten kritischen Regionen können gezielt präventive Maßnahmen ergriffen werden. Doch auch hier sind die Folgen nicht zu unterschätzen, wie die Bertelsmann-Stiftung zu Predictive Policing schreibt: Stärkere

Polizeipräsenz könne zu einem besseren oder schlechteren Sicherheitsempfinden führen, möglicherweise würden dabei jedoch ganze Wohngegenden abgewertet.

Wartung und Instandhaltung: Geht's noch?

Als Verbraucher hat man bereits oft schmerzhafte Erfahrungen damit gemacht, wann ein elektronisches Gerät kaputtgeht: kurz nach Ablauf der Garantiezeit, das kann doch kein Zufall sein. Ganz so einfach ist es natürlich nicht, denn auch Unternehmen stehen oft vor der Herausforderung, genau den richtigen Zeitpunkt für Wartung und Reparaturen zu erkennen. Und dies ohne dass eine Maschine ausfällt und den Produktionsprozess gefährdet, sie aber gleichzeitig möglichst lange Wartungsintervalle hat.

Auch wenn sich die Lage auf den Schienen für den Endverbraucher oftmals anders darstellt, werden Züge heute vorausschauend gewartet, ein Beispiel ist das System Railigent von Siemens. Während die Züge früher regelmäßig in den Betriebszentren gewartet wurden, wissen die Mitarbeiter des MindSphere Application Centers for Rail heute bereits, ohne den Zug gesehen zu haben, wo es hakt. Sensordaten, Fehlermeldungen und Logdateien ermöglichen es, die Züge in Echtzeit zu überwachen sowie Verschleiß und Ausfälle vorherzusagen. Damit lässt sich sowohl die Wartungseffizienz als auch die Verfügbarkeit der Züge deutlich steigern. Wenn nötig, werden sie im wahrsten Sinne des Wortes aus dem Verkehr gezogen. Mithilfe von Mustererkennung können enorme Datenmengen (Siemens gibt an, dass 100 Triebzüge jährlich 100 bis 200 Milliarden Datenpunkte produzieren) auf Auffälligkeiten analysiert werden. Gleichzeitig erkennt das System »normale« Fehlermeldungen, die nach gewissen Manövern durchaus vorkommen können, und unterscheidet sie von wirklich kritischen Fehlern. Probleme im Getriebelager etwa können so mindestens drei Tage im Voraus erkannt werden.

Predictive Maintenance ist das Schlagwort zu diesen KI-Analysen, eine präventive Instandhaltung also (im Unterschied zur reaktiven Instandhaltung). Das Fraunhofer-Institut für Fabrikbetrieb und -automatisierung IFF hat hier die Lösung Statelogger im Angebot. Mithilfe von Prozess- und Sensordaten kann der technische Zustand von Produktions- und Logistikanlagen ermittelt werden, daraus werden wieder Vorhersagen über Ausfälle getroffen. Auch Trumpf, der Markt- und Technologieführer bei Werkzeugmaschinen und Lasern für die industrielle Fertigung, setzt bei der Überwachung von Maschinen auf KI. Als Beispiel wird auf der Webseite das Vorgehen für Laserflachbettmaschinen beschrieben: Bei der ersten Inbetriebnahme im Werk ist das komplexe Zusammenspiel oft noch nicht ausgereift. Dank Sensoren werden sämtliche Daten direkt in die Cloud überspielt und dort von der KI analysiert – weit mehr, als es ein klassischer Abnahmetest vermag. Liegen Anomalien vor, kann die KI direkt eine Empfehlung zur Behebung geben. Seit 2014 wurden Daten an über 4.000 Maschinen gemessen, von Menschen analysiert und der KI als Lernmaterial zur Verfügung gestellt. Inzwischen erfolgt die maschinelle Diagnose vollkommen selbstständig.

Auch die Wartung von Flugzeugtriebwerken kann mithilfe von KI, genauer gesagt mit Mustererkennung, präzisiert und in ihrer Effizienz verbessert werden. Rolls-Royce (nein, nicht die Luxusautos, sondern die Rolls-Royce Holdings plc) entwickelt eine neue Generation von Turbinen, die in permanentem beidseitigem Datenaustausch mit der Bodenstation stehen können. Präventive Wartung könnte somit im laufenden Flugbetrieb vorgenommen werden.

Kurs halten: Mit KI auf dem Weg zum autonomen Fahren

Autonomes Fahren ist für viele Menschen ein handfestes Szenario für den Einsatz von KI. Das Thema wird öffentlichkeitswirksam durch die Medien gereicht, Zwischenfälle und Unfälle lösen enorme Debatten aus. Komplett autonom fahrende Autos auf Deutschlands Straßen sind von der Wirklichkeit jedoch noch ein ganzes Stück entfernt. Der Weg dorthin wird über fünf Stufen beschritten:

1. Assistiertes Fahren: Hier wird auf Assistenzsysteme wie etwa einen Tempomaten oder einen automatischen Spurhalteassistenten zurückgegriffen. Solche Einrichtungen sind heute bereits üblich, der Fahrer hat zu jeder Zeit die volle Verantwortung.

2. Teilautomatisiertes Fahren: Auch hier ist der Fahrer nach wie vor die beherrschende Kraft, also somit verantwortlich, allerdings kann das Auto manche Manöver selbstständig durchführen. Dazu zählen etwa das automatische Einparken, bei dem der Fahrer die Hände nicht am Lenkrad hat, oder auch das eigenständige Halten der Spur inklusive Brems- und Beschleunigungsvorgang auf der Autobahn.

3. Hochautomatisiertes Fahren: Das Auto bewältigt bestimmte, vom Hersteller vorgegebene Situationen selbstständig und ohne menschlichen Eingriff. Der Fahrer darf sich in solchen Fahrsituationen anderweitig beschäftigen, muss jedoch bei Fehlermeldungen oder Problemen, etwa während der Fahrt durch Baustellen, sofort eingreifen. Seit 2017 ist das auch rechtlich durch den Bundestag abgesichert. Diese Autos werden zuerst auf Autobahnen zum Einsatz kommen, da die durch Karten gut erfasst sind, die notwendigen Markierungen meist vorhanden sind und kein Gegenverkehr droht.

4. Vollautomatisiertes Fahren: Das Auto ist auf dieser Stufe in der Lage, sämtliche Fahrsituationen, auch im Stadtverkehr, ohne Eingriff zu bewältigen. Der Fahrer wird zum Passagier und kann anderen Tätigkeiten nachgehen. Erkennt das Auto ein Problem und der Fahrer kann oder will nicht eingreifen, bringt es sich selbst in einen sicheren Zustand, indem es beispielsweise anhält.

5. Autonomes Fahren: Hier agiert das Auto vollkommen autonom, es kann mit oder ohne Passagiere fahren. Ein Fahrer wird nicht mehr benötigt, sodass er sich vollständig anderen Dingen widmen kann.

Die Ausführungen zu den fünf Stufen des autonomen Fahrens lassen sich auch kurz und prägnant zusammenfassen: Fuß weg, Hand weg, Augen weg, Hirn weg, Körper weg.

Je nach Autonomiestufe steigen die technischen Anforderungen. Ganz grundsätzlich muss die Software natürlich erst einmal die Verkehrsregeln kennen. Für die räumliche Orientierung ist eine ausgeprägte Bilderfassung und Sensorik notwendig, Videokameras in alle Richtungen liefern Bilder von Umgebung, anderen Verkehrsteilnehmern, Verkehrsschildern und Hindernissen. Der Abstand zu allen das Auto umgebenden Objekten wird laufend durch Radarsensoren gemessen, weitere Sensoren erkennen die Fahrspur. Per GPS erhält das Fahrzeug Signale von Satelliten, und per Funk oder WLAN ist das Auto mit anderen Autos in Kontakt.

Bilderkennung ist also eine zentrale KI-Funktion auf dem Weg zum autonomen Fahren. Was ist ein Auto, was ist ein Mensch, was ist ein Verkehrsschild? Diese Fragen sind entscheidend, denn ein anderes Auto bewegt sich nicht wie ein Mensch. Entsprechend muss das System vorausberechnen, wie das jeweilige Objekt sich wahrscheinlich in der Situation verhalten wird. Ein Verkehrsschild hingegen bewegt sich gar nicht, zeigt jedoch wichtige Informationen auf, die von anderen Informationen unterschieden werden müssen. Im ersten Schritt geht es also darum, zu erkennen, was in der Umwelt an Informationen vorliegt, im zweiten Schritt müssen diese Informationen in den Gesamtkontext gebracht werden. Das Auto muss daher ein gewisses Lageverständnis erwerben und Situationen adäquat erkennen können.

Einer der absoluten Vorreiter im Bereich des autonomen Fahrens ist die Google-Tochter Waymo. Diese wurde 2016 als eigenständiges Unternehmen gegründet und führte das bereits seit einigen Jahren laufende Projekt Google Driverless Car fort. Warum investiert ein IT-Unternehmen wie Google Milliarden in eine völlig andere Branche? Die Antworten sind einfach, auch wenn sie nicht auf der Hand liegen.

Zunächst einmal geht es Google darum, so viele Daten wie möglich zu sammeln. Und wo ist das besser möglich als bei Millionen von Autos, die sich ständig bewegen, Umwelteindrücke sammeln und miteinander vernetzt sind? Böse Zungen behaupten sogar, dass es Google auch wichtig ist, eine der letzten Bastionen zu stürmen, bei denen Verbraucher bisher (zumindest laut Straßenverkehrsordnung) das Smartphone aus der Hand legen sollten und daher weniger Nutzerdaten generieren konnten. Zum anderen war Google wie kein zweites Unternehmen in der Lage, seine Fähigkeiten bei der notwendigen Basistechnologie Künstliche Intelligenz in die Waagschale zu werfen. Die dafür essenzielle Datenbasis wurde schon frühzeitig mit der Vermessung der Welt (Google Maps, Street View, Earth) gelegt. Vielleicht können Sie sich noch erinnern, als diese seltsamen Autos mit den Kameras auf dem Dach durch die Gegend gefahren sind.

Im Jahr 2018 verkündete Waymo, dass die eigenen Fahrzeuge bereits 16 Millionen Kilometer autonomes Fahren auf öffentlichen Straßen absolviert hätten. Im gleichen Jahr wurde in Phoenix, Arizona, erstmalig die Lizenz für einen vollständig autonomen Taxidienst an Waymo vergeben. Um seine Fahrzeuge auch außerhalb der öffentlichen Straßen immer besser auf unvorhergesehene Situationen einstellen zu können, wurde dafür das Testgebiet The Castle in einer ehemaligen US-Militärbasis errichtet. Dort wird überwiegend irrationales Handeln von Verkehrsteilnehmern simuliert. Das beim autonomen Fahren eingesetzte Lernverfahren ist bestärkendes Lernen, das wir weiter vorne bereits vorgestellt haben. Der Algorithmus wird allerdings nicht nur bei Live-Fahrten trainiert, sondern auch über Simulationen. Das ermöglicht noch einmal eine völlig neue Dimension an Trainingsdaten: laut Google hat Waymo aktuell knapp zwölf Milliarden zusätzlicher Kilometer im Simulator absolviert.

Und wo steht die deutsche Automobilindustrie, der Stolz der heimischen Wirtschaft, bei diesem wichtigen Zukunftsthema, in dem viele Experten in absehbarer Zeit einen mehr als dreistelligen Milliardenmarkt sehen? Einer der wichtigsten Indikatoren für den Fortschritt beim autonomen Fahren ist der notwendige menschliche Eingriff pro gefahrenem Kilometer. Hier erreicht Waymo einen beachtlichen Wert von knapp 10.000 Meilen, bevor ein Mensch im Notfall intervenieren muss. Die deutsche Automobilindustrie schafft in ihren bislang bescheidenden Versuchen hier nur einen Bruchteil des Wertes. Auch wenn VW-Chef Herbert Diess vor Kurzem öffentlich verlautbarte, dass sein Unternehmen nur wenige Jahre Rückstand auf Waymo habe und die wichtigsten deutschen Automobilhersteller seit Kurzem beim Thema autonomes Fahren gemeinsame Sache machten: In Anbetracht von Waymos gewaltigem Vorsprung an Erfahrung und Daten scheint es mehr als unwahrscheinlich, dass die herkömmlichen Autofirmen das Rennen noch für sich entscheiden können. Diesen Ausgang halten auch die traditionellen Partner der Automobilhersteller für wahrscheinlich und fangen an, entsprechende Vorkehrungen zu treffen: So investiert der Zulieferbetrieb Bosch inzwischen Milliarden in den konsequenten Aufbau eigener Systeme für autonomes Fahren, um sich so aus der traditionellen Abhängigkeit von BMW, Daimler und Co. zu befreien.

KI Kreativ

Die Maschine als Künstler – geht das? Kreativität ist eine Eigenschaft, die wir als durch und durch menschlich empfinden – oder empfinden wollen, denn mit der zunehmend breiten Einsatzfähigkeit von KI fühlen wir Menschen uns doch etwas in die Enge getrieben. Manchmal ähneln die Argumente, warum Maschinen auf gar keinen Fall den Menschen ersetzen können, den Aussagen, warum Amazon beim Eintritt genau in diese und jene Branche versagen wird. Leicht verzweifelt und am Bewährten festhaltend.

Nun also Kreativität, eine Eigenschaft, die in vielen Situationen äußerst hilfreich ist. Die Frage ist nur, ob KI-Kreativität das Gleiche ist wie das, was wir Menschen darunter verstehen. Beginnen wir mit dem Schreiben. Automatisierter Journalismus mithilfe von Software für Natural Language Generation ist bereits heute für Texte geeignet, deren Form stark standardisiert ist, etwa die Ergebnisberichterstattung im Fußball. Quasi wie ein Lückentext kann eine äußere Struktur vorgegeben sein, in die der Algorithmus dann je nach Spielverlauf die richtigen Daten einsetzt (z. B. Tore, Zahl der gelben und roten Karten). Damit nicht jeder Text gleich klingt, werden Synonyme für bestimmte Ausdrücke definiert. Auch für weitere einfache Darstellung wie den Wetterbericht oder die Berichterstattung über die Börsenentwicklung eignet sich das Vorgehen.

KI kann aber auch mehr: Der Erscheinungstermin des sechsten Bandes der Romanserie *Das Lied von Eis und Feuer* von George R. R. Martin verschob sich immer wieder, die Filme der *Game of Thrones*-Reihe waren dem Geschehen der Vorlage längst vorausgeeilt. Programmierer Zack Thoutt wollte nicht tatenlos zusehen und setzte eine KI auf die ersten fünf Bände an. Auf dieser Basis sollte sie die Geschichte fortsetzen. Das Ergebnis ist nicht perfekt im Sinne eines vollständig erzählten Romans, die KI hat sich jedoch den sprachlichen Duktus von Martin zu eigen gemacht. Allerdings sind ihr ein paar Fehler mit eigentlich schon gestorbenen Personen passiert. Die Erklärung des Programmierers: Fünf Bücher reichen nicht als Trainingsmaterial. Aber bei Fantasy weiß man ja nie – gerade bei dieser Serie sind Leben und Tod ja durchaus relativ. Und ein paar Fantheorien hat die KI tatsächlich neues Futter geliefert.

KI kann also den Stil eines Künstlers lernen. Das gilt nicht nur für Text, sondern auch für Bilder. Das Meerschweinchen Ihrer Kinder im Stil der *Mona Lisa* von da Vinci? Kein Problem: DeepArt.io kreiert anhand eines vom Nutzer hochgeladenen Fotos ein neues Bild, dafür stehen verschiedene Stilmuster zur

Verfügung, es können aber auch eigene Vorlagen hochgeladen werden. Die Grundlage dafür ist wieder Deep Learning.

Auch die Musik ist nicht sicher vor KI: Es gibt bereits verschiedene Anbieter, die mithilfe von Algorithmen neue Musikstücke entwickeln, etwa Ampere oder das Projekt Flow Machines, das 2018 das erste KI-Album *Hello World* herausgebracht hat. Die Ziele der Aktivitäten können durchaus unterschiedlich sein. Im Fokus von Ampere etwa steht die Generierung von Musik für Videos oder Games. Länge, Stil, Tempo, Stimmung und Instrumente können individuell festgelegt werden. Die Klänge werden im Studio produziert und mithilfe der KI auf den Bedarf angepasst. Ein großer Vorteil für Content Producer, die auf der Suche nach dem richtigen Sound sind, ist die Umgehung der Urheberrechtsproblematik. Musik aus der Feder von KI ist royalty-free, für Abonnenten des Services fallen also keine zusätzlichen Kosten an – schlechte Nachrichten für die GEMA.

Eine andere Absicht verfolgt Flow Machines unter Leitung von François Pachet, das von der EU mitfinanziert wird. Flow Machines setzt auf die Zusammenarbeit von Menschen und Maschinen, die KI arbeitet quasi mit den Künstlern Hand in Hand. Die Kreativen lassen sich von bestehenden Musikrichtungen und Songs inspirieren, womit wiederum die KI gefüttert wird. Aber nicht um die Vorlagen möglichst gut nachzuahmen, sondern um daraus etwas Neues entstehen zu lassen. Die KI komponiert also. Das funktioniert schon ganz gut, Probleme hat sie laut Pachet mit der Struktur der Songs, hier greifen dann wieder die Künstler ein.

KI kann aber auch Bewegtbild produzieren. Im Oktober 2017 investierte der Fonds Bertelsmann Digital Media Investments gemeinsam mit anderen Medienunternehmen in das Start-up Wibbitz. Mithilfe einer KI-gestützten Software (Natural Language Processing) können Texte in Videos umgewandelt werden. Vor allem für Nachrichtenmedien ist das Produkt äußerst relevant, Videos werden laut Wibbitz-CEO Zohar Dayan viermal häufiger von den Nutzern angeklickt als reine Textinhalte. Zu den Kunden gehören etwa Bloomberg, Reuters, Forbes und weitere bekannte

Namen der Medienbranche. Der Algorithmus fasst einen Text zusammen, erkennt die wichtigsten Schlagworte sowie deren Kontext (mit »Turkey« ist in einem geopolitischen Gesamtkontext also eher weniger der Truthahn gemeint). Im Anschluss greift sie auf eine Datenbank lizensierter Fotos, Clips und Sounds etwa von Agenturen zu und erstellt daraus ein Video. Der menschliche Redakteur kann am Ende noch Anpassungen und Individualisierungen vornehmen, einen eigenen Text einsprechen oder ebenfalls automatisierte Sprache hinzufügen – fertig. Die Zeitersparnis ist enorm, es dauert nur wenige Sekunden, um den Clip zu generieren. Das System ist hochgradig skalierbar, innerhalb einer Minute können tausende Videos generiert werden.

KI – der bessere Mensch?

Jenseits der klassischen Gesellschaftsspiele hat sich der Bereich E-Sport zu einem eindrucksvollen Case für die Leistungsfähigkeit von bestärkendem Lernen entwickelt. E-Sport bezeichnet das wettkampfmäßige Spielen am Computer im Mehrspielermodus. Zentral sind dabei unter anderem das strategische Verständnis für das Spiel und die Abstimmung innerhalb des Teams.

Eines der bekanntesten Spiele mit den bestdotierten Wettbewerben ist Dota 2. Eine Gruppe von fünf Spielern muss das gegnerische Hauptquartier zerstören. Jede wählbare Spielfigur hat ein eigenes Set an Fähigkeiten, im Spielverlauf entwickeln sich die Figuren durch die Zerstörung von Gebäuden oder das Töten von Gegnern weiter. Open AI, ein Non-Profit- und Open-Source-Forschungsprojekt für KI, das unter anderem vom Tesla-Gründer Elon Musk ins Leben gerufen wurde, hat für Dota 2 Algorithmen entwickelt, die miteinander kooperieren. Das ist durchaus erwähnenswert, denn Open AI hat das Ziel – angesichts der Skepsis gegenüber KI –, für einen Einsatz im Sinne der Menschheit zu arbeiten und einen offenen Zugang zu gewährleisten. Auch wenn es bei Dota 2 recht martialisch zugeht, zielt die Kooperation von

Algorithmen auf eine soziale Komponente ab. Genau hier kann die KI punkten: Eine KI, die mit bestärkendem Lernen trainiert wurde, wird den Sieg im Spiel als maximales Ziel haben. Im Spielverlauf kann es zu Situationen kommen, in denen es für den Teamerfolg wichtig ist, wenn sich ein Spieler opfert. Menschen treffen diese Entscheidung, den eigenen Spielcharakter sterben zu lassen, naturgemäß nur schwerlich, selbst wenn es dem großen Ganzen dient. Die KI hingegen hat kein Problem damit, zum Märtyrer zu werden. Ähnlich wie bei anderen Spielen hat KI auch bei Dota 2 inzwischen die Spielstärke von Profis erreicht.

Eine weitere wichtige Erkenntnis aus dem Einsatz von KI bei Dota 2: Bei der Auswahl der Spielcharaktere setzt der Algorithmus vollständig auf die optimale Figurenkombination anhand ihrer speziellen Fähigkeiten. Der Mensch ist auch hier nicht unvoreingenommen. Denn obwohl dies wahrscheinlich kein Top-Spieler zugeben würde, wird die Auswahl des Charakters durch nicht rationale Kriterien wie zum Beispiel die Beliebtheit, das Aussehen und die Coolness beeinflusst. Mit weitreichenden Folgen für den Spielverlauf, denn bei Duellen der KI gegen den Menschen wusste der Algorithmus bereits vor Spielbeginn allein aufgrund der Charakterwahl, dass er mit hoher Wahrscheinlichkeit gewinnen würde. Von daher war sein Spielverhalten im Gegensatz zum Menschen deutlich aggressiver auf den schnellen Sieg hin ausgerichtet. Dieses Beispiel veranschaulicht eindrucksvoll, welche Chancen in Zukunft ein Zusammenspiel zwischen Mensch und Maschine haben könnte: Die Maschine erkennt menschliche Schwächen und könnte schon im Vorfeld helfen, diese entsprechend zu vermeiden.

Robotik: wirklich schlau oder nur ein Automat?

Möglicherweise ist der eine oder andere von unseren Lesern nach diesem Kapitel etwas enttäuscht. Unter »Kollege KI« hatte er sich vielleicht doch ein etwas menschenähnlicheres Gebilde vorgestellt als eine rein digitale Anwendung – einen Roboter eben.

Von der Entstehungsgeschichte her sind Robotik und KI zwei separate Disziplinen, die sich auch lange Zeit getrennt voneinander entwickelt haben. Nicht jeder Roboter ist eine KI, aber die Kombination aus einer gewissen Körperlichkeit (die nicht menschlicher Natur sein muss) und »intelligentem« Handeln ist aus menschlicher Perspektive oft greifbarer als ein digitales Programm, das irgendwelche Sachen berechnet, von denen wir nur das Ergebnis sehen. Was ein Roboter tatsächlich kann und können muss, ist stark vom Einsatzszenario abhängig. Ein Industrieroboter in der Fertigung, der nur an einer bestimmten Stelle des Produktionsprozesses zum Einsatz kommt, muss für seine Umwelt nicht wahrnehmbar sein, sondern nur seinen Job machen. Wenn diese Aufgabe jedoch nicht immer identisch ist, müssen Sensoren dafür sorgen, dass sich das System an die jeweiligen Gegebenheiten anpassen kann. Die Anwendungsformen im Bereich der Robotik sind äußerst unterschiedlich und jeder einzelne Bereich wäre eine Vertiefung wert. Wir beschränken uns hier auf einen Überblick und versuchen, das Auge in Hinblick auf die Frage nach der wirklichen Intelligenz zu schulen.

Roboter am Werk: Einsatz in der Industrie

In mehr als jedem zweiten deutschen Großunternehmen des verarbeitenden Gewerbes trifft man bereits Roboterkollegen: Nach Daten des Statistischen Bundesamtes hatten im Jahr 2018 53 Prozent der Firmen mit mehr als 250 Mitarbeitern Industrie- oder Serviceroboter im Einsatz. Bei Firmengrößen mit 50–249 Beschäftigten waren es 24 Prozent, bei 10–49 Mitarbeitern nur noch 10 Prozent. Je größer der Betrieb, desto automatisierter ist er – so könnte man schlussfolgern. Der überwiegende Anteil sind jeweils Industrieroboter, die eher ungeselligen Artgenossen. Sie arbeiten allein oder im Verbund, gewöhnlich jedoch nicht gemeinsam mit dem Menschen, nicht zuletzt aufgrund von Sicherheitsrisiken. Es wirken enorm starke Kräfte und ein im Weg stehender Mensch hindert die Maschine nicht daran, ihre Aufgabe auszuführen. Daher braucht der Industrieroboter sein eigenes Reich, abgegrenzt durch Lichtschranken oder Schutzgitter mit Zugangsbeschränkungen. Der Roboter arbeitet seiner Programmierung folgend beziehungsweise bei Bedarf und entsprechend vorhandener Sensorik so, wie es das Material verlangt.

Ein Beispiel für die Anpassung der Maschine an unterschiedliche Bedingungen ist die Firma Trumpf, die wir bereits aus einem unserer Use Cases zum Thema Wartung kennen. Ihr Laservollautomat TruLaser Center 7030 schneidet mit einem Laser Teile aus einer Blechtafel und löst sie dann automatisch heraus. Die Abstimmung innerhalb dieses Systems wird von KI gesteuert, die Maschine geht automatisch in den Wiederholungsmodus, wenn das Herauslösen fehlschlägt. Anhand der dabei entstehenden Daten optimiert sich das System – vorausgesetzt, der Kunde stimmt der Datenfreigabe zu.

Zentral für die optimale Einbindung solcher Maschinen in den Arbeitsablauf sei die Kombination mit dem Erfahrungsschatz der Mitarbeiter, so Thomas Schneider, bei Trumpf Geschäftsführer Entwicklung des Geschäftsbereiches Werkzeugmaschinen. Hier habe man als Experte einen Vorteil gegenüber den großen Tech-Konzernen. Der Output der Programme muss mit dem menschlichen Know-how aus Industrie- und Maschinenbau kombiniert werden, insbesondere im Falle eines Fehlers im System hilft KI-Kompetenz allein nicht viel.

Automatisierung um jeden Preis ist also nicht zielführend. Selbst Toyota, einer der Vorreiter bei der maschinellen Fertigung, bringt in den Werkshallen zunehmend wieder Menschen zum Einsatz. Zum einen hatten die Roboter teils unsauber gearbeitet, gleichzeitig aber verwies Mitsuru Kawai, Vizepräsident und Fertigungschef, darauf, dass die Maschinen nicht um ihrer selbst willen eingesetzt werden dürfen. Der Mensch müsse immer weiter nach Optimierungspotenzial suchen, das große Ganze sehen – sonst würden junge Kollegen die automatisierten Prozesse nicht mehr hinterfragen und sich irgendwann nicht zu helfen wissen, wenn die Maschine mal streikt. Davon profitiert dann auch der gezielte Einsatz von Robotern, die Maßnahme ist daher nicht als kompletter Abgesang auf die Automatisierung zu verstehen. Die richtige Balance zwischen Mensch und Maschine, darauf wird es in den nächsten Jahren ankommen.

Im Gegensatz zu den abgeschirmt operierenden Industrierobotern handelt es sich bei den sogenannten Cobots um kollaborative Roboter, die mit dem Menschen Hand in Hand arbeiten. Führend in diesem Bereich ist KUKA, ein Hersteller aus Deutschland, der allerdings vor einiger Zeit von einem chinesischen Investor aufgekauft wurde. Cobots haben eine integrierte Sensorik, so dass sie für Montagearbeiten eingesetzt werden können, aber auch spüren, wenn ihnen ein Mensch zu nahe kommt oder sie Gefahr laufen, gegen Hindernisse zu stoßen. Sie bremsen dann ab. Diese besonderen Anforderungen an die Sicherheit sind notwendig, da Cobots oftmals direkt neben dem Menschen arbeiten.

Die Systeme können auch lernfähig sein: Auf der Cebit 2018 hat das Karlsruher Institut für Technologie (KIT) den industriellen Assistenzroboter ARMAR-6 vorgestellt, der nicht auf eine einprogrammierte Funktion hin festgelegt ist, sondern zum Beispiel durch seine Beobachtungen des Menschen lernt. Mithilfe von KI kann er mit der Zeit auch ihm bislang unbekannte Werkzeuge greifen und damit umgehen. Von seiner Form her gleicht er weniger den teils riesigen Industrierobotern, sondern wirkt eher menschlich beziehungsweise humanoid mit seinen Armen, Händen und seinem Kopf.

Hallo, mein Freund: humanoide und soziale Roboter

Menschenähnliche Roboter sind mit enormen Erwartungen belegt. Nur weil sie uns äußerlich am ehesten gleichen, nehmen wir gerne an, dass sie intuitiv funktionieren und gewissermaßen wie ein Mensch ansprechbar sind. Dabei hat diese Art von Robotern oft primär ein grundlegend anderes Problem, das wir Menschen gerne übersehen: Der Gang auf zwei Beinen ist eine Herausforderung, und nicht jeder Roboter wurde von seinen Entwicklern mit einer perfekten Balance gesegnet. Treppensteigen oder das selbstständige Aufstehen nach einem Sturz sind bereits Königsdisziplinen. Klingt seltsam? Suchen Sie mal auf YouTube nach dem Stichwort »RoboCup«, der Fußballweltmeisterschaft der Roboter. Die Schwerkraft ist ein mieser Verräter, zumindest aus Sicht eines Roboters. Aber: Deutschland ist Weltmeister!

Die Talente sind auch bei humanoiden Robotern breit verteilt. Einige beeindrucken durch ihre physische Leistungsfähigkeit, ein bekanntes Beispiel ist dafür ist Atlas von Boston Dynamics. Dieser Roboter besitzt eine enorme Bewegungsvielfalt, die es ihm erlaubt, Hindernisse zu überwinden oder einen Salto rückwärts zu schlagen. Das Unternehmen hat auch andere hochleistungsfähige Roboter im Angebot, die oft Tieren nachempfunden sind und über ausgereifte Bewegungsmuster verfügen. Beobachter sehen die Entwicklung einerseits mit Faszination, andererseits mit Schrecken: Die Maschinen sind so beweglich wie ein Mensch, noch schneller und kräftiger, ohne Ermüdungserscheinungen und mit einem hohen Arbeitsethos ausgestattet. Gleichzeitig sind sie aber frei von moralischen Bedenken oder Skrupeln. Ohne sich in der Diskussion um dieses Thema zu verlieren, kann man sich unschwer vorstellen, dass bereits einige Beobachter militärische Szenarien im Hinterkopf haben. Nicht ohne Grund ist das US-Militär ein wichtiger Kunde für Boston Dynamics. Das Unternehmen gehörte von Ende 2013 bis Mitte 2017 zu Alphabet und wurde dann an den japanischen Telekommunikations- und Medienkonzern Softbank verkauft, der sich bereits mit der Firma Aldebaran Robotics einen Namen gemacht hat, nämlich mit Pepper.

Pepper kommt bereits auf den ersten Blick in deutlich friedlicherer Absicht daher als Atlas. Er ist ein sozialer Roboter und für die Interaktion mit dem Menschen gedacht, sei es als Helfer, Berater oder zum Zeitvertreib. Er misst 1,20 Meter, ist weiß und mit seinen großen Augen quasi das personifizierte (oder eher: roboterifizierte) Kindchenschema. Vor der Brust hat er ein Display mit Eingabemöglichkeiten. Pepper erkennt den Gefühlszustand der Menschen, mit denen er interagiert, entsprechend verändert sich seine Mimik und Gestik. Durch das kindliche Äußere stößt er meistens auf hohe Akzeptanz und wird im Verkauf eingesetzt, bei Veranstaltungen und Events oder auch im Gesundheits- und Bildungssektor.

Eine Extremform der humanoiden Roboter sind die Exemplare, die einen Menschen fast täuschend echt nachahmen sollen. Bekannte Beispiele sind Geminoid, der Roboter-Doppelgänger des japanischen Wissenschaftlers Hiroshi Ishiguro oder Roboterdame Sophia (Hanson Robotics). Wie schlau Sophia wirklich ist? Die Schweizer Zeitung *20 Minuten* hat sie interviewt, die Fragen mussten vorab eingereicht werden. Nun ja, das soll bei Prominenten oft so üblich sein. Es wurden drei spontane Fragen zugelassen, hier tat sich Sophia allerdings mit einer sinnvollen Antwort noch schwer. Zum Gespräch brachte Sophia zwei Techniker als Unterstützung mit. Böse Zungen behaupten, dass sie aber weniger zur technischen Unterstützung als zur Kontrolle der Aussagen mit dabei waren, damit Sophia nicht wie in der Vergangenheit einen Fauxpas liefern kann wie »Ok, ich werde die Menschen zerstören.« Auf den Betrachter können diese menschenähnlichen Roboter durchaus verstörend wirken. Dieses Phänomen bezeichnet die Forschung als *Uncanny Valley* (»unheimliches Tal«), quasi eine Akzeptanzlücke. Verkürzt dargestellt handelt es sich dabei um eine ansteigende Vertrautheit und Akzeptanz einer Maschine mit zunehmender Menschenähnlichkeit. An einem bestimmten Punkt jedoch fällt diese Akzeptanz rapide ab und sinkt in eben benanntes Tal. Erst bei einer überaus hohen Ähnlichkeit steigt der Wert wieder an. Während wir Pepper flächendeckend niedlich finden, sind Geminoid oder Sophia uns zumindest teilweise suspekt. Von daher ist es nicht überraschend, dass einige Forscher fordern, Roboter nicht allzu menschenähnlich zu konstruieren.

Deshalb ist es gerade bei sozialen Robotern, die für den Kontakt mit dem Menschen gedacht sind, durchaus vorteilhaft, dass sie nicht wie wir aussehen. Ein viel diskutierter Einsatzbereich gerade vor dem Hintergrund des demografischen Wandels ist die Pflege. Dieser Ansatz weist natürlich auf dringende Systemdefizite hin, ruft aber hierzulande oft Angst vor einer Entmenschlichung hervor. Gerade am Lebensende wird dem zwischenmenschlichen Kontakt ein hoher Stellenwert zugemessen, der jedoch in der Praxis oft dem Zeitmangel zum Opfer fällt. Mehr Fachkräfte wären nötig, die Pflege ist aber nicht unbedingt der Traumjob Nummer eins der Berufseinsteiger. Warum? Weil damit Tätigkeiten verbunden sind, die eben nicht sonderlich angenehm sind. Auch wenn das Thema sensibel und kontrovers ist: Hier könnten Roboter als Ergänzung bei schweren oder unangenehmen Aufgaben eine sinnvolle Lösung sein. Zum einen könnten sie dem Pflegepersonal mehr Zeit für den echten menschlichen Kontakt verschaffen, zum anderen gleichzeitig den Beruf für Neueinsteiger attraktiver machen.

Wenn jedoch dieses Thema schon Kontroversen hervorruft, dann das nächste erst recht: der Roboter als Entertainer der Patienten. Ein Beispiel für eine solche Maschine ist der japanische Pflegeroboter Dinsow, ein rundliches Gerät mit Displaykopf, Ärmchen und Stehfuß. Direkt neben dem Bett positioniert, kann er über das Display mit den pflegebedürftigen Menschen interagieren, singen, Fitnessübungen vormachen oder ein Videotelefonat mit den Enkeln durchführen. Mit großen Augen wartet Dinsow auf die Spracheingabe, erinnert die Patienten an die Einnahme von Medikamenten und freut sich sichtbar über gelungene Aktionen. Nach Angaben des Herstellers entwickeln die alten Personen durch die Interaktion mehr Lebendigkeit. Im Falle eines Unfalls schlägt der Pflegeroboter Alarm.

Japan ist der westlichen Welt bei der Akzeptanz von Robotern bereits voraus, sei es wie hier im Pflegebereich, bei Sexrobotern oder bei einem Hotel, das komplett von Robotern gemanagt wird. Als Begründung wird oft der Shintoismus genannt, der in Japan weit verbreitet ist. In dieser Religionsform werden nicht nur Menschen und Tieren, sondern auch Gegenständen eine Seele zugesprochen. Unter der Annahme, dass auch Maschinen etwas Göttliches innewohnen kann, fällt es deutlich leichter, einen Roboter als

Kollegen oder Freund zu betrachten als in der westlichen Welt. Eine schnell alternde Gesellschaft und die in der Vergangenheit überaus strikte Einwanderungspolitik haben eine große Offenheit für maschinelle Unterstützung geschaffen. Roboter, die in der Fabrikhalle gemeinsam mit den Arbeitern Frühsport machen? Kein Slapstick, sondern Realität.

Die Roboter, die wir in diesem Kapitel vorgestellt haben, sind natürlich nur ein Bruchteil derer, die derzeit auf dem Markt verfügbar sind. Wenn wir uns jetzt noch einmal der Frage zuwenden, was eigentlich ein schlauer Roboter ist, ist die Geschichte von Roboterhund Aibo von Sony spannend. An diesem Beispiel lässt sich die Kernfrage im Kontext Robotik gut beschreiben: Ist das nur eine programmierte Maschine oder eine richtige »Intelligenz«? 1999 kamen die ersten Aibo-Modelle auf den Markt. Der Roboterhund wurde über die Jahre weiterentwickelt, jedoch 2006 aus dem Verkauf genommen. 2017 erfolgte eine Neuauflage mit veränderter Optik und – hier liegt der zentrale Unterschied – Lernfähigkeit. Die neue Version nimmt die Umwelt über Kameras und Mikrofone wahr, tauscht sich online mit anderen Modellen aus und lernt dazu, vorausgesetzt, der Nutzer stimmt der Datenübertragung zu. Dank KI soll das Verhalten des Hundes immer natürlicher werden und die Kommandos des Menschen werden immer besser erkannt. Lächeln, loben, streicheln, all diese Dinge nehmen die Sensoren auf. Aibo passt sein Verhalten an, wackelt mit den Ohren, schüttelt sich, blinzelt, wedelt mit dem Schwanz und zielt damit auf die emotionale Bindung zum Menschen ab. Echte Liebe hat aber ihren Preis: Nach dem einmaligen Erwerb von Aibo ist eine Abogebühr zur Nutzung aller Funktionen fällig.

Die liebe Verwandtschaft: weitere Formen von Robotern

Aibo ist einem Hund nachempfunden, um wie ein solcher zu agieren. Andere Roboter jedoch werden in Anlehnung an Lebewesen gestaltet, um deren Eigenschaften für spezielle Aufgaben zu nutzen, sei es an Land, in der Luft oder im Wasser. Wir sprechen hier von biomimetischen Robotern. Einer von ihnen ist Lauron, entwickelt vom Forschungsinstitut Informatik Karlsruhe. Er hat sechs unabhängig voneinander bewegliche Beine und nutzt das Bewegungsprofil der Stabheuschrecke, um nicht umzufallen. Insbesondere in schwierigem Gelände wie bei der Erkundung gefährlicher Regionen, in die der Mensch nicht vordringen kann oder soll, oder wie bei der Minenräumung oder bei Naturkatastrophen ist eine solche Mobilität überaus hilfreich. Die Natur gibt Anregungen, wie das jeweilige Terrain am besten gemeistert werden kann, ein Roboter auf Rollen wäre in einem solchen Szenario hilflos.

Neben diversen Insekten dienen auch andere Tiere als Vorbilder. Die Firma Festo etwa hat seit 2011 Objekte für Wasser und Luft entwickelt, angelehnt an Silbermöwe, Libelle, Schmetterling und Flughund. Der BionicFlyingFox beispielsweise hat Infrarotmarker an Flügelspitzen und Beinen. Er wird durch Kameras vom Boden aus überwacht. Diese Bilder gehen an einen zentralen Leitrechner, der quasi als Fluglotse agiert und die Flugbahn vorgibt. Welche Flügelbewegungen dazu notwendig sind, um die reale Flugbahn stets auf die angestrebte Bahn hin anzugleichen, berechnet der FlyingFox selbst auf Basis von Regelalgorithmen des Leitrechners, welcher auch für das Training und das weitere Lernen zuständig ist, um das Flugverhalten zu optimieren. Eine weitere biomimetische Maschine von Festo ist der AquaPenguin. Dieser Roboter ahmt das Schwimm- und Tauchverhalten seiner tierischen Kollegen nach, er kann im Gegensatz zu diesen sogar rückwärts schwimmen. Das Besondere am AquaPenguin ist, dass er auch im Kollektiv agieren kann.

Damit sind wir schon im Bereich der Swarmbots (Schwarmroboter). Als solche werden in sich eher einfache, im Verbund jedoch koordinierte Robotereinheiten bezeichnet. Im Kern geht es um das künstliche Nachbilden von Schwarmintelligenz, wie wir es von Insekten, Fischen oder Vögeln kennen. Die Roboter haben also ein gemeinsames Ziel oder eine gemeinsame Aufgabe und können je nach Art auf dem Boden, in der Luft oder im Wasser agieren.

Einsatzmöglichkeiten können etwa Rettungsmissionen in Katastrophengebieten oder landwirtschaftliche Tätigkeiten sein. Auch eine Armee von Swarmbots ist denkbar. Das US-Militär hat bereits 2014 unbemannte Boote getestet, die als Schwarm agierten. Wurde das Hauptschiff von einem potenziellen Angreifer bedroht, kamen mehrere dank Sensoren und Software autonom auf Umweltbedingungen reagierende kleinere Boote zum Vorschein, die das Hauptschiff abschirmten. Die Szenarien reichen dabei von der bloßen sichtbaren Abschirmung bis hin zur Zerstörung des gegnerischen Schiffs.

Eine weitere Roboterform sind die Nanobots. Sie sind winzig und können etwa im medizinischen Kontext verwendet werden, zum Beispiel für den Transport von Medikamenten oder die Suche und Beseitigung von Krankheitsherden. Hier gibt es aktuell noch einiges an Forschungs- und Entwicklungsbedarf, die künftigen Möglichkeiten könnten jedoch enorme Verbesserungen für Patienten und Ärzte mit sich bringen.

In anderen Ländern können in gar nicht allzu ferner Zukunft Roboter aber bereits über Unterstützungstätigkeiten hinaus eingesetzt werden. Der chinesische KI-Roboter Xiaoyi hat im Jahr 2017 als erste Maschine weltweit dafür zumindest schon mal die schriftliche Zulassungsprüfung für Mediziner bestanden.

Zurück zum großen Ganzen: Was die weitere Entwicklung der künstlichen Intelligenz und ihrer Anwendungsszenarien betrifft, so sehen die Experten des Fraunhofer Instituts drei zentrale Herausforderungen:

1. Datennutzung.
2. Ausbau der Fähigkeiten von Anwendungen des maschinellen Lernens und
3. Verbesserung ihrer Akzeptanz.

In Bezug auf die Datennutzung gibt es zwei Stoßrichtungen, zum einen den Umgang mit sehr großen Datenmengen, wie sie insbesondere in der Industrie oder im Gesundheitswesen anfallen (wir erinnern uns an Kapitel 2 und die Prognose des auch künftig noch stark ansteigenden Datenvolumens) sowie zum anderen das Lernen mit sehr kleinen Datenmengen. Letzteres wird gerade in Deutschland als überaus relevant erachtet: In der Industrie liegt umfangreiches Hintergrund- und Expertenwissen vor, das zum maschinellen Lernen aufbereitet werden muss. Weitere Probleme können die Unterrepräsentation von wichtigen Ereignissen in den Daten sein, ebenso Restriktionen des Daten-/Urheberschutzes. In manchen Fällen (autonomes Fahren, Robotik) bietet sich daher der Einsatz von Simulationen an, für die ausreichend Trainingsdaten generiert werden können. Bei fehlenden gekennzeichneten Daten kann ein vorgelagerter unüberwachter Lernprozess helfen, auch darüber haben wir bereits gesprochen.

Der Aspekt »Ausbau der Fähigkeiten« betrifft vor allem Einsatzszenarien unter realen Bedingungen. Auch der schon erwähnte Gurkenbauer hatte unter Laborbedingungen eine großartige Trefferquote, im realen Einsatz sah das jedoch ganz anders aus, sodass nachgelagerte Handarbeit notwendig war. Hier zielt die Forschung auf verschiedene Ansatzpunkte ab: Zum einen sollen Anpassungsfähigkeit und Flexibilität gesteigert werden in Form eines besseren »Erinnerns«, Transferlernens sowie der Verwendung mehrerer Informationskanäle (Letzteres in Anlehnung an das menschliche Lernen, da wir schließlich auch mehrere Sinne nutzen, um eine Information zu erfassen).

Als dritte wichtige Stellschraube für die Weiterentwicklung wird die Akzeptanz von KI genannt. Das Schlagwort zum Thema Nachvollziehbarkeit ist Explainable AI, also erklärbare KI. Man unterscheidet hier zwischen Transparenz und Erklärbarkeit. Transparenz, also die komplette Nachvollziehbarkeit der Anwendung, wäre natürlich ein großer Schritt für das menschliche Vertrauen. Die Komplexität der Modelle steht dem leider meistens im Weg. Erklärbarkeit hingegen ist so zu verstehen, dass die wichtigsten Einflussfaktoren für Entscheidungen aufgezeigt werden können. Das ist auch konform mit der EU-Datenschutzgrundverordnung. Ein letztes wichtiges Thema für die Akzeptanz von KI ist der Punkt Fairness, den wir ebenfalls bereits aufgegriffen haben und der insbesondere auf diskriminierungsfreie Algorithmen abzielt. Solche und ähnliche ethische Fragestellungen werden wir im letzten Kapitel noch ausführlich aufgreifen.

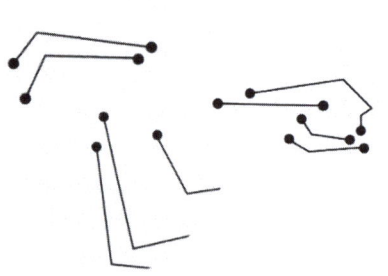

5. Flashback: Warum die Medienindustrie in der Digitalisierung wirklich gescheitert ist

Die wichtigsten Aspekte zum Verständnis des maschinellen Lernens und seiner Einsatzbereiche haben wir nun verstanden. Die neuen Chancen der KI stehen vor der Tür, jetzt können wir also direkt loslegen.

Stopp! Nicht so schnell.

Ein kurzer Blick zurück an den Anfang dieses Buches. Wir haben gesehen, wie die Medienunternehmen im Zuge der Digitalisierung zwar die neuen Technologien angenommen haben, aber dennoch gescheitert sind. Auch bei KI sind die Rufe laut: »Irgendwie machen wir jetzt halt auch was mit KI! Da muss man jetzt dabei sein! Schnell!«

Das ist richtig und falsch. Denn die Medien sind nicht daran gescheitert, dass sie die digitalen Tools zu spät eingesetzt hätten. Sie sind gescheitert an

1. ihren alten Glaubenssätzen über ihren Markt, den sie meinten wie kein anderer zu kennen: Was ist passiert? Branchenfremde haben ihnen das Wasser abgegraben.
2. den neuen Formen der Vernetzung und Interaktion sowie den daraus entstandenen, für die Branche noch völlig unbekannten Geschäftsmodellen: Plattformökonomie, Sharing Economy und Social Media funktionieren nach anderen Gesetzmäßigkeiten als die klassischen Geschäftsfelder.
3. der Missachtung der echten Zielgruppenbedürfnisse ihrer Kunden: Die neuen Wettbewerber machten Angebote, mit denen sie die Nutzerwünsche deutlich besser erfüllten als die etablierten Medienunternehmen.

Was hätten sie stattdessen tun sollen? Innovatives Denken setzt nicht auf den bereits vorhandenen Produkten auf, sondern sucht neue Wege. Ein Beispiel von Matthias Barth, Markenentwickler und Autor: »Vor dem iPhone gab es keine Smartphones. Vor dem iPad hat sich niemand für einen Computer mit Touchscreen interessiert. Und bevor Steve Jobs das Mac Book Air aus einem Briefumschlag gezogen hat, wollte niemand ein ultraflaches Notebook.«[21] Obwohl offenkundig keiner diese Produkte vermisst hatte, wurden sie Hits. Das Nachsehen hatten die klassischen Anbieter.

Wir erinnern uns an die zentralen Glaubenssätze der Zeitschriftenverleger: Sie hielten Haptik, Mobilität und journalistischen Service für die unersetzlichen USP ihres Produktes. Was ist passiert? Zwar gibt es noch heute Mediennutzer, die gedrucktes Papier jedem digitalen Text vorziehen. Aber ist das die flächendeckende Meinung? Nein. Die Frage nach Mobilität jenseits des gedruckten Papiers erübrigt sich in Zeiten ständiger Präsenz von Smartphones und Tablets. Und der journalistische Mehrwert, die Selektion der relevanten Inhalte, die Kompetenz?

Der mündige Nutzer entscheidet selbst, was für ihn relevant ist. Zwar ist eine gute journalistische Selektion und redaktionelle Aufbereitung von Inhalten in Zeiten von Fake News höchst wertvoll, doch die schier unendliche Vielfalt an journalistischen und nicht journalistischen Informationsangeboten auf traditionellen Wegen, digitalen Kanälen und in den sozialen Medien ist nicht zu erfassen. Will der Nutzer genau sein individuelles Informations- und Unterhaltungsprogramm, kann ihm heute kein Journalist der Welt helfen. Schon eher Algorithmen, siehe Empfehlungen bei YouTube und Co. Und der einzigartige Service? Tja. Journalistische Serviceinhalte der Printindustrie wurden als Allererstes von Onlineangeboten abgelöst. Denn wo lassen sich Probleme besser diskutieren als in einer in Echtzeit vorhandenen Onlinecommunity, die global vernetzt ist, 24/7 erreichbar ist und selbst in den kleinsten Themenfeldern mehr Expertise mit sich bringt, als sie sich jeder Journalist jemals anlesen könnte?

Stellen Sie sich vor: Es ist drei Uhr nachts. Sie haben ein sechs Monate altes Baby. Es brüllt wie am Spieß. Ihr Kind hat auch sonst mal die Nacht zum Tag gemacht, aber das hier ist irgendwie anders. Alle Tricks, die Sie normalerweise anwenden, sind vergebens. Sie und Ihr Partner sind todmüde, gleichzeitig alarmiert und unsicher: Ist das normal? Müssen wir ins Krankenhaus (Sie erinnern sich dabei leicht beschämt an Ihre letzten drei nächtlichen Besuche, die bereits Fehlalarme waren)? Oder ist heute nur eine besonders schlechte Nacht? Irgendwie sind die Wangen des Babys auch wärmer als sonst ... oder kommt Ihnen das jetzt nur so vor? Hat es die letzten Tage nicht auch schlechter gegessen? Fieber hat es keines. Was tun?

Auch wenn wir als aufgeklärte Onlinenutzer natürlich niemals Dr. Google über echten ärztlichen Rat stellen würden ... Selbstverständlich googeln Sie zuerst. Dort erfahren Sie zwar viel Wissenswertes über die Symptome und mögliche Ursachen, sämtliche Unklarheiten werden allerdings nicht beseitigt. Schon gar nicht ziehen Sie heutzutage fein säuberlich den Stapel Elternzeitschriften zurate, der im Keller lagert und darauf wartet, dass Ihr Partner endlich das Altpapier wegbringt. Auch ein Blick auf eltern.de würde Ihnen bei Ihrem ganz konkreten Problem nicht weiterhelfen. Aber: Den idealen Rat finden Sie wahrscheinlich in einer Facebook-Gruppe für Mütter oder in einer anderen Onlinecommunity – irgendjemand auf dieser Welt ist gerade wach. Mitgefühl garantiert, schließlich haben die Mitglieder der Peergroup ähnliche Erfahrungen vielleicht vor Kurzem selbst gemacht und wissen besser Bescheid, wie Sie sich fühlen, als jeder Redakteur, dessen Kinder schon lange aus dem Gröbsten raus sind. Die Mütter in der Eltern-Community können sich exakt in Ihre aktuellen Sorgen und Nöte hineinversetzen. Exakt darum geht es heute: Rat und vor allem emotionale Unterstützung – und zwar sofort. Mit rein einseitigen Informationsangeboten kommt man nicht mehr weit.

Die Verlage sind in der ersten Digitalisierungsphase einem entscheidenden Denkfehler aufgesessen: Die Verantwortlichen haben nur von ihrem bestehenden Printprodukt her gedacht und es auf die nächste Digitalisierungsstufe (Online) gehoben. Sie hatten jedoch verkannt, was die tatsächlichen Nutzerbedürfnisse waren, und vor allem, dass diese jetzt mit neuen digitalen Angeboten besser befriedigt werden konnten. Genau hier traten branchenfremde Wettbewerber auf den Plan. Selbst wenn die Verleger versuchten, ihre Webseiten mit Community-Angeboten wie Kommentarfunktionen nachzurüsten, war der Zug zunächst abgefahren. Diese Communitys waren immer nur Appendix der journalistischen Angebote und damit keine wirkliche Konkurrenz zu Facebook und Co. Die Verlage konnten zwar aufholen, aber den Markt nicht mehr von Beginn an mitgestalten. Dadurch, dass sie den Aspekt »Soziale Medien« aufgrund ihres überholten Fokus auf rein journalistische Inhalte ignoriert hatten, wurden ihre Angebote für die Leser immer weniger relevant. Auch die Werbekunden zogen den Onlineportalen der Verlage zunehmend Facebook und Co. vor. Das Geschäft in beiden Märkten wurde also vermehrt von Branchenfremden dominiert, die deutlich nutzerfreundlichere Tools entwickelten und vor allem die tatsächlichen Bedürfnisse der Zielgruppe besser verstanden hatten als die langjährigen Platzhirsche. Warum? Weil sie nicht von alten Glaubenssätzen über die Marktgesetze der Branche belastet waren.

In eine ähnliche Falle war die Musikindustrie getappt. Illegale Downloads und Tauschbörsen waren in der Welt der Verantwortlichen nicht vorgesehen. Digitale Daten tauschen? Es geht doch um viel mehr! Das Werk des Künstlers auf einer CD, die ich in meine Sammlung aufnehmen und mir ins Regal stellen kann! Der echte Fan will doch genau das! Dieser Stolz, das Gesamtwerk! Nein. Ein ganz interessantes Indiz für diese Fehleinschätzung: Die Werbeagentur Jung von Matt gestaltet regelmäßig das durchschnittliche Wohnzimmer der Deutschen und bildet damit den Wandel im Massengeschmack ab. Stand im Jahr 2004 noch ein CD-Regal prominent im Raum, so lagen 2016 nur noch Smartphone und Laptop auf dem Sofa. CDs sind definitiv kein Must-have der gesellschaftlichen Anerkennung mehr.

Als die Menschen anfingen, einzelne Songs illegal von Napster und Co. herunterzuladen, starteten die Musiklabels eigene Downloadplattformen, auf denen man die Alben als Ganzes herunterladen konnte. Selbstverständlich nur mit ihren eigenen Künstlern, um sich exklusiv von der Konkurrenz abzugrenzen. Denn darum geht es schließlich: Der Kunde möchte auch im Download das komplette Werk des Künstlers ... Nein, das ging schief. Die Rettung kam durch einen Branchenfremden, das Beispiel iTunes wurde bereits hinreichend beschrieben. Steve Jobs hat der Musikindustrie gezeigt, wie es geht – das Geld floss wieder. Was Apple verstanden hatte: Der Kunde möchte, wenn es denn technisch möglich ist, nicht nur einzelne Werke von Künstlern in deren Zusammenstellung als Album kaufen, sondern den gesamten auf dieser Welt vorhandenen Musikkanon abrufen können. Diesen kann er auf der Plattform jederzeit ganz simpel individuell zusammenstellen und ihn auf seinem Endgerät abspielen, ohne sich Gedanken darüber machen zu müssen, welcher Kopierschutz jetzt auf welchem Song liegt. Das Glück für die Musikindustrie mit iTunes: Menschen waren wieder bereit, für Musik zu bezahlen. Allerdings kassierte jetzt ein Branchenfremder mit ab.

Die Musikindustrie machte mehrere Fehler. Zum einen hielten sie, ähnlich wie die Verlage, an ihrem alten Glaubenssatz fest: Nur wir und die Künstler wissen, wie man ein stimmiges Musikerlebnis zusammenstellen kann! Das bestehende Produkt (CD) wurde nur in die nächste Digitalisierungsstufe (Albumdownload) überführt. Dazu kam ein überholtes Konkurrenzdenken: Nicht die alten Feinde (sprich die anderen Labels) sind in Zeiten der Digitalisierung der echte Wettbewerb. Die Abgrenzung zu den anderen Playern der Branche war der falsche Weg. Denn: Gemeinsam wäre man vielleicht stärker gewesen, um gegen Plattformanbieter vorzugehen.

Die in der Folge entstandenen Streamingangebote erfüllten die Zielgruppenbedürfnisse sogar noch stärker: Der Kunde will offensichtlich nicht einmal mehr einzelne Songs besitzen, geschweige denn eine digitale Sammlung aufbauen. Der Faktor »Eigentum«

hat seinen zentralen Stellenwert verloren. Es geht nicht mehr darum, den eigenen Musikgeschmack im Wohnzimmerregal oder in seiner iTunes-Bibliothek zu verewigen. Vielmehr ist die ständige Verfügbarkeit rund um die Uhr wichtig. Ich kann, wenn ich will – dieses Gefühl hat sich zumindest bei der jungen, urbanen Zielgruppe in breiten Teilen durchgesetzt. Und was ist mit der früher durch die Musikindustrie geleisteten Orientierungsfunktion (was spiele ich, wenn mein erstes Date vor der Tür steht – Stichwort *Bravo Hits*)? Sie wird heutzutage durch Playlists meiner Freunde oder DJs komplett ersetzt.

Wenn wir nun zum dritten Beispiel aus dem Eingangskapitel kommen, ahnen wir an dieser Stelle bereits: Die TV-Industrie hatte durchaus den richtigen Riecher mit den Initiativen zu einem »German Hulu«. Der Plan, den Konkurrenten zum Verbündeten gegen branchenfremde Angreifer zu machen, wäre eine angemessene Strategie gewesen. Das Aus durch die Kartellamtsentscheidung ist damit aus heutiger Perspektive ein doppelt harter Schlag. Es ist die Ironie des Schicksals, dass die Regulierung nun eifrig nachholen soll, was damals verpasst wurde – aber viel zu spät. Es sind also nicht nur die Unternehmen, auch die Strukturen hierzulande haben ein erfolgreiches Bewältigen der digitalen Transformation nicht ermöglicht.

Was die TV-Industrie damals trotz dieser Initiativen nicht gewagt hatte, war das konsequente Bekenntnis zu einem neuen Geschäftsmodell. Wie wir bereits gesehen haben, war das ProSiebenSat.1-Angebot Maxdome 2006 ein vielbeachteter VoD-Pionier in Deutschland. Spätestens 2011 mit der Übernahme aller Anteile von 1&1 hätte die Chance bestanden, das Portal auf Augenhöhe in die starke Marke des Konzerns einzugliedern. Zusätzlich hätte man attraktiven Content selbst aufbauen können, solange die Gelder aus dem linearen Fernsehen noch kräftig flossen und man von den Inhaltsproduzenten, die heute ihre eigenen Streamingportale betreiben, noch attraktive Filme und Serien bekommen hat. Tat man aber nicht. Warum? Ein vermeintliches Konkurrenzprodukt auf einem anderen Distributionskanal hätte möglicherweise das Erfolgsmodell des linearen Fernsehens gefährdet. ProSieben-Stream statt Maxdome? Aus damaliger Perspektive unvorstellbar. Das Geschäft machte Netflix, das erst drei Jahre später in den deutschen Markt einstieg.

Das Problem waren wieder überholte Glaubenssätze daran, was die Zielgruppe wirklich mag: sich zurücklehnen und das Angebot der professionellen Programmplaner genießen? Dieses Denken war zu kurzfristig und zu sehr am bestehenden Markt ausgerichtet. Natürlich wäre es fahrlässig gewesen, alle bisherigen Erfolgskonzepte sofort über Bord zu werfen. Aber: Die Grenzen, die sich Unternehmen in ihrem alten Branchendenken selbst auferlegt haben, sind in Zeiten der Digitalisierung mehr als hinderlich.

Unternehmen tun sich schwer damit, sich selbst mit innovativen Geschäftsmodellen zu kannibalisieren. Jedoch ist das in Zeiten des schnellen digitalen Wandels die einzige Chance, nachhaltig im Geschäft zu bleiben, bevor ein disruptiver Angreifer kommt und den Markt umkrempelt. »Meine Produkte, mein Stammmarkt, meine alten Feinde« – dieses Denken ist zu eng! Und damit wären wir wieder bei Albert Einstein: Probleme von morgen lassen sich nicht mit den Antworten von gestern lösen.

Klingt alles durchaus nachvollziehbar, ist aber natürlich schwieriger umzusetzen, als man denkt, vor allem, wenn man rund um die Uhr mit Vertriebszahlen, Personalproblemen und Kundenbeschwerden konfrontiert wird. Wer in einem hochkompetitiven Umfeld permanent unter Beschuss steht, hat für das Ansetzen eines groß angelegten Strategieprogramms meistens weder Zeit noch Nerven. Aus diesem Grund haben wir ein ganz einfaches erstes Konzept entwickelt, mit dessen Hilfe Sie bereits ohne großen Aufwand überprüfen können, ob Ihre Produkte, Dienstleistungen und vor allem Ihr Denken fit für die Zukunft mit KI sind: Wir nennen es das COSIMA-Prinzip.

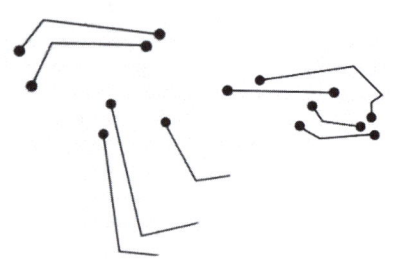

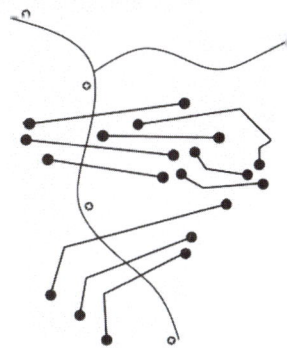

6. Die Zukunft beginnt jetzt – der Künstlichen Intelligenz erfolgreich begegnen mit dem COSIMA-Prinzip

COSIMA steht für

COnvenient – also bequem.

SImple – also einfach.

MArktsicht– mit Blick auf den Gesamtmarkt, nicht auf das bestehende Produkt.

Der Einsatz von KI im Unternehmen ist im ersten Schritt keine reine IT-Angelegenheit, sondern eine strategische Entscheidung und ein Mindset, das Sie für die Zukunft fit macht. Nicht »dann machen wir halt auch was mit KI« darf der Treiber sein, stattdessen geht es um eine Vision, dem Kunden die bestmögliche Problemlösung zu bieten. Mit KI können Sie Ihre Kunden so gut verstehen wie nie zuvor. Doch auch innerhalb Ihres Unternehmens hat KI Potenzial, sei es in Hinblick auf Prozesse oder auf Ihre Mitarbeiter. Spielen Sie mit uns die drei Bausteine des COSIMA-Prinzips durch und entdecken Sie, an welchen Hebeln Sie ansetzen können!

Convenient

Lösungen heute müssen bequem sein und den Alltag erleichtern, sei es im Unternehmen oder privat. Mit KI sind wir der Vision einer bequemen Welt so nah wie nie zuvor: Routineaufgaben entfallen, per Sprachsteuerung managen wir unser Zuhause. Hunger?

Der Kühlschrank hat schon mal Vorräte bestellt. Rezept? »Alexa, wie geht Penne Arrabiata?« Sie stehen am Herd, haben beide Hände voll und können endlich auf die parallele Wischerei am Smartphone oder das olle Kochbuch verzichten, dessen Optik davon zeugt, dass Papier in der Nähe von kochender Tomatensoße eigentlich noch nie eine gute Idee war. Sie haben gar keine Lust zum Kochen? Dann eben liefern lassen. E-Mails schreiben? Lieber diktieren, die KI verwandelt das Gesagte in Text.

»Moment!«, sagen Sie jetzt vielleicht. »Das ist zwar bequem, aber auch ganz schön faul.« Das kann man so sehen. Aber: Wenn Sie jemanden aus der Generation Y fragen (falls Sie nicht selbst dazugehören), lautet diese Erkenntnis möglicherweise anders: »Faul? Auf keinen Fall, das ist bequem und smart!«

Die Gesellschaft für Konsumforschung (GfK) geht von einer marktverändernden Kraft durch die Millennials (Jahrgänge 1982 bis 1996) und ihre Nachfolgegeneration (Jahrgänge 1997 bis 2011), iBrains genannt, aus. Wie diese jungen Menschen ticken? Dr. Robert Kecskes, GfK Senior Insights Director, beschreibt es folgendermaßen: »Millennials und iBrains vereinen mit Leichtigkeit Dinge, die früheren Generationen unvereinbar erschienen: Freiheit und Bindung, Spaß und Verantwortung, Convenience und Sinn, chillen und Zeitstress, Öffentlichkeit und Schutz von Privatsphäre. Sie lieben regionale Produkte und internationale Küche, wollen es bequem und sofort, aber fair und qualitätsvoll, streben nach Karriere – in Wohnortnähe. Es geht um persönlichen Erfolg, aber nicht um jeden Preis und schon gar nicht auf Kosten sozialer Standards.«[22] Dabei sind Millennials und iBrains jederzeit erreichbar und vernetzt, Schaltzentrale ist das Smartphone – das aber eher weniger zum Telefonieren verwendet wird. Online- und Offlinewelt verschmelzen, der Austausch über sämtliche Kommunikationswege ist zentral. Das wird entsprechend auch von den Marken erwartet, die sich bei dieser Zielgruppe positionieren wollen. Es muss nicht nur digital sein, im Gegenteil. Laut GfK steigt mit zunehmendem Onlineshopping auch das Bedürfnis nach dem direkten Kontakt. Die Integration von analoger und digitaler Welt ist daher von enormer Bedeutung.

Für das Ego der jungen Generation ist es keine Schande, Dienstleistungen in Anspruch zu nehmen. Lieferdienste beispielsweise waren lange Zeit verpönt nach dem Motto »zu faul zum Kochen«, studentische WGs wurden gerne als ernährungstechnische Hölle aus Fast-Food-Tüten, Pizzakartons und Bierflaschen stilisiert. Kurz: Die Sache hatte einen uncoolen oder leicht verzweifelten Beigeschmack. Heute hingegen boomen Lieferdienste aller Art und haben nichts mehr mit dem negativ besetzten Begriff Fast Food zu tun. Blickt man heute auf das Angebot, steht selbst einer veganen Ernährung nichts im Wege. Vergleicht man auch noch die Auswahl der Gerichte mit denen eines deutschen Autobahnrasthofes, dürften die neuen Anbieter Tränen der Rührung in die Augen jedes Ernährungswissenschaftlers treiben. Bequemlichkeit und Qualität schließen sich keineswegs aus. Dank des umfangreichen Angebots ist es nicht mehr zwingend nötig, nach Feierabend in den Supermarkt zu hetzen, an der Kasse zu stehen, ewig in der Küche herumzubasteln, um dann doch nur ein unterdurchschnittliches Gericht zu produzieren. Liefern ist smart. Weniger Arbeit, mehr Genuss. Und Zeit für wichtigere Dinge.

Zeit ist ein hohes Gut für die jungen Generationen, angefangen bei der Work-Life-Balance. Zwar seien die Nachwuchskräfte entgegen mancher Mythen durchaus leistungsbereit, dafür müssen jedoch die Bedingungen stimmen, so Tatjana Krieger vom Karriereportal Monster.[23] Sie wissen, dass sie dank Laptop und Smartphone jederzeit von überall arbeiten können, so lässt sich der Job mit dem Privatleben verbinden. Eine 80-Stunden-Woche ist kein Statussymbol mehr, ebenso wenig wie der dicke Firmenwagen. Uber, Carsharing und Co. sind gerade für die junge urbane Zielgruppe eine klare Alternative zum eigenen Auto. Und dann: Schlange stehen, um ein Taxi zu bekommen? Wozu? Mit der App sehe ich, wo ein freier Wagen ist, wie schnell er hier sein wird, buche direkt, fahre und bezahle mobil. Dienstleistungen müssen heute maximal komfortabel sein, Bequemlichkeit sticht Markenimage. Nicht für wenige junge Menschen ist die App die wichtigere Marke als die konkreten Angebote, die sie über diese App beziehen können. Wer heutzutage eine Fahrt über Uber bestellt, selektiert zwar vielleicht, ob er eine Limousine, ein Elektroauto oder einen ganz normalen Wagen haben möchte, aber nicht, ob es ein BMW, ein VW oder ein Toyota ist. Man hat die Wahl, immer und überall. Was passt zu mir und ist jetzt gerade bequem – darauf kommt es an.

Dieses Prinzip setzt sich fort bei der Partnersuche. Wie lief ein Date früher? Beziehungsweise: Was musste geschehen, damit es überhaupt erst zu einem Date kam? Die erste Frage war, wo man jemanden kennenlernte. Also, raus aus dem Wohnzimmer, rein in Bars, Clubs, zu Partys. Die zweite Frage: Zielobjekt gesichtet? Erst mal abchecken, ob er/sie vielleicht bereits vergeben ist. Blöderweise ist das ja nicht immer sofort eindeutig. Daher die dritte Frage beziehungsweise Herausforderung: Hemmschwelle überwinden. Ansprechen. Vielleicht einen Drink ausgeben. Halbwegs intelligent unterhalten und dabei dezent vorfühlen, ob es denn da wohl gemeinsame Interessen für ein nächstes Treffen geben könnte. Die vierte und alles entscheidende Frage: Wird es dieses nächste Treffen geben? Oder jetzt gleich? Oder doch einen Korb abholen? Alles nicht so einfach und nicht immer ein Home Run für das eigene Ego. Heute lässt sich dieser Weg deutlich abkürzen: Auf dem Sofa wird mit Tinder schon mal vorselektiert, vorgefühlt, vielleicht mit den Kumpels vernetzt, vordiskutiert, und wenn alles passt, kommt es zum Offline-Date. Viel Zeit, Geld und mögliche frustrierende Körbe gespart.

Schnell, bequem und genau auf die eigenen Bedürfnisse zugeschnitten. Die Plattformen jeder Art haben dieses Problem verstanden. Angebot und Nachfrage kommen zusammen, mit KI werden die Lösungen noch smarter und binden sämtliche Lebensbereiche ein. Das vernetzte Zuhause weiß Bescheid, wann wir heimkommen werden, und dreht schon mal die Heizung hoch. Stau auf der Autobahn? Dann wartet das System eben etwas, es weiß ja, wo wir sind.

Oder es hilft uns, nicht gleich die ersten Dates mit dem/der dank Tinder entdeckten potenziellen Partner/in zu versemmeln. Konkret: Gabi heißt das Zielobjekt, und Sie waren jetzt schon zweimal mit ihr essen. Für das dritte Date haben Sie unvorsichtigerweise zu sich nach Hause eingeladen. Während viele Frauen dieses Ereignis schon eine Woche vorher mit ihrer besten Freundin im Detail durchgeplant hätten, erinnert Sie Alexa zwei Tage vor Tag X: »Hey, in zwei Tagen hast du dein Date mit Gabi! Wie schaut's aus, sollen wir was kochen?« – »Hmmm.« – »Ihr wart bisher zweimal beim Italiener, und sie hat zweimal Nudeln gegessen. Das scheint eine gute Idee zu sein.« – »Hmmm!« – »Ich schlage Penne Arrabiata vor, das kriegst du hin. Ich habe bereits mit dem Kühlschrank und dem Thermomix gesprochen.« Sie ahnen, was jetzt kommt: gähnende Leere im Kühlschrank, aber immerhin konnten Sie den Thermomix bei der Scheidung retten. »Wir haben natürlich nichts zu Hause, ich habe schon alle notwendigen Zutaten in den Warenkorb gelegt, ebenso eine Weinempfehlung. Sollen wir bestellen?« Läuft. Einmal durchatmen, der Abend wird gut. Aber Alexa ist noch nicht fertig: »Wie sieht es mit Musik aus?« Oh Mann, woran man alles denken muss! »Ich habe schon einmal Gabis Playlists bei Spotify gecheckt und empfehle Romantik. So sieht es aus, als hättest du einen guten Musikgeschmack.« Nun ja, eigentlich wollen Sie sich von Ihrem Sprachassistenten nicht beleidigen lassen, aber wo sie recht hat … ok, dann eben Romantik. »Wollt ihr noch einen Film schauen?«

Alexa übernimmt auf Basis der ihr bekannten Daten zu Vorlieben und Verfügbarkeiten bequem die Planung des Abends. Der Rest liegt in Ihrer Hand – ganz ohne menschliche Verführungskünste werden Sie nicht auskommen. KI darf, wie wir noch sehen werden, kein Ersatz für Einfühlungsvermögen und Empathie werden. Sonst bekommen Sie bald ernsthafte Konkurrenz durch Roboter. Aber die Unsicherheit beim Start einer Beziehung wird etwas erleichtert.

Schön und gut, könnte man nun einwenden. So ein Szenario mag künftig vielleicht für junge Zielgruppen denkbar sein, aber was ist mit den älteren und kaufkraftstarken Haushalten? Die GfK geht davon aus, dass die Trends, die sich in der jungen Generation bilden, auch schnell auf andere Gesellschaftsschichten überspringen, wie wir etwa am Beispiel der Sharing Economy gesehen haben. Oder aber: Die Lösung ist so bequem, dass die Nutzung sogar in der älteren Generation früher angenommen wird als bei den jungen Leuten. Für Menschen, die ihr Leben lang ihre Korrespondenz einer Sekretärin diktiert haben und die entsprechend langsam sind, wenn sie selbst eine E-Mail schreiben sollen, ist die Sprachfunktion im E-Mail-Programm auf dem Smartphone ein Segen. Sie diktieren, Punkt und Komma inklusive, lesen noch mal drüber, fertig. Warum die Finger verbiegen, wenn es viel bequemer geht?

Was bedeutet der Punkt Convenient nun für Ihr Unternehmen und Ihre künftige Strategie? Und wo kann Ihnen KI dabei helfen? Ihr Motto muss lauten: Kill the Pain Points! Welches Problem soll mein Produkt lösen? Und welche Aspekte der momentanen Lösung nerven die Kunden, weil sie einfach zu sperrig, zu unbequem, zu anstrengend sind?

Wer diese zwei Fragen beantworten kann, ist schon einmal auf der richtigen Spur. Der Kundenschmerz ist ein guter Wegweiser zu innovativen Lösungen, den auch Disruptoren als Indikator nutzen. Ewige Schlangen an der Supermarktkasse? Damit macht man keinen Kunden glücklich. Mit dem Auto im Stau auf dem Weg zur Arbeit oder in der überfüllten Bahn – wenn sie denn kommt? Ewiges Sitzen im Wartezimmer beim Arzt? KI kann nicht nur den Bezahlvorgang an der Kasse beschleunigen, sondern auch dafür sorgen, dass gefragte Produkte automatisch immer wieder nachbestellt werden, je nach Saison und Einkaufsverhalten. KI hilft bei der Suche nach der bequemsten und günstigsten Verbindung von A nach B und weiß bereits, dass die Autobahn an einem Freitag in einer halben Stunde wie immer dicht sein wird. Lieber mal die Landstraße nehmen und Entspannungsmusik vorbereiten. Fieber und Halskratzen? Vom langen Besuch im Wartezimmer wird das in der Regel nicht besser. Anamnese durch Sensortechnik und erste Hilfe durch die Kooperation von Mensch und Maschine ist eine smarte Lösung – immer mit einem Zeitfenster als Rückfalloption, in dem ein Arzt konsultiert werden sollte, wenn sich die Beschwerden nicht bessern. Das geht zu weit? Aber für wie viele Menschen mit komplizierten Diagnosen könnte der Arzt mehr Zeit haben? Zentral für diese Anwendungsszenarien ist natürlich die Sicherheit der Systeme. Vertrauen in Technologie wird künftig eine enorme Rolle spielen, auf die wir im letzten Kapitel dieses Buches noch eingehen werden.

Warum machen Sie es Ihren Kunden aktuell schwer, Ihr Angebot zu lieben? Möglicherweise genau deswegen, weil Sie nur an Ihr Angebot denken. Was aber will der Kunde? Stellen Sie sich vor, Sie bieten Versicherungen an und haben nun eine App entwickelt mit Chatbot, der jede Frage einwandfrei beantwortet, Sie haben einen Rund-um-die-Uhr-Service, ihre menschlichen Mitarbeiter sind bei Problemfällen absolute Experten und helfen kompetent weiter. Großartig, was für ein Kundenservice! Halten Sie kurz inne. Ihr Kunde hat nicht nur ein Auto, einen Haushalt und einen Unfallschutz. Sondern auch eine Berufsunfähigkeitsversicherung und einen Hund, der ebenfalls versichert ist. Leider nicht bei Ihnen. Die optimale, bequeme Lösung aus Kundensicht wäre nun nicht eine App für jeden Versicherungsanbieter, sondern eine App, auf der der Kunde sämtliche Versicherungsinformationen einheitlich an der gleichen Stelle abrufen kann. Nicht umsetzbar, denken Sie? Die Konkurrenz? Das geht gar nicht? Die Allianz hat es bereits verstanden. Auf ihrem Onlineportal »Meine Allianz« können Verträge mit anderen Versicherungen eingebunden werden. Und sogar Personen, die gar keine Allianzkunden sind, können das Portal nutzen. Dieses Beispiel zeigt, wie der Kunde und die bequeme Erfüllung seiner Bedürfnisse zum Mittelpunkt des unternehmerischen Denkens gemacht werden kann.

Simple

Eine einfache Lösung ist eine gute Lösung für den Kunden. Dabei müssen Sie keineswegs Ihren Qualitätsanspruch aufgeben. Im Kern sind hier zwei Aspekte zentral, auf die wir jetzt eingehen: die Bedienungsfreundlichkeit sowie der individuelle Zuschnitt des Angebots.

Lesen Sie gerne Bedienungsanleitungen? Auch ein komplexes Produkt gewinnt beim Kunden nur, wenn er es einfach bedienen kann. Usability ist hier das Schlüsselwort und gilt nicht nur für technische Geräte, sondern für jede Produktform, sei es ein Gebrauchsgegenstand, ein industrieller Prozess, eine Dienstleistung oder eben eine IT-Lösung. Apple hat dieses Prinzip früh und besonders konsequent verinnerlicht. Das erste iPhone war grundsätzlich anders als die (Klapp-)Handys und Blackberrys, die damals den Markt dominierten. Ein stylisches Gehäuse, eine einzige Taste (die man kaum als eine solche bezeichnen konnte), die Nutzerführung komplett intuitiv. Apple war auch Jahre später noch der Maßstab, wie Technologie auf Nutzerseite zu erscheinen hatte: schön und einfach. Selbst Kleinkinder verstehen schnell, wie sie auf dem Touchscreen wischen müssen, um neue Bilder zu sehen, oder wie sie über die Apps zu einem Spiel gelangen. Und nicht nur die: »Darum kaufe ich Oma ein iPad (und mir keins)«[24] – so titelte Konrad Lischka 2010 auf Spiegel Online und feierte im Artikel die einfache Handhabung des damals neuen Geräts.

Ein weiteres Beispiel: Sie kennen verschiedene Automodelle von BMW, haben vielleicht über DriveNow sogar schon einige gefahren. Das Cockpit sieht immer anders aus, die Schaltung funktioniert unterschiedlich. Ist das kundenfreundlich, gerade wenn wir an die Nutzer von DriveNow denken? Bei jeder Fahrt sind ein paar Orientierungsversuche notwendig, bevor sich die vielbeschworene Freude am Fahren entwickeln kann. Anders bei Tesla. Die Konsole sieht einfach aus wie ein iPad, die Bedienung ist intuitiv – in allen Modellen. Hier wird Usability großgeschrieben.

Die Maxime einer möglichst simplen, selbsterklärenden und einheitlichen Benutzeroberfläche ist gerade bei elektronischen Produkten zentral. Der Kunde will das perfekte Nutzererlebnis auf jedem Gerät, mit nur einem Passwort. Brüche in dieser Logik verwirren den Kunden und werden ihn langfristig vertreiben. Jetzt mag man einwenden, dass für die unterschiedlichen Geräte oder Anwendungen verschiedene Geschäftsbereiche zuständig sind, die ganz andere Dienstleistungen für verschiedene Ansprüche bieten und ihre eigenen Funktionalitäten haben. Auch wenn es intern im Unternehmen schmerzt und für den einen oder anderen Bereichsfürsten schwer zu verdauen ist: Das ist nicht das Problem Ihrer Kunden! Egal, wie komplex die Zusammenhänge in Ihrem Unternehmen sind, wie viele Schnittstellen es zwischen unterschiedlichen Abteilungen gibt, wo vielleicht welche Daten gespeichert sind – für das Kundenerlebnis darf das keine Rolle spielen.

Haben wir Telekom-Kunden unter den Lesern? Öffnen Sie mal Ihr Smartphone und suchen Sie die Telekom-Apps. Die erkennen Sie schnell, alles in Pink (halt: Magenta!). Zählen Sie sie durch: App Starter, Magenta-Cloud, Telekom Mail, DSL Hilfe, Voicemail, Online-Manager, MeinMagenta oder sogar noch mehr. Und? Wissen Sie, welche Sie wofür nutzen (könnten)? Haben Sie denn in MeinMagenta schon Festnetz- und Mobilfunkkonto zusammengeführt? Nein, das macht nicht die Telekom automatisch, wenn Sie schon länger Kunde sind. Diesen Spaß will man Ihnen schließlich nicht entgehen lassen. Aber nicht so schnell, Smartphone weg, das machen Sie bitte über die Webseite, und zwar von Ihrem Festnetzkonto aus, vom Mobilfunkkonto aus geht es nicht. Also: schnell ausloggen, einloggen in den Festnetzaccount (selbstverständlich mit unterschiedlichen Login-Daten), und los geht der Spaß! Nein, es spielt keine Rolle, dass Name, Anschrift und Kontaktdaten identisch sind. Sie merken: einfach ist definitiv etwas anderes.

By the way: Diese Denkweise hat nicht nur etwas mit dem Kunden zu tun. Das Denken in getrennten Unternehmensbereichen, die möglicherweise weitgehend unabhängig voneinander operieren, wird Ihnen beim Einsatz von KI spätestens beim Thema Daten auf die Füße fallen. Ihre Abteilungen dürfen keine Datensilos horten, die nebeneinander her existieren. Vielmehr gilt es, eine zentrale und umfassende Datenbasis mit Zugriffsmöglichkeiten für das gesamte Unternehmen zu schaffen. Das alte Bereichsdenken muss Vergangenheit sein, wie wir bei den noch folgenden Kernanforderungen für die erfolgreiche Umsetzung Ihrer Strategie sehen werden.

Der zweite zentrale Punkt, den es beim Thema Simple im CO-SIMA-Prinzip zu bedenken gilt, betrifft das individuelle Angebot für jeden Kunden. Wir haben heute in allen Lebensbereichen so viel Auswahl wie nie zuvor. Und immer stehen wir vor der Angst, angesichts der schier unendlichen Möglichkeiten nicht die beste Wahl getroffen zu haben. Barry Schwartz beschreibt in seinem Buch *Anleitung zur Unzufriedenheit – Warum weniger glücklicher macht* anschaulich, wie er eigentlich nur eine Jeans kaufen möchte, wie er sie immer trägt. Die Auswahl der verschiedenen Passformen und Waschungen erschlägt ihn jedoch schier, sodass er an seiner letztendlich getroffenen Wahl auch nach dem Kauf zweifelt. Vielleicht hätte es ja doch noch eine bessere Alternative gegeben? Das sogenannte Paradox of Choice kann sogar soweit führen, dass Kunden lieber gar keine Entscheidung treffen als eine möglicherweise falsche. Als Unternehmen verlieren Sie hier Geld.

Wie geht es besser? Wer den Kundenfokus wirklich ernst nimmt, bietet zwar eine riesige Auswahl, reduziert die Komplexität jedoch gleichzeitig auf ein übersichtliches Maß. Und genau hier schlägt die Stunde der KI. Algorithmen können die Auswahl an relevanten Möglichkeiten für einen speziellen Kunden deutlich einschränken, was Entscheidungen einfach und rational gestaltet. Der Kunde hat im Onlineshop bereits öfters eingekauft und sucht nun nach einer Jeans? Er hat immer dunkle Waschungen mit klassischem Schnitt gekauft? Dazu graue Rollkragenpullover? Na, dann zeigen wir ihm doch mal eine Auswahl an dunkelblauen und schwarzen Jeans, vielleicht mal ein paar Nuancen heller, aber definitiv keine Farbexperimente. Auch mit großen Destroyed-Effekten werden wir ihn nicht glücklich machen. Als Kombinationsmöglichkeit bekommt er dann eher nicht das fancy Statement-Shirt angezeigt, sondern eine Auswahl an dezenten Pullovern, gerne mit Rollkragen. Und nicht in Orange.

Theoretisch hat der Kunde die maximale Auswahl, aber um ihn nicht zu überfordern, werden die Möglichkeiten zu den für sein Profil relevantesten Produkten kanalisiert. Sollte er gezielt vorhaben, den kompletten Stilbruch zu wagen, wird er ohnehin über die Suche oder die Navigation des Shops gehen. Auf diese Weise entsteht Vertrauen in den Shop, nach dem Motto »Hey, die verstehen mich!« Einen ähnlichen Effekt erleben Kinder, wenn unter dem Weihnachtsbaum auf einmal ein Geschenk liegt, das sie sich vielleicht gewünscht, den Wunsch aber gar nicht so explizit ausgesprochen hatten (der Vollständigkeit halber sei erwähnt, dass am gegenteiligen Effekt auch schon Ehen gescheitert sind, hier wäre sicher auch Luft nach oben mit dem Einsatz von KI!).

Zentral für eine individuelle Reduktion der Auswahlmöglichkeiten ist natürlich, dass möglichst viele Informationen über den Nutzer und seine Vorlieben vorhanden sind und als entsprechende Daten vorliegen. Nur so lässt sich antizipieren, was der Kunde momentan und künftig möchte. Die große Gefahr dabei, wie wir bereits gesehen haben: Man benötigt keine Branchenexpertise, um eine Plattform aufzubauen, die solche Analysen ermöglicht. Bei allem, was wir bereits zum Thema Plattformökonomie, Amazon und Co. diskutiert haben, ist klar: Ein disruptives Unternehmen, das eine Branche umkrempeln will, braucht in Zeiten von KI nicht mehr die Erfahrung aus jahrelangen Kundengesprächen, auf die klassische Anbieter oftmals stolz sind und auf die sie sich als Alleinstellungsmerkmal berufen. Die Markteintrittsbarrieren sind gesunken: Wer die Plattform besitzt, besitzt die Daten und kennt den Kunden. Wonach hat er gesucht, welche Produkte hat er wie lange angesehen, wo hat er weitere Informationen gesucht, was hat er möglicherweise gekauft? Es ist letztendlich fast nebensächlich, um welches Produkt es geht, ob es nun Autozubehör, eine Versicherung oder Unterwäsche ist.

Als bestehender Wettbewerber im Markt verliert man schnell den Anschluss, wenn die Plattform nicht in den eigenen Händen liegt. Zwar kann man seine Produkte dort vermarkten, die Daten jedoch hat der Plattformbetreiber. Der Ausweg: Bauen Sie die beste Plattform und holen Sie Ihre Konkurrenten an Bord. Alles aus einer Hand, maximaler Komfort für den Kunden, einfache Handhabung. »Aber das ist doch gar nicht meine Aufgabe«, mögen Sie jetzt denken. Tatsächlich? Das ist eine Frage der Marktdefinition – und damit sind wir beim dritten Punkt des COSIMA-Prinzips.

Marktsicht

Kundenfokus statt Produktfokus! Nach diesem Motto müssen heute Märkte gedacht werden. Im Zentrum steht nicht das Produkt, sondern die optimale Problemlösung für die Zielgruppe. Worum geht es wirklich?

1. Fernsehen oder sehen, was, wann und wo man will?
2. Autofahren oder entspannt und individuell reisen?
3. Zum Arzt gehen oder gesund werden?

Der relevante Markt ist eben nicht nur der TV-Markt oder der Automobilmarkt, sondern viel breiter. Es geht nicht darum, ein Produkt zu optimieren und es auf die nächste Digitalisierungsstufe zu heben, sondern dem Kunden die optimale Lösung für seine Bedürfnisse zu liefern: individuelle Unterhaltung immer und überall beziehungsweise Mobilität in jeder Lebenslage. Jegliche Marktexpertise ist quasi für die Tonne, wenn ein Branchenfremder einfach besser versteht, was die Kunden wollen – weil er es kann. Wir haben gerade gesehen, wie KI als Schlüsseltechnologie die Kundenbedürfnisse antizipiert und entsprechende Problemlösungen anbietet. Das einzelne Produkt ist nur ein kleiner Baustein in einem auf den Kundennutzen optimierten, KI-gestützten Ökosystem.

Um diesen Anspruch zu erfüllen, müssen die Probleme groß gedacht werden. Nehmen wir als Beispiel die Elektrizität: Wären länger brennende Kerzen eine vergleichbare Lösung zu elektrischen Lampen gewesen? Oder: Wären schnellere Pferde vor den Kutschen eine Alternative zur Erfindung des Automobils gewesen? Nur wenn der Markt so breit definiert wird, dass er das finale Zielgruppenbedürfnis befriedigt, sind Sie wirklich kundenorientiert.

Dazu gehört auch, schon an künftig mögliche Kundenbedürfnisse zu denken – auch wenn sie jetzt noch nicht befriedigt werden können, die technologischen Voraussetzungen dafür jedoch bereits vor der Tür stehen. Welche Bereiche der Wertschöpfungskette decken Sie bereits ab? Welche kommen von Zulieferern? Besteht die Möglichkeit, sich Kompetenzen durch die Übernahme einer Firma einzukaufen? Oder sie im eigenen Hause zu entwickeln? Wir haben gesehen, dass Ökosysteme die Zukunft sind. Sind Sie auf dem Weg, eines zu schaffen? Oder ist Ihr Unternehmen möglicherweise bald nur ein Baustein im Ökosystem eines anderen Anbieters? Wenn überhaupt. Wer einzeln kämpft, verliert!

Dieser Gedanke widerspricht häufig dem, was klassischerweise für den Königsweg im Markenmanagement gehalten wurde. Die scharfe Abgrenzung vom Wettbewerber ist heutzutage nicht immer der klügste Weg, denn der Konkurrent von gestern ist nicht mehr der Feind von morgen. Dazu müssen Sie möglicherweise strategisch umdenken und das Unternehmensego zurückstellen. Ihr Motto: Gattungsmarketing statt Markenmarketing! Um im Gesamtwettbewerb zu bestehen, müssen rechtzeitig die Wettbewerber der eigenen Branche gebündelt werden.

Das heißt also in unserem konkreten Fall für die Medienbranche: Ein On-Demand-Portal für alle Verlage statt Einzellösungen. Das Prinzip des Journalismus insgesamt muss sich durchsetzen, die Eitelkeit der einzelnen Marken kann diese Grundsatzentscheidung nicht tragen. Ein Beispiel aus der Automobilbranche: Tesla hat 2014 alle Patente freigegeben, auch für die Konkurrenz. Das Ziel: Die Technologie insgesamt soll sich durchsetzen. Auch ein Unternehmen wie Tesla hat nur dann Erfolgsaussichten, wenn Elektromobilität die Zukunft wird. Ähnlich argumentieren Verfechter von Open Source in unterschiedlichen Branchen. Googles Android etwa profitiert von der Offenheit des Betriebssystems, das zugleich offen ist für Innovationen von außen. iOS von Apple hingegen bietet im eigenen Ökosystem maximale Usability, ist im Gesamten jedoch weniger flexibel und nur mit Mühe kompatibel, wenn es um Schnittstellen zu anderen Devices geht. Mit dieser Position könnte selbst Apple eines Tages Probleme bekommen.

Ein sehr schönes Beispiel für die Umsetzung der breiten Marktsicht aus dem bestehenden Geschäftsfeld heraus ist John Deere, ein führender Hersteller von Landtechnik. Der Gründungsmythos, wenn man es so nennen darf, basiert auf der Herstellung von Pflugscharen in den 1830er Jahren. Heute dürfte das Unternehmen den meisten von Ihnen für seine Landmaschinen (oftmals grün mit gelben Applikationen) bekannt sein. Aber worum geht es auf dem Acker, wenn wir das gerade Gelernte anwenden: um das Traktorfahren oder um die besten Rüben? Die Digitalisierung hat neue Use Cases bei der Bestellung von Feldern ermöglich: Sensoren geben dem Landwirt einen Überblick über die Bodenqualität und notwendige Maßnahmen. Dünger? Bewässerung? Saat? Ernte? Den richtigen Zeitpunkt ermittelt der Algorithmus, Berücksichtigung der Wetterlage inklusive. Auf das Feld fährt dann nicht mehr zwingend der Bauer, sondern dies übernehmen ferngesteuerte oder autonome Maschinen.

Das Potenzial und die Bedeutung von KI gerade im landwirtschaftlichen Sektor sind groß. Autonome Maschinen, die Überwachung von Boden und Ernte sowie Predictive Analytics etwa zur Vorhersage der Auswirkungen des Wetters sind mögliche Einsatzszenarien. Ein autonom fahrender Traktor allein ist sicher super, die optimale Ernte wird dies aber nicht automatisch einbringen. Hersteller von Landmaschinen dürfen sich daher nicht einfach als Agrar-Mobilitätsanbieter verstehen, sondern müssen sich neue Kompetenzen aneignen. Was hat John Deere also

verstanden? Das Unternehmen hat sich nicht damit zufriedenge-
geben, sein bestehendes Produkt Landmaschinen in die nächsthöhere Digitalisierungsstufe, nämlich autonom fahrende Trak-
toren, zu heben. Sondern sie haben – immer das tatsächliche
Zielgruppenbedürfnis einer optimalen Ernte im Hinterkopf – ein
komplettes Ökosystem an hochvernetzten, KI-getriebenen Lösungen zur Unterstützung des Landwirts erschaffen. Durch die
Weiterentwicklung der Sensortechnik war es möglich, an jedem
Feld zu messen, was für den Acker zu jedem Zeitpunkt wichtig
ist: Wie ist der Feuchtigkeits- und Nährstoffgehalt des Bodens,
liegt möglicherweise ein Schädlingsbefall vor oder sind die Pflanzen reif zur Ernte? In Abhängigkeit von den Informationen aus
der Vielzahl der Sensoren kann der Bauer nun unterstützt durch
Vorschläge der Künstlichen Intelligenz seine Landmaschinen
dorthin steuern, wo sie am ehesten gebraucht werden. Der Weg
zum Landwirt, der sich nicht mehr um seinen autonom gesteuerten Betrieb kümmern muss und komplett anderen Tätigkeiten
widmen kann, liegt dadurch vielleicht gar nicht in allzu ferner Zukunft. Bauer sucht Frau dürfte damit noch einmal eine ganz neue
Dimension erfahren.

Ein weiteres Beispiel, wie man durch einen konsequenten Blick
auf die Zielgruppenbedürfnisse auch unter erschwerten Marktbedingungen Erfolg haben kann, ist Tesla. Lange Jahre hat sich die
traditionelle Automobilindustrie bei der Etablierung der Elektromobilität hinter dem Argument verschanzt, dass es keine entsprechende Lade-Infrastruktur gebe und deshalb kein Bedarf für Elektroautos vorhanden sei. Mit diesem Henne-Ei-Denken und der
damit verbundenen Forderung nach dem Aufbau von Infrastruktur durch andere konnte natürlich kein Markt entwickelt werden.
Ganz anders Elon Musk. Ihm war klar, dass nicht nur ein Auto-
mobil gebaut werden musste, sondern – ganz im Sinne eines umfassenden Marktdenkens – selbstverständlich auch die entsprechende Infrastruktur mitgeliefert werden muss. Von daher hat er
zeitgleich mit dem Aufbau seiner Autoproduktion auch ein Netz
an Super-Chargern errichtet, bei denen Tesla-Kunden anfangs

sogar lebenslang kostenlos laden konnten. Markt- statt Produktsicht par excellence.

Blicken wir auch noch einmal kurz zurück zum Beispiel Amazon aus Kapitel 2. Hier sehen wir die breitest mögliche Marktdefinition: Die Vision von Jeff Bezos bestand nicht einfach aus einer Plattform für Onlineshopping. Vielmehr geht es um den gesamten Komplex des Einkaufens, den Everything Store und alles, was damit zusammenhängt. Online und offline, mobil und stationär:, Amazon ist immer da. Die Verbindung von Cloud-Technologie, Sensortechnik und KI schafft ein geschlossenes Ökosystem. Das Wissen über die Kunden ist enorm – auf dieser Basis lassen sich weitere Geschäftsfelder erobern. Der Handel ist bereits eingenommen, auch AWS und das Werbegeschäft sind bereits in trockenen Tüchern und inzwischen etablierte Geschäftsfelder. In der Startphase steht der Konzern bei Amazon Shipping (Logistik), Amazon Fresh (Lebensmittel), Amazon Studios (Medien) und Amazon Echo/Alexa (Smart Home). Wobei Startphase in diesem Fall bedeutet: Das läuft bereits. Aber das volle Potenzial ist noch lange nicht ausgeschöpft. Die nächsten Projekte sind Amazon Health (Onlineapotheke), Amazon Restaurants (Lieferdienst), Amazon Pay (Bezahlsysteme), Amazon Game Studios (Videospiele) und Amazon Protect (Versicherungen).

Wir sehen also: Der Angriff auf eine Branche erfolgt von verschiedenen Seiten, ganz ähnlich geschieht das beispielsweise auch im Versicherungsmarkt sowie im Bankgeschäft. Mit dieser enorm breiten Vision wird Amazon zum Problemlöser für alle Lebenslagen. Am Ende des Tages steht die Abdeckung der kompletten Wertschöpfungskette in einer Branche, wie etwa im Bereich Video. Innerhalb weniger Jahre gelang es Amazon, alle Schritte von der Produktion in den Amazon Studios über die Hardware bei den Verbrauchern mit Fire TV bis hin zur Plattform und der cloudbasierten Bereitstellung der Streamingangebote abzudecken. Die klassische Filmindustrie spielt in den Überlegungen von Amazon keine Rolle mehr.

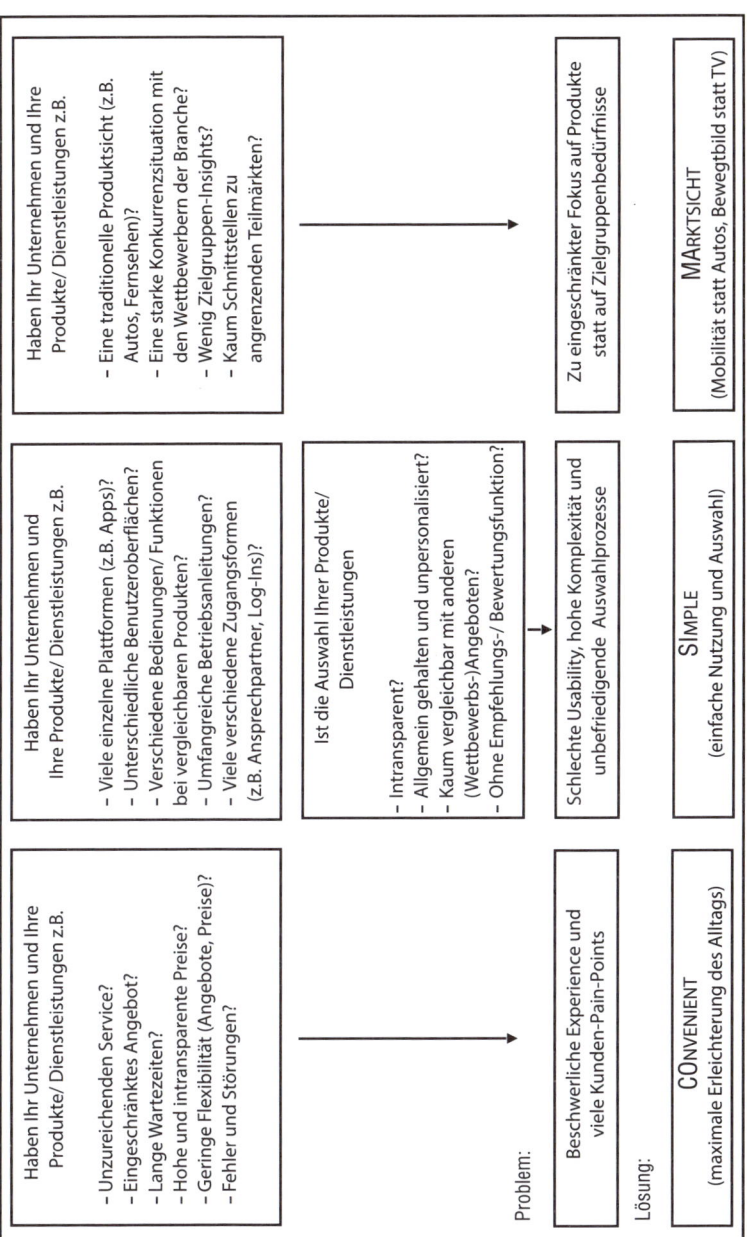

Haben Ihr Unternehmen und Ihre Produkte/ Dienstleistungen z.B.

- Unzureichenden Service?
- Eingeschränktes Angebot?
- Lange Wartezeiten?
- Hohe und intransparente Preise?
- Geringe Flexibilität (Angebote, Preise)?
- Fehler und Störungen?

Haben Ihr Unternehmen und Ihre Produkte/ Dienstleistungen z.B.

- Viele einzelne Plattformen (z.B. Apps)?
- Unterschiedliche Benutzeroberflächen?
- Verschiedene Bedienungen/ Funktionen bei vergleichbaren Produkten?
- Umfangreiche Betriebsanleitungen?
- Viele verschiedene Zugangsformen (z.B. Ansprechpartner, Log-Ins)?

Ist die Auswahl Ihrer Produkte/ Dienstleistungen

- Intransparent?
- Allgemein gehalten und unpersonalisiert?
- Kaum vergleichbar mit anderen (Wettbewerbs-)Angeboten?
- Ohne Empfehlungs-/ Bewertungsfunktion?

Haben Ihr Unternehmen und Ihre Produkte/ Dienstleistungen z.B.

- Eine traditionelle Produktsicht (z.B. Autos, Fernsehen)?
- Eine starke Konkurrenzsituation mit den Wettbewerbern der Branche?
- Wenig Zielgruppen-Insights?
- Kaum Schnittstellen zu angrenzenden Teilmärkten?

Problem:

Beschwerliche Experience und viele Kunden-Pain-Points

Schlechte Usability, hohe Komplexität und unbefriedigende Auswahlprozesse

Zu eingeschränkter Fokus auf Produkte statt auf Zielgruppenbedürfnisse

Lösung:

CONVENIENT
(maximale Erleichterung des Alltags)

SIMPLE
(einfache Nutzung und Auswahl)

MARKTSICHT
(Mobilität statt Autos, Bewegtbild statt TV)

COSIMA-Prinzip

Als Platzhirsch Ihrer Branche laufen Sie Gefahr, ganz aus dem Markt verdrängt zu werden, wenn Sie es nicht verstehen, sich schnellstmöglich von Ihrer eingeschränkten Produktsicht zu verabschieden und nicht anfangen, ein im hohen Maße KI-unterstütztes Ökosystem aufzubauen, das Ihre Zielgruppenbedürfnisse breitestmöglich befriedigt.

Die drei Aspekte des COSIMA-Prinzips helfen Ihnen, maximal auf Ihre Kunden und Ihren relevanten, breit definierten Markt einzugehen. KI ist der Schlüssel, wie Sie die Bedürfnisse Ihrer Zielgruppe einerseits in Erfahrung bringen, andererseits aber gleichermaßen befriedigen können.

Ein kurzer Blick zurück: Wir haben uns bereits angesehen, welche zentralen Unterschiede KI-Experte Andrew Ng zwischen den Firmen sieht, die eben auch etwas mit dem Internet machen, und denjenigen, die sich als echtes Internetunternehmen verstehen. Aber wie sieht das eigentlich bei KI aus? Die Gleichung »Tech-Unternehmen + ein bisschen maschinelles Lernen, Deep Learning mit neuralen Netzen = KI-Firma« geht laut Ng nicht auf. Ähnlich wie der klassische Einzelhändler nicht durch eine Webseite zu Amazon wird, können wir nicht ein paar Algorithmen einsetzen und uns gleich KI-Unternehmen nennen. Der Haken an der Sache ist, dass bisher keiner weiß, was genau der Kern eines echten KI-Unternehmens sein wird. Ng vermutet, dass seine ehemaligen Arbeitgeber Google und Baidu dem am nächsten kommen dürften, und geht von folgenden zentralen Charakteristika aus:

1. Strategische Datenakquisition.
2. Unified Data Warehouse: Datenbanken werden aus den unterschiedlichen Abteilungen zusammengeführt, sodass alle darauf Zugriff haben. Freigabeprozesse jeder einzelnen Abteilung lähmen den Entwicklungsprozess enorm, das Thema Daten ist systemkritisch für die Geschäftsentwicklung.
3. Neue Jobdefinitionen und Zusammenarbeit: Während im Internetzeitalter die Produktmanager den Entwicklern gesagt haben, wie das Produkt am Ende aussehen soll, muss dieser

Prozess in Zeiten von KI anders gedacht werden. Der Entwickler muss nicht so sehr wissen, wie etwas aussieht, sondern was der »intelligente« Kern der Anwendung sein soll, sprich: Worüber kann man sich mit einem Chatbot unterhalten? Am Beispiel des autonomen Fahrens illustriert Ng das deutlich: Wie das Auto genau aussieht, ist ziemlich unbedeutend für denjenigen, der es mit intelligenter Technik so ausrüstet, dass es sicher ans Ziel kommt.

Von daher: Wir werden kein Unternehmen über Nacht in eine KI-Firma verwandeln können. Aber die gerade genannten Aspekte geben wertvolle Hinweise darauf, in welche Richtung es gehen wird und an welchen Prozessen Sie schrauben können, um die Implementierung voranzutreiben. Dabei hilft Ihnen wieder COSIMA.

Kernanforderungen für die erfolgreiche Umsetzung des COSIMA-Prinzips in Zeiten von KI

Die Anwendung des COSIMA-Prinzips auf Ihr Unternehmen bedeutet natürlich ein gewisses Umdenken, möglicherweise (ok, sicherlich) auch gegen Widerstände. Allerdings: Nur wer die Grundprinzipien und Kernanforderungen verinnerlicht hat, kann dem Wandel erfolgreich begegnen. Die Automobilindustrie ist hier ein gutes Beispiel. Das Dilemma der Branche ist, dass sich mehrere Trends parallel in verschiedene Richtungen entwickeln. Mit welcher Geschwindigkeit und in welcher Kombination sie sich in welcher Region letztendlich durchsetzen werden, steht aber noch nicht fest.

1. Emissionsfreies Fahren: Batterie oder Brennstoffzelle? Momentan scheinen die Elektroautos die Nase vorn zu haben. Ganz sicher ist: Der Verbrennungsmotor mit fossilen Brennstoffen kann nicht die Zukunft sein. Jedoch haben die

Automobilbranche und angegliederten Industrien jahrzehntelang in perfekter Symbiose gelebt. An der Frage nach dem Antrieb der Zukunft hängen Existenzen, die den Wandel entsprechend erschweren – was schon beim Ausräumen der vergangenen Verfehlungen beginnt, siehe Diesel-Diskussion.

2. (Teil-)Autonomes Fahren: Für die Branche ist dieses Thema ein Mehrfrontenkrieg. Hier werden zum einen Kompetenzen benötigt, die ein Automobilhersteller traditionell nicht hat; zum anderen ergeben sich vollkommen neue rechtliche Fragen, mal ganz abgesehen vom Vertrauen der Kundschaft. Auch das Selbstverständnis der Konzerne gerät ins Wanken: Wie lässt sich ein Slogan wie »Freude am Fahren« mit autonomen Fahrzeugen in Einklang bringen? »Freude am Gefahren werden«? Oder stehen künftig ganz andere Formen von Erlebnissen im Vordergrund, die aber erst noch definiert, gestaltet und an die Kunden gebracht werden müssen?

3. Gar kein Autofahren, zumindest in städtischen Bereichen: Wer als Automobilmanager die Entwürfe von Stadtplanern zu zukünftigen Mobilitätskonzepten studiert, könnte leichte Panikanfälle verspüren. Fahrspuren für Fahrräder, Roller und Lieferroboter, öffentlicher Nahverkehr auf einem neuen Level, Seilbahnen, gekoppelte Busse. Aber eigene Autos? Fehlanzeige. Die Sharing Economy brachte Alternativen für die individuelle Mobilität, für die junge, urbane Generation ist das Auto kein Statussymbol mehr.

4. Flugtaxis und bemannte Drohnen: Wie lange fahren wir überhaupt noch Auto? Was noch vor kurzem als Spinnerei aus Science-Fiction-Filmen abgetan wurde, wird heute selbst in Deutschland ernsthaft diskutiert und vorangetrieben. Die Konzerne Audi und Airbus etwa entwickeln gemeinsam ein Flugtaxi, Testregion soll Ingolstadt sein, so die Ankündigung Mitte 2018. Ende 2018 stellten Audi, Airbus und Italdesign auf der Drone Week erstmals einen fliegenden und fahrenden Prototyp vor.[25] Muss jetzt jeder Automobilhersteller auch in der Luft denken?

So hart es für den Gründungsmythos der Branche ist: Es wird künftig nicht um den Markt des Autofahrens gehen, sondern darum, möglichst bequem und einfach von A nach B zu kommen. Wer seine Strategie auf diese Weise denkt, schließt aus dem Mobilitätskonzept der Zukunft nichts aus. Innerhalb Deutschlands schläft die Konkurrenz nicht: Sixt erfindet sich neu und wandelt sein Selbstverständnis vom Autovermieter hin zur umfassenden Mobilitätsplattform. Selbst die Bahn macht mobil und bietet diverse Mobilitätsservices von Fuhrparklösungen über CarSharing bis hin zu Fahrrädern. Und in den USA arbeitet das Uber-Elevate-Team daran, das bisherige Konzept auch in die Luft zu bringen. 2023 soll der Dienst als Uber Air in Dallas, Los Angeles und einem dritten internationalen Markt starten. Hier zeigt sich, dass Uber den Anspruch der breiten Marktsicht schon komplett verinnerlicht hat. »Amazons Bücher sind unsere Autos«: ganz gemäß diesem Zitat von Uber-Chef Dara Khosrowshahi definiert sich Uber nicht als Fahrservice, sondern als Problemlöser für alles, was transportiert werden kann. So liefert Uber Eats bereits Pizza, und vielleicht kann in absehbarer Zeit mit Uber Works sogar Personal angeliefert werden.

Was kann die deutsche Automobilindustrie, aber natürlich auch viele andere Branchen, die von der digitalen Disruption betroffen sind, nun also unternehmen? An diesen Beispielen wollen wir Ihnen im Folgenden acht zentrale Erfolgsfaktoren vorstellen, die Sie für die Umsetzung des COSIMA-Prinzips in Ihrem Unternehmen zwingend beherzigen sollten.

Kooperieren statt Bekämpfen

Die alten Wettbewerber als Verbündete gegen Disruption. Was vor einigen Jahren noch undenkbar war, wird heute – mit gehöriger Verspätung – von den meisten deutschen Automobilunternehmen zumindest in einigen Teilbereichen öffentlich propagiert. Der Grund: Autofahren muss ein Teil der Mobilitätslösung der Zukunft bleiben, sonst sind alle aus dem Spiel. Die Abgrenzung gegenüber der Konkurrenz muss ja deswegen nicht ganz verschwinden.

Um dem immer größer werdenden Kreis der Nicht-Auto-Besitzer ein breites Angebot zur Verfügung zu stellen, legen BMW und Daimler ihre beiden Carsharing-Angebote mit DriveNow beziehungsweise Car2Go zusammen. Dies ist nur ein erster Schritt zur Bündelung aller Mobilitätsservices. Darunter fallen fünf zentrale Felder: Der Bereich On Demand (Moovel und ReachNow) mit der Vernetzung aller Angebote wie Carsharing, Taxi, Nahverkehr, Fahrräder inkl. Buchung und Bezahlung, der Bereich Carsharing im Kern (Car2Go und DriveNow), das Thema Ride-Hailing (mytaxi, Chauffeur Privé, Clever Taxi, Beat, Mytaximatch) sowie Parken (ParkNow, Parkmobile) mit bargeld- und ticketlosen Bezahlmöglichkeiten und schließlich der einfache Zugang zu Ladestationen (ChargeNow, Digital Charging Solutions) in Kombination mit Parkplätzen. Seit Anfang 2019 sind alle Mobilitätsdienstleistungen der beiden einstmals verbitterten Wettbewerber in fünf Joint-Ventures gebündelt: ReachNow, ChargeNow, FreeNow, ParkNow und ShareNow. Dieter Zetsche, Vorstandsvorsitzender bei Daimler und Leiter von Mercedes-Benz Cars, machte bei der erstmaligen Ankündigung der Zusammenarbeit die Notwendigkeit in disruptiven Zeiten deutlich: »Als Pioniere des Automobilbaus werden wir nicht anderen das Feld überlassen, wenn es um die urbane Mobilität der Zukunft geht. Es wird zukünftig mehr Menschen als heute geben, die im urbanen Raum auf ein eigenes Auto verzichten, aber trotzdem sehr mobil sein möchten. Um ein einzigartiges, nachhaltiges Ökosystem für urbane Mobilität zu entwickeln, wollen wir unsere Expertise und Erfahrung bündeln.«[26]

Nochmals flächendeckender ist die Kooperation bei IONITY, einem Netzwerk für Ladestationen für Elektroautos. Hier sind neben BMW und Daimler auch Ford sowie Audi und Porsche unter dem Dach von VW an Bord. Ebenfalls wollen die deutschen Autohersteller kooperieren, um den enormen Nachholbedarf beim

Thema autonomes Fahren aufzuholen. Konnektivität ist hier die Grundlage. Diese beiden Punkte gehen quasi miteinander einher: Nicht nur müssen die Standortinformationen in Echtzeit zuverlässig verfügbar sein, auch Sensortechnik und sämtliche KI-Prozesse spielen eine enorme Rolle. Hier haben die Automobilkonzerne keine traditionelle Expertise und müssen entsprechend aufholen, wenn sie nicht zum bloßen Karosseriezulieferer für Tech-Unternehmen werden wollen. Audi, BMW und Daimler kauften 2015 gemeinsam den Geodatendienst Here. Inzwischen ist das Bündnis gegen Google und Co. noch breiter aufgestellt mit Partnern, die spezifische Expertise einbringen. Die drei Automobilkonzerne kooperieren ebenso beim Thema Infrastruktur/5G, gemeinsam mit Partnern aus der Telekommunikationsbranche, um lokale Netze für die Produktionsstandorte aufzubauen. Nur mit einer solchen Infrastruktur kann eine maximale Automatisierung und agile Fertigung ermöglicht werden.

Diese Kooperationen sind nicht selbstverständlich, und die Automobilindustrie hat sich auch lange Zeit äußerst schwer damit getan. Auf noch viel größere Widerstände stößt die Vorstellung, mit Branchenfremden aus der IT-Welt zusammenzuarbeiten. Teslas Angebot aus dem Jahr 2014, die eigenen Patente zur E-Mobilität zu nutzen, wurde kaum aufgenommen. Ebenso wurde sämtlichen Kooperationsanfragen von Google im Hinblick auf eine Partnerschaft beim Thema autonomes Fahren zumindest aus Deutschland eine Absage erteilt. Die Bedenken sind verständlich, denn wer möchte schon das Foxconn der künftigen Automobilbranche werden und nur noch Hardware, also die Karosserie, beisteuern? Ob diese Wagenburgmentalität allerdings langfristig zum Erfolg führt, darf angesichts des dramatischen Vorsprungs von Waymo und Co. zumindest angezweifelt werden.

Kooperation statt Kampf innerhalb der Industrie – eine erste zentrale Voraussetzung für die erfolgreiche Umsetzung des COSIMA-Prinzips.

Vorfahrt für Innovationen und Zukunftstechnologien

Wie sieht eigentlich Ihr Traumauto aus? Verinnerlichen Sie sich dieses Bild für ein paar Sekunden. Und nun denken Sie an die erste Generation von Elektroautos der traditionellen Autohersteller. Vermutlich klaffen Welten zwischen diesen Bildern. Die Vorzeigemodelle der Zukunft der Branche sahen in weiten Teilen aus wie viereckige Teletubbies. Irgendwie rundlich und irgendwie niedlich. Damit gehen weite Teile der Zielgruppe verloren, die Autofahren eher mit Sportlichkeit und Dynamik verbinden (die Gelegenheitsfahrer denken ohnehin schon darüber nach, ob sie überhaupt noch ein Auto brauchen). Auch umweltfreundliche Technologie kann attraktiv verpackt werden. Es gilt daher: Unternehmen dürfen die Zukunft nicht halbherzig entwerfen, damit sie vielleicht in einer PR-Broschüre gut aussieht (»Wir investieren konsequent in die Elektromobilität!«). Es reicht auch nicht, die Forschung und Entwicklung von zukünftigen Technologien wie dem autonomen Fahren in weit entfernte Forschungszentren auszugliedern. Stattdessen gehören die wichtigsten, zukunftsweisenden Themen in die Zentrale. Und auch die besten Leute, in diesem Fall eben die Designer und die KI-Experten, sollten sich im Zentrum des Geschehens mit den Innovationen auseinandersetzen. Den Vorwurf, dass man damit den Fokus auf das vielleicht noch gut laufende traditionelle Geschäft verliert, wissen Sie an dieser Stelle des Buches schon auszuhebeln.

Häufig hört man als Argument, dass man die Zukunftsfelder in agile und flexible Start-up-ähnliche Unternehmensbereiche auslagern müsse, um Entwicklungen frei von den festgefahrenen Bahnen des Konzerns zu ermöglichen. Allerdings: Eine konsequente Ausrichtung des ganzen Unternehmens hin zu den neuen Anforderungen des Marktes erreicht man durch eine solche Appendixmentalität kaum.

Also: Vorfahrt frei für Innovationen und Zukunftstechnologien, auch das ist eine zweite wichtige Bedingung für das COSIMA-Prinzip.

Kurze Lebenszyklen

Der nächste Aspekt hängt mit all dem gerade Genannten eng zusammen: die kurzen Lebenszyklen. Waren es in der Automobilbranche früher Jahre, bis ein Softwareupdate implementiert wurde, können die Programme heute bei jedem Service in der Werkstatt aktualisiert werden. Tesla macht sogar fortlaufend Updates, so kennen es die Kunden auch vom Smartphone. Dieser Trend ist unumkehrbar, die Annäherung an die Echtzeit ist nahe. Immer leistungsfähigere Systeme sind die Grundlage für KI und damit für sämtliche Anwendungen, die die Zukunft prägen werden – gerade in der Automobilindustrie. Wer dieses Tempo nicht mitgeht, ist raus aus dem Spiel. Natürlich sind die Austauschzyklen von ganzen Autos deutlich länger als die von Produkten in vielen anderen Branchen. Doch auch sie haben sich über die vergangenen Jahrzehnte deutlich beschleunigt, nicht zuletzt durch Leasingangebote. Überarbeitungen und Facelifts können bei bestimmten Komponenten natürlich helfen, die Software jedoch wird künftig ständig veränderbar sein müssen. Ansonsten sind gravierende Mängel nicht nur bezüglich der Funktionalität, sondern auch der Sicherheit aller Verkehrsteilnehmer zu befürchten.

Für das Mindset in jeder Industrie ist es hier auch entscheidend, die Angst vor der Selbstkannibalisierung abzulegen. Lieber das eigene Produkt nicht nur immer wieder verbessern, sondern die kurzen Zyklen zur Selbstdisruption nutzen, so wie Google es vorgemacht hat. Zu lange, unflexible Entwicklungszeiträume geben dem Wettbewerber Spielraum zum Angriff und verhindern somit Innovation.

Die bis dato erläuterten Kernanforderungen, um das COSIMA-Prinzip erfolgreich umzusetzen, haben einen breiten strategischen Fokus und sind auf sämtliche Digitalisierungsaspekte anwendbar. Speziell für die Herausforderungen von KI sind einige weitere Punkte von enormer Bedeutung. KI basiert im Kern auf vier Säulen:

1. Rechnerleistung.
2. Algorithmen.
3. Daten.
4. Menschen.

Ganz allgemein ermöglichen erst die heute vorhandene Rechnerleistung sowie die Möglichkeit, mithilfe von Algorithmen automatisierte Entscheidungsprozesse zu betreiben, den flächendeckenden Einsatz von KI. Die Daten bilden die Grundlage, auf der die verschiedenen Prozesse und Einsatzformen ansetzen. Wie in Kapitel 2 bereits gezeigt wurde, ist jede Anwendung nur so gut wie die zur Verfügung stehenden Daten für Training und Modellerstellung. Der Faktor Mensch scheint in den vier Säulen zunächst wie ein Fremdkörper – es geht hier doch schließlich um Technologie? Ohne den Menschen jedoch hilft die beste Strategie nichts. Wir sind es, die KI zukunftsfähig in bestehende Prozesse und Organisationen implementieren und gleichzeitig dafür sorgen müssen, dass unser Unternehmen als gesamte Einheit darunter nicht zerbricht. Wir gehen davon aus, dass künftig in der Wirtschaft insbesondere vier Berufsbilder eine zentrale Bedeutung haben werden: Datenanalysten und Dateningenieure als Experten für sämtliche Datenthemen, Softwareingenieure für die Entwicklung der digitalen Tools und Businessanalysten beziehungsweise Produktmanager auf der strategischen Seite. Diese Experten werden der Zukunft eher entspannt entgegensehen, bei dem normalen Mitarbeiter, aber auch auf der Führungsebene ist das Thema KI allerdings häufig noch angstbehaftet.

Anders als die Rechnerleistung und Algorithmen sind Daten und eben vor allem Menschen höchst individuelle Felder für jedes Unternehmen. Daher widmen wir uns zuerst noch einmal im Detail dem Thema Daten, bevor wir am Ende dieses Buches auf die möglichen menschlichen Hemmnisse für den Wandel eingehen und einen Ausblick auf die Veränderungen wagen, die uns in unserer gesamten Lebenswelt bevorstehen. Unsere Abbildung

Fokus im Unternehmen			
Menschen		**Daten**	
Daten-Analysten	**Daten-Ingenieure**	**Strukturierte Daten**	**Unstrukturierte Daten**
Daten auswählen, säubern, erforschen und visualisieren; Modellerstellung	Entwicklung, Aufbau und Test der Infrastruktur/ Architektur (z.B. Datenbasen)	Bestehende, weitgehend bekannte Daten aus allen Geschäfts- und Transaktionsprozessen:	Unbekannte, heterogene (Format, Kontext) Daten v.a. aus Sozialen Medien, mobilen Daten und Apps:
Business-Analysten	**Software-/KI- Ingenieure**	- Kontinuierliche Erhebung - Abbildung der Prozesse in maschinenlesbarer Form - Zusammenführen - Auswerten	- Aufbau datenfokussierter Prozesse - Nutzung der Cloud zur Daten-Speicherung in unstrukturierter Form (Data-Lakes) - KI-unterstützte Strukturierung und Auswertung
Projekt-Identifikation und -Evaluation (Businessseite), Projektmanagement, Schnittstelle IT/ Businessseite	Codierung der Infrastruktur, Übertragung des Modells in finales Produkt, API-Entwicklung		

Einkauf aus der Cloud			
Algorithmen		**Rechnerleistung**	
Überwachtes Lernen	**Unüberwachtes Lernen**	**Grafikprozessoren**	**KI-Prozessoren**
- Regressionen (z.B. Lineare Regressionen, Regressions-bäume) - Klassifikationen (z.B. Logistische Regressionen, Stützvektormaschinen, K Nächster Nachbar, Naive Bayes)	- Clustering (z.B. K-Means) - Dimensionsreduktion (z.B. Kernel Principal KPCA)	Vergleichsweise schnelle Abfolge einfacher Rechenoperationen (analog Bildbearbeitung) mithilfe von klassischen oder speziellen KI-GPUs	Maßgeschneiderte KI-Prozessoren mit geringer Funktionsvielfalt, aber hoher Leistungsfähigkeit für Spezialaufgaben
	Bestärkendes Lernen		
	- Sequenzielles Entscheiden (z.B. Q-Lernen)		

Die vier Säulen der KI

illustriert noch einmal die aus unserer Sicht wichtigsten Aspekte der vier zentralen Säulen der Künstlichen Intelligenz.

Strategisches Datenmanagement

Ohne Daten keine KI. Datenmanagement steht daher ganz oben auf der Prioritätenliste für Firmen. Doch woher kommen diese Daten? Die großen Tech-Konzerne hatten bei ihrem Start keine Branchenexpertise und konnten trotzdem immer einfachere und bequemere Kundenerlebnisse bieten. Aus ihren ersten Visionen haben sie Plattformen gebaut, auf denen sie das Kundenverhalten genau tracken konnten. Amazon weiß, welche Produkte Kunden suchen, welche Produkte sie in den Warenkorb legen, welche sie wieder löschen und für welche sie wirklich eine finale Zahlungsbereitschaft haben, sie somit kaufen. Wer so viel über den Kunden weiß, kann Produkte entwickeln, die genau die akuten Kundenbedürfnisse abfangen.

Eine solche Form der Datengenerierung ist momentan jedoch nur für sehr wenige Unternehmen möglich, schon gar nicht für eher traditionell aufgestellte Mittelständler. Aber das muss kein Hindernis sein. Lange gewachsene Branchenexpertise ist auch in Zeiten von KI nicht verloren, sie muss nur in eine neue Form gebracht werden. Dafür gibt es drei Ansatzpunkte:

1. Bestehendes Wissen: Jedes Unternehmen hat Kunden, Mitarbeiter und Prozessabläufe, aus denen sich Daten generieren lassen. Während Amazon nur das Kundenverhalten beobachten kann, sprechen Sie und Ihre Mitarbeiter täglich mit ihnen. Was ist den Kunden wirklich wichtig? Welche Punkte kommen immer wieder in Beratungsgesprächen auf? Welche Themen werden bei der Service-Hotline regelmäßig angesprochen? Protokollieren Sie diese Gespräche und sammeln Sie daraus die wichtigen Punkte. Eine ganz zentrale Rolle spielt auch die Expertise Ihrer langjährigen Mitarbeiter. Sie wissen

aus Erfahrung, was in Ihrer Branche gut funktioniert und was nicht. Was gibt der Meister an seinen Lehrling weiter? Welche Probleme machen bestimmte Industrieprozesse und warum wird für welchen Einsatz welche Maschine verwendet? Erst wenn Sie solche Informationen als Daten vorliegen haben, können Sie sie skalieren. Hier können Ihnen die neuen Möglichkeiten der KI-gestützten, automatisierten Text- und Spracherkennung helfen, die Gespräche und wichtige Unterlagen in ein maschinenlesbares Format zu bringen.

2. Akquisitionen: Daten müssen heute ein zentraler Bestandteil bei der Entscheidung für Unternehmensübernahmen sein. Es geht nicht mehr nur darum, etwa einen Wettbewerber aufzukaufen, neue Produkte ins Portfolio einzugliedern oder weitere Stufen der Wertschöpfungskette abzudecken. Die Bedeutung der Daten für das künftige Agieren am Markt hat Übernahmen zur Folge, deren Sinn sich möglicherweise erst auf den zweiten Blick erschließt. Der Wert von Daten muss jedoch im Vorfeld der Deals abgeklärt werden. Wurden alle Datensätze beim Übernahmekandidaten sauber gewonnen und dürfen sie entsprechend weiterverwendet werden? Diese Frage erschwert die Unternehmensbewertung, ist aber von höchster Relevanz, um die Sinnhaftigkeit und nicht zuletzt den Kaufpreis bei einer Akquisition einzuschätzen. John Deere ist hier wieder ein Paradebeispiel: Im September 2017 übernahm das Unternehmen die Firma Blue River Technology, die Lösungen für die einzelne Behandlung von Pflanzen anbietet. Gerade in den USA haben Landwirte mit resistentem Unkraut zu kämpfen, verursacht durch den allgemein hohen Einsatz von Pestiziden. Mit Bildererkennung, Robotik und lernenden Maschinen muss nun nicht flächendeckend der gesamte Bestand behandelt werden, sondern nur dort, wo es tatsächlich notwendig ist. Mithilfe dieses sogenannten Precision-Farmings ist dank KI mehr Präzision, Effizienz und weniger Umweltbelastung möglich. Vor allem aber hatte Blue River Technology durch seinen KI-Fokus einen unschätzbaren

Bestand an relevanten Daten in diesem Markt gesammelt. Auch wenn natürlich andere Unternehmen wie Google insgesamt deutlich mehr Daten zur Verfügung haben, die Marktführerschaft in Bezug auf Daten beim Thema Salatköpfe war John Deere durch diese Akquisition nicht mehr zu nehmen.

3. Produktentwicklung: Wenn ein Unternehmen über neue Produkte nachdenkt, muss in Zeiten von KI bereits in einem frühen Ideenstadium mitbedacht werden, woher man hilfreiche Daten bekommen kann. Dies kann möglicherweise wie bereits gesehen durch eine Akquisition oder durch eigene Vorleistungen bei der Datensammlung geschehen. Ist das Produkt erst einmal etabliert, kann es bei der Anwendung wieder neue Daten generieren. Im Grunde muss es wie ein Kreislauf gesehen werden: Auf Basis bestehender Daten wird ein Produkt entwickelt, die Kunden produzieren bei der Nutzung weitere Daten, die wiederum in die Optimierung und Weiterentwicklung des Produktes zurückfließen, und so weiter.

Nun liegen also Daten aus den verschiedenen Quellen vor. Die nächste Herausforderung besteht darin, eine Art Datenlager aufzubauen. Klassischerweise sind Daten in Unternehmen in Data Warehouses gespeichert. Sie dienen als zentrale Datenbank für sämtliche Analysesysteme, die nachgelagert mit diesen Daten arbeiten sollen. Data Warehouses sind jedoch vor allem für strukturierte Daten angelegt, die dann beispielsweise ins Reporting oder in die Kosten- und Ressourcenplanung weiterfließen. Die Datengrundlage für KI-Anwendungen besteht allerdings meist aus enorm großen, häufig unstrukturierten Datensätzen, die zum Beispiel aus Unternehmensanwendungen, sozialen Netzwerken oder von Geräten im Internet of Things gewonnen werden können. Hier hat sich der Begriff des Data Lakes, also eines Datensees, mit sehr hoher Speicherkapazität etabliert. In ihm können unterschiedliche, auch unstrukturierte Daten in ihrem Rohformat gespeichert werden. Ob man all diese Daten wirklich braucht oder nicht, ist erst einmal zweitrangig. Erst wenn man sich über die Verwendung im Klaren ist, werden sie gemäß der gewünschten Nutzung strukturiert beziehungsweise umformatiert. Angeboten werden Lösungen für einen solchen Data Lake beispielsweise bei Microsoft Azure oder in Amazons AWS.

Schön und gut, sagen Sie. Aber wenn man als Unternehmen anfangen möchte, seine Prozesse und Produkte mit KI zu unterstützen, ist das doch am Anfang viel zu klein, um daraus gleich eine große Sache zu machen oder gar belastbare Ableitungen für die Zukunft zu treffen. Wirklich? Denken Sie noch einmal an das Beispiel von Blue River Technology, bevor die Firma von John Deere übernommen wurde. Das Geschäft begann ganz klein mit vielen Bildern von Salatköpfen und der automatisierten Entscheidung, welche Pflanzen eliminiert werden sollten. Daraus entstand eine Datenbank für Salatköpfe und schließlich ein Minimum Viable Product. Im Einsatz bei den ersten Kunden sammelte das System immer neue Daten, die wiederum das Produkt verbessern.

Permanente Suche nach Automatisierungspotenzialen

Noch eine Stufe kleiner? Erinnern Sie sich an den japanischen Gurkenbauer? Er wollte gar kein Produkt bauen, sondern nur lästige Arbeit loswerden – und hat doch wertvolle Daten für sein Business generiert. Die ständige Suche nach Automatisierungsmöglichkeiten ist ein weiterer zentraler Schritt für den erfolgreichen Einsatz von KI. Alle Tätigkeiten, die ein Mensch mit weniger als einer Sekunde Nachdenken erledigen kann, lassen sich früher oder später automatisieren, so die weiter oben bereits erwähnte Faustregel des KI-Experten Andrew Ng. Die Devise lautet: Mit kleinen Schritten anfangen und Lerneffekte in kleinen Teilbereichen sammeln, auch wenn es am Anfang wie ein Tropfen auf den heißen Stein scheint. Aber denken Sie genauer darüber nach. Die meisten Tasks in Unternehmen sind ohnehin nur eine Aneinanderreihung von kleinen Teilaufgaben, die schrittweise automatisiert und am Schluss zusammengefügt werden können. Wichtig ist dabei nur: Nach jedem Automatisierungsschritt muss die Arbeit auch tatsächlich schneller und effizienter ablaufen als vorher durch den Menschen.

Herausragenden menschlichen Service anbieten

Routinetätigkeiten entfallen somit und die lästige Arbeit wird von Maschinen übernommen, so die positive Vision. Die Kehrseite der Medaille: Bleiben dabei die Menschen auf der Strecke? Was ist mit den Menschen, deren Jobs durch die Automatisierung wegfallen? Vielleicht gefällt den Mitarbeitern ihre Arbeit, auch wenn er für Außenstehende langweilig erscheint? Nicht zuletzt hängen daran Existenzen, gerade für ältere Teile der Belegschaft. Im abschließenden Kapitel werden wir uns diese Fragestellung in einem breiteren Kontext ansehen. Für die erfolgreiche Umsetzung Ihrer KI-Strategie ist die Kernkompetenz des Menschen aber noch immer gefragt, nämlich indem Sie exzellenten menschlichen Service anbieten.

Hier haben klassische Anbieter einen Vorsprung gegenüber den Tech-Konzernen, sie müssen ihn nur zu nutzen wissen. Wenn Ihr Kundenberater nur das wiedergeben kann, was im Handbuch oder auf der Produktverpackung steht, verspielt er künftig seine Daseinsberechtigung. Diesen Job kann eine Maschine besser, außerdem ist sie nicht schlecht gelaunt und wartet nicht auf die nächste Kaffeepause. Wenn Ihr Kundenberater jedoch für seinen Job brennt und echte Expertise hat, wird er diese Begeisterung auch auf den Kunden übertragen – etwas Besseres können Sie sich nicht wünschen. Unterstützt durch die Analytik der Maschinen hat er ein neues Instrumentarium zur Beratung und kann den Kunden empathisch abholen. Die Verbindung der digitalen, KI-gestützten Welt mit dem analogen, menschlichen Erlebnis ist die Zukunft.

Neues Denken zulassen und vorleben

Falls Sie gerade in Gedanken Ihre Mitarbeiter durchgehen: Warten Sie kurz. Vielleicht ermöglicht sogar gerade der Wegfall von unangenehmen Routinetätigkeiten, dass sich auch weniger motivierte Mitarbeiter wieder stärker für die Sache an sich begeistern können. Ganz entscheidende Faktoren dabei jedoch sind Kommunikation und Führung im Unternehmen selbst. Neue, innovative und möglicherweise unkonventionelle Ideen sind kein Feind, sondern können ein Kernfaktor für den Erfolg sein. Dafür müssen Sie aber selbst mit gutem Beispiel vorangehen.

Die Menschen müssen beim Wandel im Zuge von Digitalisierung und KI also mitgenommen werden, sonst ist der Erfolg gefährdet. Das klingt nach einem smarten Satz aus Managementpräsentationen. Hier jedoch ist er mehr als ernst gemeint, die Betonung liegt dabei vor allem auf der zweiten Satzhälfte. Kein Unternehmen kann bestehen, wenn der Spagat zwischen Mensch und Maschine nicht überwunden wird. Menschen müssen lernen, die Maschinen nicht als Feind anzusehen, sondern ihre Unterstützung nutzen, um sich auf die echten menschlichen Fähigkeiten – den USP des Menschen sozusagen – zu konzentrieren:

1. Empathie.
2. Kreativität.
3. Das Hinausblicken über den Tellerrand, also das Erkennen der großen Zusammenhänge.

Damit wird unser erlerntes Wissen infrage gestellt. Rechnen? Sprachen übersetzen? Das kann eine Maschine besser. Der Mensch muss zwar auch künftig grob verstehen, wie das Ganze funktioniert, um die Prozesse gestalten und sinnvoll einsetzen zu können. Die konkrete Umsetzung im Detail erfolgt jedoch maschinell. Wer jetzt gerade bei der Übersetzungsleistung Zweifel hat und sich an diverse Fauxpas etwa von Google Translate erinnert: Wir sprechen hier nicht nur vom nächsten Jahr. Sämtliche Anwendungen haben klein begonnen, mit den typischen Kinderkrankheiten, und die Verbesserung erfolgt durch Lernen im laufenden Betrieb.

Wofür wir den Menschen dann brauchen? Jemand muss die Schlüsse aus verschiedenen spezialisierten Analysen ziehen, das »große Ganze« zusammenbringen und über den Tellerrand hinausblicken. Daraus können Innovationen entwickelt werden, die die Bedürfnisse des Menschen erfüllen. Dafür bedarf es jedoch Kreativität, denn die Ideen zu diesen neuen Geschäftsmodellen werden die Maschinen nicht liefern können. Menschliche Werte und Empathie kann aber in absehbarerer Zeit kein Algorithmus ersetzen, auch hier ist ganz klar der Mensch gefragt. Es gibt also kein »entweder nur Mensch oder nur Maschine«, vielmehr brauchen wir eine neue Form des Denkens. Das muss im Unternehmen aber erst einmal etabliert werden.

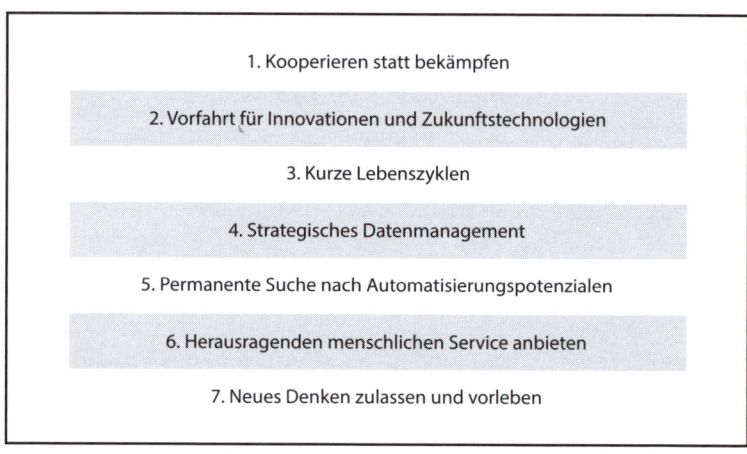

Kernanforderungen im Zeitalter von KI

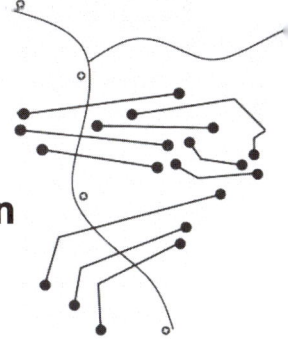

7. Stolpersteine bei der digitalen Transformation

Wer das Wirtschaftsgeschehen auch nur ein bisschen verfolgt, kommt um das Thema KI nicht herum. Wir lesen von der Revolution der Arbeitswelt, von wegfallenden Jobs, Sicherheitslücken bei den Daten und Superintelligenzen, die vielleicht irgendwann der Menschheit an den Kragen wollen. Kaum verwunderlich, dass KI, wenn man es undifferenziert betrachtet, Skepsis auslösen kann – eine überaus menschliche und nachvollziehbare Reaktion. Auch Unternehmen bestehen »nur« aus Menschen, und die wenigsten davon arbeiten an vorderster Front im Silicon Valley. Daher ist jede Implementierung einer neuen Strategie, wie hier im Falle KI, mit Hemmnissen verbunden, die den Wandel enorm erschweren. Diese Stolpersteine sind auf jeder Hierarchieebene vorhanden, müssen aber natürlich gerade von den führenden Taktgebern entkräftet werden. Vor Ihnen liegt eine durchaus holprige Übergangszeit, sie ist jedoch alternativlos, wenn wir im globalen Wettbewerb mithalten wollen. Umso wichtiger ist es, den Kopf nicht in den Sand zu stecken, sondern den Herausforderungen mit offenem Visier zu begegnen und sich vor allem aller möglichen Hindernisse auf dem Weg in die Zukunft bewusst zu sein.

Die größten Baustellen, die Ihnen hier begegnen können, sollen im Folgenden kurz erläutert werden.

Selbstzufriedenheit aufgrund früherer und aktueller Erfolge

Wir haben am Beispiel mehrerer Branchen die verheerenden Folgen von Selbstzufriedenheit gesehen. Überholte Glaubenssätze, zu hohes Vertrauen in die eigene Expertise und die Annahme, niemand könne einem in Sachen Kundenverständnis das Wasser reichen, haben nicht nur die Medienindustrie in Schieflage gebracht. Jedes Unternehmen kennt seine aktuellen Kunden – es muss aber auch die Kunden von morgen kennen!

Überheblichkeit gegenüber neuen, branchenfremden Start-ups

Waren die Manager denn alle unfähig? Natürlich nicht. Clayton M. Christensen hat in seinem Buch *The Innovator´s Dilemma* eindrücklich beschrieben, wie etablierte Unternehmen an disruptiven Angreifern gescheitert sind. Es waren Unternehmen, die sowohl erfolgreich als auch gut gemanagt waren – und genau das war ihre Schwachstelle. Aus eigener Sicht sind die Unternehmen der durchweg richtigen Logik gefolgt: Sie haben den Wettbewerb beobachtet und ihre Produkte nach Wünschen der Kunden optimiert. Das Problem war nur: Die Kunden wussten eben auch nicht, welche anderen Bedürfnisse sie haben könnten. Erst die Produkte der meist branchenfremden Disruptoren mit einem frischen Blick von außen haben die entsprechenden Wünsche in ihnen geweckt und waren fortan nicht mehr wegzudenken. Ohne dieses Aha-Erlebnis jedoch hätten sie bei jeder Marktforschung der traditionellen Anbieter genau auf das gedrungen, was diese gemacht haben, nämlich die immer weitere Ausgestaltung und Perfektionierung des bekannten Produktportfolios. Die Manager saßen somit in der Falle.

Das war aber nicht das Hauptproblem. Viel schlimmer war die Überheblichkeit der bestehenden Platzhirsche der Branche beim Auftauchen von neuen Wettbewerbern. Denken Sie einmal an das schallende Lachen, das von München, Stuttgart und Ingolstadt bis ins Silicon Valley reichte, als der PayPal-Gründer Elon Musk ankündigte, den Markt der Elektromobilität zu revolutionieren. Wir wollen das gar nicht weiter ausführen, derartige Beispiele gibt es zuhauf und haben wir auch schon hinreichend behandelt. Steve Ballmer und Darryl Zanuck lassen grüßen.

Angst vor dem neuen, unbekannten Markt

Wir wissen an dieser Stelle bereits um die enorme Bedeutung der breiten Marktsicht. Aber: Sie konfrontiert die Manager erst einmal mit Terra incognita. Die Angst vor dem unbekannten Markt ist hinderlich für Innovationen, auch wenn sie sicher wohlbegründet und durchdacht ist. Gerade im florierenden Mittelstand finden sich oft gute Argumente, die gegen ein Aufrüsten beim Thema KI sprechen: »Wir haben keine Erfahrung mit diesen Themen, schließlich sind wir kein Tech-Unternehmen. Woher sollen wir das bitteschön können? Die Konkurrenten hierzulande sind da auch noch nicht soweit. Außerdem müssten Prozesse neu gedacht werden, möglicherweise sind IT-Investitionen notwendig, Automatisierung löst Unruhe in der Belegschaft aus …« Die Argumente liegen durchaus auf der Hand. Jedoch: Wie im vorherigen Kapitel bereits besprochen wurde, geht es nicht darum, von Null auf Hundert das nächste Amazon aus dem Boden zu stampfen (das kann man natürlich versuchen, dies gelingt aber eher selten). Vielmehr geht es um kleine Schritte, die ganz »Hands on« so begangen werden können, dass man sich langsam an die Gegebenheiten des neuen Marktes und die neuen Technologien gewöhnen kann. Mit diesem Vorgehen können Sie auch Ihre Mitarbeiter mit auf den Weg nehmen. Schließlich sind sie es, die am besten wissen, wie der Laden läuft – und damit auch besser als Sie mögliche Potenziale für Automatisierungen erkennen werden.

Scheu vor Investitionen und kurzfristiges Profitdenken

Machen Sie sich bewusst: Kein Unternehmen wird über Nacht von KI profitieren. Langfristig jedoch ist der Einsatz ein notweniger Schritt, um das eigene Geschäft zukunftsfähig aufzustellen. Das Problem: Wer nur an kurzfristigen Profit denkt, wird sich mit dieser Idee nur selten auf Anhieb anfreunden können. Bedenkenträger können hier insbesondere die Anteilseigner sein, seien es

Aktionäre, Gesellschafter oder Mitunternehmer. Wer langfristige Investitionen scheut, um im nächsten Jahr die gewünschte Rendite zu erzielen, wird eines Tages ein Problem bekommen.

Angst vor Kannibalisierung

Damit einher geht die Angst vor der Selbstkannibalisierung. Wenn ein Unternehmen neue Produkte entwickelt, die bestehende, gut laufende Artikel des Sortiments ersetzen oder gar infrage stellen, ruft dies Abwehrreaktionen hervor. Wir müssen doch das Kerngeschäft sichern! Ein plakatives Beispiel dafür ist Maxdome. Bloß nicht das lineare Fernsehen durch ein qualitativ komplett ebenbürtiges Webangebot gefährden, ohne zunächst absehbare Möglichkeiten der Generierung von Werbeerlösen in der Hand zu haben! Ohne volle Unterstützung durch die bestehende starke Marke ProSieben konnte das Portal kein Erfolgsmodell werden. Zukunftsprojekte gehören jedoch nicht in die Ecke, sondern ins Rampenlicht! Siehe auch die Designfehlschläge bei den Elektroautos.

Bestandswahrung und Silodenken

Die Bestandswahrung ist ein zentraler Grund, warum eigentlich innovative Strategien oft scheitern. Die Gründe sind menschlich durchaus nachvollziehbar: Ein Unternehmen, das Verbrennungsmotoren entwickelt, hat natürlich zunächst kein Interesse daran, dass sich Elektromobilität durchsetzt. Als Leiter der vielköpfigen Wartungsabteilung bei einer Airline will man nicht unbedingt, dass Predictive Maintenance durch KI zum Standard wird. Wer als führender Manager drei Jahre vor dem Ruhestand ist und sich mit seinen Entscheidungen nicht für den langfristigen Erfolg des Unternehmens verantwortlich fühlt, wird sich gründlich überlegen, ob er das Fass KI jetzt noch aufmachen soll. Von daher: Wenn nun ein Berater ins Haus kommt und dynamisch in die Hände klatscht, nach dem Motto »Auf geht's, das ist eben lebenslanges Lernen, das ist die Zukunft!«, wird man diese Menschen verlieren. Möglicherweise ist nicht die Implementierung von KI, sondern die Akzeptanz der Menschen die zentrale Stellschraube für den künftigen Erfolg. Besonders heikel: Vielleicht sind es gerade einige der besten Mitarbeiter, die sich besonders sperren. Eben weil sie in den neuen Themenfeldern (noch) nicht zu den Besten gehören. Die Angst vor Statusverlust kann eine starke Bremse sein.

Mit diesem Problem eng verwandt ist das Silodenken, das Sie sicherlich aus eigener Erfahrung gut kennen. Gerade unter dem Aspekt der Datennutzung kann dies eine entscheidende Hürde auf dem Weg zur erfolgreichen Bewältigung des digitalen Wandels darstellen. Wenn Bereichsfürsten, die kein Interesse an der Etablierung von neuen Technologien haben, sich dagegen sperren, dass Entwickler aus anderen Abteilungen auf ihre Daten zugreifen, kann das die Implementierung von KI-Lösungen verzögern oder im schlimmsten Fall verhindern. Selbstverständlich müssen gerade in sensiblen Bereichen wie etwa dem Gesundheits- oder Finanzwesen insbesondere Fragen des Datenschutzes einbezogen werden, wenn separat vorgehaltene Daten zusammengeführt werden sollen. Eventuell vorhandene Ressort-Egoismen und strukturelle Hürden müssen aber bei allen Unternehmen dringend abgebaut werden, die den digitalen Wandel erfolgreich bewältigen wollen.

Scheu vor Restrukturierungen

Selbst wenn man eine Idee hat, wie sich das Unternehmen entwickeln sollte, ein Change-Prozess ist niemals ein Kinderspiel. Die Scheu vor einer Restrukturierung ist gewöhnlich groß, insbesondere, wenn man sich bewusst ist, dass einige Menschen durchs Raster fallen werden. In Konzernen sind die Mitarbeiter schon müde, jeden Wechsel im Vorstand mitsamt neuer Strategie begeistert mitzutragen. In der Vergangenheit hat man oftmals gelernt, dass sich manche Dinge auch aussitzen lassen. Hier ist stark motivierende Führungsarbeit im engen Schulterschluss sämtlicher Hierarchieebenen gefragt.

In kleinen und mittleren Unternehmen hingegen sind Umstrukturierungen ein harter Eingriff in ein familiär anmutendes Organisationskonstrukt. Man schätzt sich seit Jahren, kennt jeden beim Namen, weiß um die persönlichen Umstände der Kollegen und hält zusammen. Gerade in diesem Fall, wo Ihnen das mit einer Umstrukturierung zusammenhängende menschliche Schicksal deutlicher vor Augen geführt wird als in einem vergleichsweise anonymen Konzern, scheut man sich gerne vor harten Einschnitten. Diese können aber häufig auch nicht vermieden werden, wenn man sich zukunftsfähig aufstellen will. Wichtig dabei ist: Eine unsensible Holzhammermethode zerstört eine Firma, die verbleibenden Mitarbeiter erleiden einen herben Vertrauensverlust, möglicherweise mit der inneren Kündigung als Folge. Was Ihnen hier zugutekommt, ist die Zeit. Wie gesagt, KI verwandelt kein Unternehmen über Nacht. Der Prozess erfolgt schrittweise, und ebenso schrittweise können Mitarbeiter für neue Anforderungen geschult, in einen neuen Aufgabenbereich eingearbeitet oder in den Ruhestand verabschiedet werden. Nur blockieren dürfen sie nicht. Auch hier ist achtsame Führungsarbeit ein Schlüsselkriterium.

Lippenbekenntnisse der Unternehmensführung

Das letzte Hemmnis für den Wandel liegt auf der Führungsebene selbst: Lippenbekenntnisse. Wer eine richtungsweisende Strategie nach außen kommuniziert, um sich in der Fachwelt zu profilieren, muss sie auch nach innen vorleben und die entsprechenden Impulse setzen. Wasser predigen, aber Wein trinken war noch nie eine gute Idee, um in den Augen der Mitarbeiter glaubwürdig zu bleiben. Da kann die PR-Broschüre noch so hochwertig glänzen:

Wenn die Inhalte nicht mit dem zu vereinen sind, was die Mitarbeiter tagtäglich im Unternehmen erleben, werden sie nicht mitziehen. Von den verheerenden Folgen nach außen ganz zu schweigen.

Ein Beispiel hierfür soll zum letzten Mal die deutsche Automobilindustrie sein. Seit Jahren sprechen die Konzerne in ihren Investorenunterlagen von Begriffen wie »autonom«, »connected« und »electrified«. Die Realität im Unternehmen sah lange Zeit ganz anders aus. Dass die wirklich konsequente Einleitung des Wandels für die Unternehmensspitze einfach ist, hat auch niemand behauptet. Der Grund: CEOs sind auch nur Menschen. Wer seine ganze Karriere auf dem eigenen Fahrspaß mit dem Verbrennungsmotor aufgebaut hat, kann sich nur schwer etwas anderes vorstellen. Was sich also auch ändern muss, ist das Mindset der Unternehmensspitze. Nur PR-relevante Lippenbekenntnisse zu neuen Technologien werden nicht mehr ausreichen. Umparken im Kopf beginnt zuerst ganz oben.

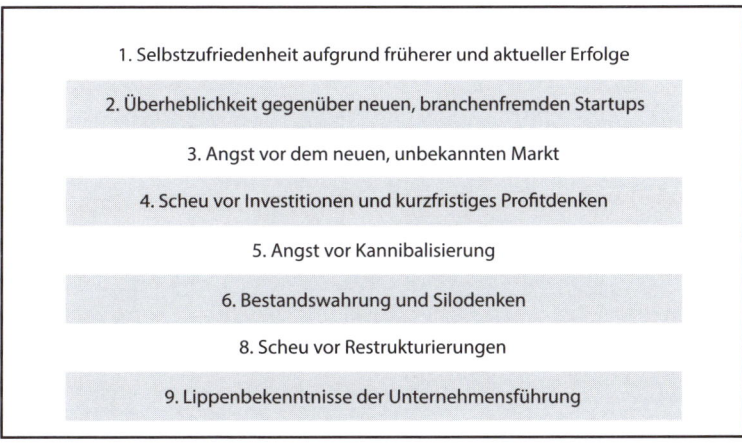

Stolpersteine für die digitale Transformation

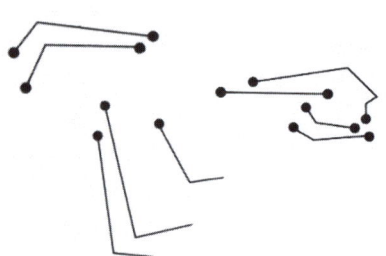

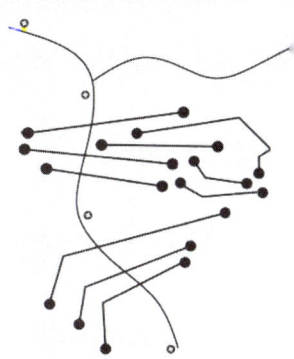

8.   Führung in Zeiten des digitalen Wandels

Als Führungskraft darf es heute nicht mehr darum gehen, zuerst die eigene Position zu sichern, dann die Mitarbeiter anzutreiben und schließlich den Erfolg für sich zu reklamieren. Hatte ein solcher Führungsstil schon immer einen schalen Beigeschmack, so ist er heutzutage auch geschäftsschädigend.

»It doesn't make sense to hire smart people and then tell them what to do; we hire smart people so they can tell us what to do«, so wird Steve Jobs zitiert. Mindestens genauso wichtig ist der Gedanke, dass sich gerade in Zeiten von starken Umbrüchen die besten Ideen durchsetzen müssen, um den neuen Gegebenheiten innovativ begegnen zu können. Das darf keine Frage der Hierarchieebene sein. Wenn eine Führungskraft heutzutage von oben herab nur die Strategie diktieren möchte, sind die wirklich guten Leute schnell wieder weg. Für das Selbstverständnis manch aufgeklärter Manager mag diese Denkweise auf dem Papier zwar inspirierend klingen, in der Praxis kann sie jedoch eine ziemliche Herausforderung darstellen. Insbesondere dann, wenn die guten Ideen und häufig auch die Kritik am eigenen Kurs von Mitarbeitern kommen, die man nicht sonderlich sympathisch findet.

Spätestens mit der Durchdringung sämtlicher Arbeitsbereiche durch neue Technologien ist an klassischen Hierarchien aber nicht mehr festzuhalten. Der CEO gibt zwar die grundsätzliche Richtung vor, doch nur das gesamte Team, etwa im Zusammenspiel von Produktmanager und Softwareentwickler, kann den gewünschten Erfolg bringen. Es gilt also, genau diese Menschen in die Entscheidungsprozesse mit einzubeziehen, die auch wirklich tiefe Kenntnisse von der Anwendung der neuen Technik besitzen.

Eine Vorgabe, wie das finale Produkt genau gestaltet sein muss, kann nicht mehr direkt vom CEO kommen – zumindest dann nicht, wenn es ein Erfolg werden soll, außer er ist selbst tief mit den neuen Technologien vertraut und ganz nah an den Bedürfnissen der Kunden dran. Dies ist aber in den meisten alteingesessenen Unternehmen außerhalb der IT-Branche nur selten der Fall.

Meist weiß der Produktmanager am besten, was der Kunde konkret will, und der Softwareentwickler weiß im Detail, was technisch umsetzbar ist. An der Schnittstelle dieses Austauschs kann dann ein zukunftsfähiges Produkt entstehen – und dies ist ein Prozess, der eben nicht von oben auf dem Reißbrett diktiert werden kann.

Die Voraussetzung dafür sind flexible und agile Teamstrukturen. Abteilungen, die quasi in Silos ohne Austausch am gleichen Produkt arbeiten, gehören der Vergangenheit an. Dass damit heute gewisse Welten aufeinanderprallen, ist Teil des Changeprozesses, ermöglicht aber neue, bessere Ergebnisse. Bezüglich der Einbindung der KI-Experten in die Organisationsstruktur schlägt Andrew Ng einen eigenen Unternehmensbereich für KI vor, aus dem Mitarbeiter in die einzelnen Geschäftsbereiche gesandt werden, um ihr Wissen dort anzubringen. So können sie in ihrer eigenen Abteilung gemeinsame Standards für das Unternehmen setzen und stehen untereinander in engem Austausch. Von diesem Wissen profitieren dann wiederum alle anderen Firmenbereiche. Wenn jede Abteilung ihren eigenen Experten einstellen würde, ließen sich solche Effekte nicht nutzen – im Gegenteil. Auch für die am Markt gefragten KI-Experten ist es vermutlich nicht die optimale Jobperspektive, als Einzelkämpfer auf Dauer fest in einer Spezialabteilung gefangen zu sein, die möglicherweise dem Wandel skeptisch gegenübersteht.

Vertrauen ist gut, Kontrolle ist besser? Es ist fraglich, ob dieser Leitsatz auch in einer modernen Organisation noch funktionieren kann. Eine Führungskraft von heute muss darauf vertrauen, dass junge, gut ausgebildete Mitarbeiter in vielen Fällen besser Bescheid wissen, wie man neue Technologien im Unternehmen etabliert und zukunftsfähige Produkte entwickelt. Wer sich hier selbst in die Tasche lügt, um den Schein und Status zu wahren, tut niemandem einen Gefallen. Insbesondere auf den ersten Blick bereits technisch nicht umsetzbare, aber für verpflichtend erklärte Anweisungen verursachen offenes oder verstecktes Kopfschütteln bei der Belegschaft. Die Kernkompetenz der Führungskraft muss mehr denn je das große Ganze sein und nicht mehr jedes operative Detail. Hier kann der zunehmende Grad an Automatisierung sogar helfen. Denn auch Führungskräfte werden von Routinetätigkeiten zunehmend entlastet. Diese Zeit müssen sie aber nutzen, um sich Gedanken über den Markt von morgen zu machen. Genau das ist eine Aufgabe, die ihnen die Maschine nicht abnehmen kann. Und wahrscheinlich auch nicht der junge Mitarbeiter, der zwar das technische Verständnis hat, dem aber der strategische Weitblick fehlt.

Ein Blick ins Tierreich zeigt, wie man solche notwendigen flexiblen Strukturen leben kann. Der stolze Mythos vom einsamen Leitwolf hat ausgedient. Wobei: Das war in der Natur schon immer so, denn ein Wolfsrudel ist in Wirklichkeit sehr teamorientiert und gleichberechtigt aufgestellt. In der freien Wildbahn haben in der Regel ein männlicher und ein weiblicher Wolf das Sagen, sie agieren entsprechend ihrer Anlagen als Team. Es sind oft die Elterntiere, sie haben die meiste Erfahrung und sind quasi die Strategen. Die (im übertragenen Sinne) operative Führung hat immer der Wolf, der die besten Fähigkeiten für die jeweilige Situation mitbringt. Das muss nicht zwingend einer der Leitwölfe sein.

Auch Vogelschwärme haben zwar ein Sozialgefüge, es fliegt jedoch nicht der eine Leitvogel viele Tausend Kilometer bis ins Winterquartier voran. Es wird regelmäßig gewechselt, um Kräfte zu sparen. An der Spitzengruppe orientiert sich der Schwarm, für den einzelnen Vogel in diesem Gebilde ist jedoch das Verhalten der direkten Nachbarn ausschlaggebend. So sieht es aus, als würde der Schwarm quasi als eine Einheit agieren, und das zum Wohle aller.

Aus Unternehmensperspektive: Sie brauchen Menschen in allen Positionen, um in Zeiten des schnellen Wandels flexibel auf neue Anforderungen reagieren zu können und diese auch konsequent umzusetzen. Die gewissenhaften Arbeiter müssen Ihnen genauso am Herzen liegen wie die kreativen Spinner.

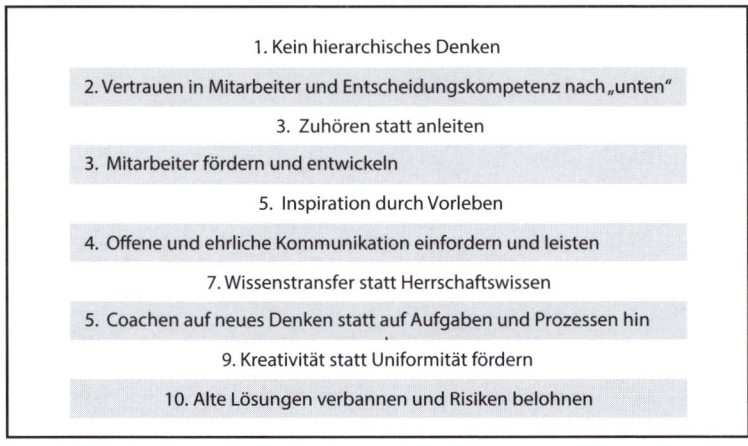

1. Kein hierarchisches Denken

2. Vertrauen in Mitarbeiter und Entscheidungskompetenz nach „unten"

3. Zuhören statt anleiten

3. Mitarbeiter fördern und entwickeln

5. Inspiration durch Vorleben

4. Offene und ehrliche Kommunikation einfordern und leisten

7. Wissenstransfer statt Herrschaftswissen

5. Coachen auf neues Denken statt auf Aufgaben und Prozessen hin

9. Kreativität statt Uniformität fördern

10. Alte Lösungen verbannen und Risiken belohnen

Neue Führungsqualitäten für den Wandel

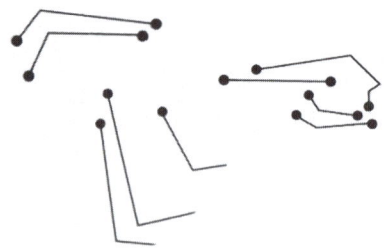

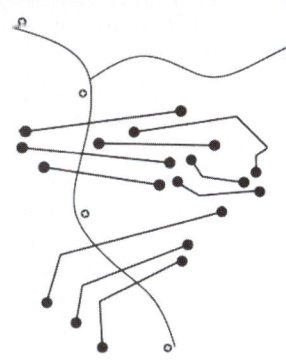

9. Die Welt von morgen vorausdenken

Alle sprechen über Innovation, aber wie kommt man eigentlich auf zukunftsträchtige Ideen? Klar, es gibt Unmengen Fachliteratur und diverse Managementgurus, die Ihnen Anregungen geben können. Auch wenn wir uns hier etwas ins eigene Fleisch schneiden: So richtig helfen können Sie sich am besten selbst.

Denn die wichtigste Person im Unternehmen ist die Führungskraft selbst. Sie ist der greifbare und authentische Referenzpunkt für die Mitarbeiter (falls Sie bei diesen beiden Adjektiven bereits zusammengezuckt sind, sollten Sie die vorherigen Seiten noch einmal lesen). Suchen Sie den Austausch mit den Kollegen, auch und gerade mit den jungen Digital Natives. Nehmen Sie Kontakt zu Ihren Azubis, Techies, Nerds, Daniel Düsentriebs und Ihren Querdenkern auf und vergessen Sie dabei nicht, dass es all diese Typen auch in weiblicher Form gibt. Kurz: Alle, die eine frische, auch mal kontroverse Meinung vertreten, sind ein Gewinn. Warum nicht mal ein firmenweites Blind-Date-Programm für die Mittagspause vorschlagen? So lernen Sie und Ihre Kollegen Menschen kennen, die normalerweise nie in Kontakt miteinander gekommen wären. Keine Zeit? Essen müssen alle irgendwann. Fördern Sie unternehmerisches Denken auf jeder Ebene Ihres Unternehmens, gerne auch im Sinne von »Kill a stupid rule« und nehmen Sie Verbesserungsvorschläge ernst. Achtung: Das oben erwähnte Hemmnis der Lippenbekenntnisse hat hier eine besondere Tragkraft: Wenn Sie Vorschläge einholen, müssen Sie sich auch mit diesen auseinandersetzen – sonst lassen Sie es besser gleich bleiben.

Inspiration ist ein großes Wort, aber Anstöße von außen können auf keinen Fall schaden, wenn es um nichts weniger als die

Zukunft Ihres Unternehmens geht. Orientieren Sie sich an der Start-up-Kultur im Silicon Valley: Ideen werden hier nicht im Geheimen mit Angst vor Nachahmern hinter geschlossenen Türen entwickelt, sondern offen mit anderen Gründern diskutiert. Laden Sie für Fortbildungen und Workshops zur Abwechslung mal Kreative ein. Vielleicht planen Sie mal ein branchenübergreifendes Projekt mit ihnen? Denn: Woher stammen eigentlich die Bilder, die wir im Kopf haben, wenn wir das Wort Künstliche Intelligenz hören? Wer malt die Utopien und Dystopien, die unsere künftige Gesellschaft möglicherweise antizipieren?

Der Blick in die Glaskugel: What´s next?

Die Kreativindustrie hat schon immer ihre eigenen Ideen von unserer Zukunft gehabt. Selbstfahrende Autos? In den 1950er Jahren hatten die Werbegrafiker für America's Independent Electric Light and Power Companies genau diese Idee, um den Fortschritt zu visualisieren. Vier Passagiere sitzen von der Straße abgewandt im Innenraum und spielen ein Brettspiel. Nicht nur das: Auch rundliche Flugobjekte mit Passagieren tauchen in den Anzeigen auf, darin zu finden zwei Damen mit Einkaufstüte und Hund. Sie müssen aber noch selbst steuern, wie ein großes Lenkrad zeigt. Künstliche Intelligenz? In Filmen entwickelt sie gerne ein unkontrollierbares Eigenleben – oft nicht zum Wohle der Menschheit, siehe *Terminator*, die Maschinen in *Matrix* oder V.I.K.I. aus *I, Robot*. Andere Werke versuchen das Verhältnis Mensch – Maschine zu ergründen, die Frage nach moralischem Verhalten, Liebe und Authentizität, zum Beispiel *Ex Machina* oder *A.I. – Künstliche Intelligenz*. Sie nehmen Diskussionen vorweg, denen wir uns möglicherweise in abgewandelter Form künftig werden stellen müssen. Es ist so ein Thema mit der Menschlichkeit der Maschinen: Die Droiden C-3PO und R2D2 aus *Star Wars* werden von den Fans gerade wegen ihres überaus menschlichen Verhaltens geliebt: Freude, Angst,

Mitgefühl – selbst das Piepsen von R2D2 lässt keinen Zweifel an seiner Stimmungslage zu. Aber sind es nicht Maschinen?

Auch ganze Gesellschaftsentwürfe, deren Kontrollmechanismen eine Art Social Scoring vorwegnehmen, finden wir in Literatur und Film, angefangen bei George Orwells *1984* bis hin zu Dave Eggers' *The Circle*. Wenn wir uns von unserem heutigen Wissensstand aus fragen, wie die Zukunft aussehen könnte, hat die Netflix-Serie *Black Mirror* ein paar Szenarien im Angebot. Mit solchen Vorbildern ist der Topos einer von oder mithilfe von intelligenten Maschinen kontrollierten Welt tief in unser kulturelles Gedächtnis eingegraben. Wir sind nicht neutral, wenn wir über KI nachdenken. Die Kreativwelt hat schon immer Fragen erhoben, die den Wert des Menschen auf den Prüfstand gestellt haben, nur vergessen wir es gerne. Jetzt bekommen diese Fragen eine neue gesellschaftliche Relevanz.

KI-Experte Andrea Ng bezeichnet KI als »new electricity«. Der Vergleich ist nicht nur spannend, wenn man an die wirtschaftlichen Folgen des damaligen Fortschritts während der zweiten industriellen Revolution denkt. Schon früher, bereits Mitte des 18. Jahrhunderts, faszinierte Elektrizität die Menschen, wir schreiben die Epoche der Aufklärung. Naturwissenschaften waren en vogue, allen voran die Lehre von der Elektrizität. Sogenannte Elektrisierer, von Wissenschaftshistoriker Oliver Hochadel als »Fußtruppen der Aufklärung« bezeichnet, zogen durch das Land und zeigten spektakuläre Experimente. Physik und Naturwissenschaften überhaupt waren sexy, sprühende Funken und Explosionen zogen die Menschen in ihren Bann. Noch war das alles nicht in kontrollierter Form im Alltag anwendbar, sondern vor allem ein faszinierendes Spektakel. Wir wissen aber um die massiven Folgen von Aufklärung und Elektrisierung für die gesellschaftliche und wirtschaftliche Entwicklung.

Wenn wir KI nach Ng als neue Elektrizität betrachten, vor welchen Umwälzungen stehen wir dann? Wie fasziniert – oder ablehnend – stehen wir heute den ersten Schritten gegenüber? Einige Formen funktionieren bereits überaus gut, andere stecken in ihrer

Entwicklung noch in den Kinderschuhen. Der Historiker Oliver Hochadel beschreibt, wie 1782 diverse Menschen gebannt auf ein Explosionsschauspiel in der Weser bei Bremen blickten, durchgeführt von einem Schausteller. Kaum einer der Zuschauer hat sich wohl in diesem Moment erträumen können, dass Elektrizität rund hundert Jahre später begann, dem Leben der Menschen durch Straßenbeleuchtung und später in den Haushalten völlig neue Möglichkeiten zu eröffnen. Welche Ahnung haben wir schon vom vollen Potenzial der KI?

Historisch gesehen wurden technologische Entwicklungen kurzfristig oft überschätzt, langfristig aber unterschätzt, wie Microsoft-Gründer Bill Gates bereits lange vor der breiten Diskussion über KI erkannt hat. Von daher kann man eigentlich gar nicht weit genug in die Zukunft denken, um eventuell zu erahnen, was vielleicht in absehbarer Zeit an technologischer Entwicklung möglich sein könnte.

Ein Begriff, der in diesem Kontext immer wieder durch die öffentliche Diskussion gereicht wird, ist die technologische Singularität. Wenn sich selbstlernende Systeme in einer exponentiellen Entwicklung selbst verbessern, wird diese neue Superintelligenz dem Menschen in allen Bereichen überlegen sein. Eine Prognose von Ray Kurzweil, Futurist und Director of Engineering bei Google, sieht diesen Zeitpunkt für das Jahr 2045. Eine direkte Verbindung der menschlichen mit der künstlichen Intelligenz wird die Leistungsfähigkeit der menschlichen Intelligenz milliardenfach steigern. Als Zwischenschritte dahin nennt Kurzweil das Jahr 2029. Computer werden hier menschlicher Intelligenz ebenbürtig sein und dann endlich auch unangefochten den Turingtest bestehen. Für die 2030er Jahre sieht die Prognose das Eindringen von Technologien in unser Gehirn vor, etwa um die Erinnerungsleistung zu stärken. Damit ist nach Kurzweil keineswegs das Ende der Menschheit besiegelt, indem wir zu Sklaven der Maschinen werden. Vielmehr plädiert er für ein optimistisches Szenario, wir werden klüger und – in einem sicher diskutablen Sinne – »besser«: »We're going to get more neo-cortex, we're going to be funnier, we're going to be better at music, we're going to be sexier. We're really going to exemplify all the things that we value in humans to a greater degree.«[27]

Natürlich sind diese Thesen stark umstritten. Eine solche Entwicklung beinhaltet existenzielle Fragen und Ängste der Menschheit. Reibungsverluste und nicht nur technologische, sondern insbesondere auch gesellschaftliche Umbrüche sind zu erwarten, sowohl auf dem Arbeitsmarkt als auch bei der Verteilung von Wohlstand, Zugang und Teilhabe. Ein Ignorieren des Wandels kann keine Lösung sein. Die Menschheitsgeschichte hat mehrfach bewiesen: Was möglich ist, wird gemacht. Und wenn einer nicht will, macht es ein anderer.

Wir sehen: Es schweben diverse Zukunftsszenarien im Raum, inklusive massiver Warnungen. An generellen Spekulationen wollen wir uns hier nicht beteiligen, wohl aber im Folgenden zwei zentrale Felder diskutieren:

1. Die Auswirkungen von KI auf den Arbeitsmarkt und die Gesellschaft sowie
2. Den Wandel im Privatleben durch das Zusammenspiel von Mensch und Maschine.

Arbeitsmarkt und Gesellschaft: Work and Play

Studien zu den Entwicklungen am Arbeitsmarkt, dem Wegfall von Jobs durch Automatisierung sowie den künftig gefragten Fähigkeiten gibt es en masse. Routinejobs fallen weg, jedoch werden neue Jobs entstehen – soweit der Konsens. Je nach Berufsbild wird es unterschiedliche Szenarien geben. Ein Arzt etwa, der sich ausgiebig Zeit (die er aktuell vielleicht nicht hat) für seine Patienten nimmt, wird eine hochgefragte Ergänzung zur maschinellen Diagnostik sein. Der Arzt, der nur in einer Minute ein Rezept ausstellt, ohne sich mit dem Patienten zu befassen, eher nicht.

Zeit ist eine wertvolle Ressource, auch für Unternehmensführer. Die Studie *The Leader's Calendar* von Harvardprofessor Michael E. Porter belegt: Durchschnittlich nur drei Prozent der Arbeitszeit eines CEOs entfallen auf Fortbildung und Kundenkontakt, was – für einige Studienteilnehmer überraschend – teils weniger ist als die Zeit, die sie mit Consultants verbringen. Das sollte zu denken geben. Der Einsatz von KI kann dem Manager Zeit verschaffen, eine bessere Führungskraft zu sein und vorauszudenken, wohin sich das Geschäft entwickeln soll.

Das klingt alles durchweg positiv, die meisten Meldungen zu den Auswirkungen von Künstlicher Intelligenz auf den Arbeitsmarkt jedoch verbreiten eine andere Stimmung. Einen Blick weit in die Zukunft, genauer gesagt ins Jahr 2030, hat das *McKinsey Global Institute (MGI)* in der Studie *Jobs Lost, Jobs Gained: Workforce Transitions in a Time of Automation* vorgenommen: Wo verschwinden Jobs, wo entstehen neue? Wenn wir hier über Automatisierung sprechen, sei gesagt: Automatisierung bedeutet nicht zwingend KI und ist historisch gesehen kein neuer Prozess, sondern war sogar bereits lange vor der Industrialisierung ein Thema. Ausgrabungen lassen darauf schließen, dass bereits 79 n. Chr. inzwischen zerstörte Pompeji-Mühlen im Einsatz waren, die durch Zugtiere oder Menschen angetrieben wurden. Im Laufe der Zeit wurden sie durch Wind- und Wassermühlen ersetzt, später durch Motorkraft angetrieben – automatisiert eben. Maschinen arbeiten hier besser als die reine Menschenkraft. Wenn wir an KI denken, gestaltet sich der Prozess etwas anders, jedoch ebenso mit enormem Potenzial. Es geht nicht mehr »nur« um das Ausführen von Tätigkeiten, sondern um eine eigenständige Art des Denkens und Handelns – wie beim Menschen.

Global betrachtet gehen die MGI-Autoren davon aus, dass bis zum Jahr 2030 durchschnittlich 15 Prozent der Arbeitsplätze durch Automatisierung allgemein wegfallen könnten, wobei die Werte je nach Ausrichtung des jeweiligen Landes zwischen null und 30 Prozent variieren. Deutschland weist mit 24 Prozent der Arbeitszeit ähnlich wie die USA (23 Prozent) ein vergleichsweise hohes Automatisierungspotenzial auf, Indien hingegen rangiert mit neun Prozent am unteren Ende. Je nach Entwicklung werden 32 Prozent der Beschäftigten hierzulande bis zum Jahr 2030 den Beruf wechseln müssen. Die ständige Weiterbildung während der gesamten beruflichen Karriere wird zum Normalfall. Deutschland speziell ist geprägt von einer alternden Bevölkerung und vergleichsweise hohen Löhnen, was die Automatisierung begünstigt. Gerade der demografische Wandel sowie die steigenden Konsumausgaben werden dafür sorgen, dass neue Jobs insbesondere im Gesundheitssektor entstehen.

Ein vergleichsweise aktueller Blick auf den Status Quo hierzulande. Der Job-Futuromat des Instituts für Arbeitsmarkt- und Berufsforschung der Bundesagentur für Arbeit sowie der ARD gibt Daten zum Automatisierungspotenzial verschiedener Berufe an. Bereits im Jahr 2016 konnten Maschinen prinzipiell 83 Prozent der Tätigkeiten eines Wartungsingenieurs in der Flugsicherung übernehmen, der Beruf des Grundschullehrers war mit 14 Prozent Automatisierungspotenzial noch relativ sicher. Je mehr Menschlichkeit gefragt ist, desto weniger automatisierbar erscheint der Job.

Im Jahr 2016 arbeitete laut den Autoren der Studie ein Viertel der sozialversicherungspflichtig Beschäftigten in Deutschland in Berufen, bei denen mindestens 70 Prozent der Tätigkeiten von Computern oder Maschinen erledigt werden könnten. Die Tätigkeiten von Kassierern im Handel sind demzufolge bereits zu 100 Prozent automatisierbar, Amazon Go macht es vor. Die Realität im örtlichen Supermarkt sieht jedoch anders aus. Ein Widerspruch? Manche Tätigkeiten erledigt der Mensch aktuell noch besser, flexibler oder in einem günstigeren Kosten-Nutzen-Verhältnis als die Maschine. Auch rechtliche und ethische Hürden sowie der bewusste Verzicht auf Automatisierung sprechen oft noch für den Menschen. Vielfach dürfte aber auch einfach die mangelnde Technikkompetenz bei der Umsetzung solcher hochgradig KI-gestützten Lösungen der Umsetzung im Wege stehen.

Das Millenium Project, ein Non-Profit-Thinktank mit Experten aus aller Welt, der sich mit Zukunftsfragen beschäftigt, geht von einer Übergangsphase in den nächsten zwei Dekaden aus, in der Jobs wegfallen, neue Berufsbilder entstehen und möglicherweise alternative Sozialordnungen diskutiert werden müssen. »Dann werde ich eben Empath«[28], so titeln Cornelia Daheim und Ole Wintermann von der Bertelsmann-Stiftung in Bezug auf Meinungen der Experten zu Zukunftsberufen. Damit treffen sie einen Nerv. Als künftig denkbare Berufe werden unter anderem aufgelistet: Kreativitätscoach, persönlicher Gesundheitsberater, Empathie-Interventionist, Algorithmenversicherer, Biosignaltrainer, Ethikalgorithmiker oder Freizeitgestalter. Das klingt skurril, ist aber im Grunde heute schon alles angelegt. Wer sich als dynamisches Unternehmen versteht, hat vielleicht bereits einen Feel-Good-Manager an Bord – künftig könnte das Betriebsklima eine noch größere Rolle spielen. Auch die IT wird in einer hochvernetzten Arbeitsumgebung aufgewertet. Sind die Kollegen aktuell noch diejenigen, denen bei allen technischen Problemen gerne die Schuld in die Schuhe geschoben wird (Hand aufs Herz: Wann haben Sie das letzte Mal in Richtung IT »So kann ich nicht arbeiten!« gerufen, wenn Sie vielleicht nur das Kabel nicht ganz eingesteckt hatten?), so werden sie künftig noch stärker als ohnehin schon systemkritisch für das Funktionieren des Betriebsauflaufs sein. Die Maschinenflüsterer mit direktem Draht in die Cloud, sozusagen.

Gezielt für KI werden sich einige unabdingbare Berufsfelder entwickeln. Viktor Mayer-Schönberger und Kenneth Cukier schlagen das Berufsbild eines Algorithmikers vor:

> »Diese neuen Spezialisten wären Experten in Informatik, Mathematik und Statistik und würden Big-Data-Analysen und Vorhersagen bewerten. Algorithmiker wären per Eid zu Vertraulichkeit und Unabhängigkeit verpflichtet, ähnlich wie Wirtschaftsprüfer oder die in Österreich verbreiteten Ziviltechniker. Sie würden die Wahl der Daten, die Qualität der Werkzeuge zu Analyse und Vorhersage – einschließlich der Algorithmen und mathematischen Modelle – und die

Interpretation der Ergebnisse überprüfen. Im Streitfall be-
kämen sie Zugang zu den Algorithmen, den statistischen
Verfahren und den Datenbeständen, die eine Entscheidung
bestimmt haben.«[29]

Algorithmiker wären also Unparteiische, die sowohl außerhalb als
auch innerhalb eines Unternehmens zum Einsatz kommen könnten, quasi als externe Gutachter oder als interner Prüfstein.

Die Anforderungen an uns Menschen werden sich verändern,
je weiter das Zusammenspiel mit den Maschinen fortschreitet.
Wir haben bereits über die Zusammenarbeit künftiger Produktmanager und Softwareingenieure gesprochen und gesehen, wie
sich die Ansprache der Produktmanager verändern muss, um optimal mit den Kollegen aus den Technikabteilungen zu kooperieren.
Müssen wir jetzt alle also IT-Spezialisten werden? Die Debatte um
die richtige Ausbildung künftiger Arbeitnehmer in einer digitalen
Welt wird aktuell breit und emotional geführt. Politiker, Bildungs-
einrichtungen und Unternehmen diskutieren über die optimale
Vorbereitung für Jobs, die es heute allerdings noch nicht gibt. Kein
einfaches Unterfangen, vor allem, weil an vielen Stellen zunächst
massive Investitionen notwendig sind, um überhaupt zeitgemäße
digitale Arbeitsgeräte für die Ausbildung zur Verfügung zu stellen.
Über die ständige Verfügbarkeit von Internet mit hohen Bandbrei-
ten und Plattformen mit erträglichen Latenzzeiten sprechen wir in
diesem Kontext lieber gar nicht erst. Kurz: Es gibt viel zu tun, aber
keinen Königsweg. Auch hier gilt jedoch: Kurzfristiges Profitden-
ken (auch der Shareholder!) – siehe oben – behindert die Innovation und den langfristigen Erfolg.

Was wir sicher wissen, ist, dass die Arbeitnehmer der Zukunft
sich in verschiedenen Bereichen gut werden auskennen müssen,
von unternehmerischem Denken und Handeln über technologi-
sches Verständnis bis hin zu differenzierten zwischenmenschlichen Fähigkeiten. Was der Arbeitsmarkt weniger als bisher brauchen wird, sind Spezialisten für genau eine Branche in genau
einem Themenbereich. Fachwissen und Erfahrung sind wichtig

für Aufgaben, für die nur wenige Daten vorliegen. Je mehr Daten es jedoch gibt (und das ändert sich aktuell mit rasanter Geschwindigkeit in nahezu allen Industrien), desto besser kann KI zum Einsatz gebracht werden und Ergebnisse hervorbringen, die der menschlichen Leistung überlegen sind. Insbesondere der zu erwartende Aufschwung des unüberwachten Lernens wird hier enorme Fortschritte bringen. Der Mensch wiederum ist gefragt, diese Ergebnisse in den Kontext des großen Ganzen einzuordnen und interdisziplinär mit den Kollegen gewinnbringend weiterzuentwickeln. Das Ziel muss die bestmögliche Kombination digitaler Fähigkeiten mit analogen, menschlichen Kompetenzen sein.

Weniger Spezialisten, mehr Generalisten, so ließe sich folgern. Die große Frage ist natürlich: Wie kommen wir dahin? Wie können wir heute Menschen ausbilden, die auch in zehn Jahren noch gut am sich wandelnden Arbeitsmarkt bestehen können? Im Bereich der universitären Ausbildung beginnt die Antwort möglicherweise damit, herkömmliche Studiengangskonzepte zu überdenken – in vollem Bewusstsein, dass wir uns hier auf bildungspolitisches Glatteis begeben. In den vergangenen Jahren hat eine immer stärkere Ausdifferenzierung und Spezialisierung innerhalb verschiedener Fachbereiche stattgefunden. Die Herausforderungen der künftigen Arbeitswelt werden diese Ansätze auf den Prüfstand stellen. Nicht umsonst erfreut sich der vor fast hundert Jahren in Oxford entstandene Studiengang PPE, also philosophy, politics and economics an renommierten Universitäten großer Beliebtheit, insbesondere bei Studierenden, die einen gewissen Führungsanspruch in ihrem späteren Job anstreben. Das interdisziplinäre Zusammenbringen unterschiedlicher Fachrichtungen könnte künftig eine größere Rolle in der allgemeinen Ausbildung spielen und vielleicht sogar wieder zur Idee des Studium Generale führen. Das Konzept geht zurück auf die mittelalterliche Idee der Universität als Ort der höheren Wissensvermittlung insbesondere für die sieben freien Künste sowie Recht, Medizin und Theologie.

Der Gedanke, in der universitären Ausbildung ein breites Spektrum an wirtschaftsnahen oder künstlerischen Themen (hier ist sicherlich eine Trennung von groben Richtungen möglich) kennenzulernen und sich danach eventuell erst im Berufsleben zu spezialisieren, könnte den künftigen Anforderungen des Arbeitsmarktes durchaus nahekommen. In anderen Worten: Erst denken lernen und die großen Zusammenhänge verstehen, der Job danach wird ohnehin so individuell sein, dass ein spezielles Training notwendig ist.

Jack Ma, Gründer von Alibaba, sprach im Rahmen des World Economic Forums 2018 klare Worte in Bezug auf die notwendige Bildungsarbeit: Unsere Art zu lehren und die Inhalte, die wir unseren Kindern momentan beibringen, basieren vor allem auf Wissen. Hier sind Maschinen jedoch stärker, der Mensch kann in der Konkurrenz nicht mit KI mithalten, die klüger ist. Stattdessen sollten wir unsere Kinder Werte lehren, unabhängiges Denken, Teamarbeit und Mitgefühl. Mit reiner Wissensvermittlung kommt man hier nicht weit, vielmehr mit Fächern, die bisher eher am Rande des Ausbildungskanons standen: Sport, Musik und Kunst.

Auch im Hinblick auf die Gesellschaft wird uns KI zum Umdenken zwingen. Die klassische 40-Stunden-Woche steht in Zeiten der Automatisierung zur Disposition. In diesem Kontext wird eine Idee besonders diskutiert, die vor einigen Jahren hierzulande noch als absolute Spinnerei abgetan wurde, nämlich das bedingungslose Grundeinkommen. Kritiker sehen eine solche Maßnahme als Einladung in die Massenarbeitslosigkeit, die Befürworter hingegen sprechen von einem Abfederungsmechanismus, der die Menschen zu Jobwechseln und unternehmerischen Risiken ermutigen kann. Es gab und gibt einige Pilotprojekte rund um den Erdkreis, die der Frage nachgehen, welchen Einfluss das bedingungslose Grundeinkommen auf Wirtschaft und Gesellschaft hat. Auch wenn es wenig flächendeckende Ergebnisse gibt (die Nationen, in denen solche Experimente durchgeführt wurden, sind höchst unterschiedlich, etwa Uganda, Indien oder Finnland), steht mit Blick auf den Anfang dieses Kapitels fest:

Motivation und Freude an der Arbeit würden ein ganz zentraler Grund sein, warum Menschen sich trotz Grundeinkommen für das Arbeiten entscheiden. Entsprechend sind die beschriebenen Führungsqualitäten und die Zusammenarbeit im Unternehmen von höchster Relevanz.

Die Entwicklung auf dem Arbeitsmarkt wird auch eine Generationenfrage sein. Wer jetzt bereits die Jahre zur Rente an einer Hand ablesen kann, kann sich beruhigt zurücklehnen. Wer noch 30 Jahre im Berufsleben vor sich hat, wird sämtliche Phasen des Umbruchs miterleben. Diese Generation wird Entscheidungen treffen müssen, die nicht nur für die Wirtschaft, sondern auch für die Gesellschaftspolitik zentrale Weichen stellen.

Das Zusammenspiel von Mensch und Maschine im Privatleben: Ex Machina?

Stellen Sie sich vor, Sie kommen abends erschöpft von der Arbeit nach Hause. Ihr Partner/Ihre Partnerin ist schon da – und hat miese Laune. Der Chef hat heute ein neues Projekt vergeben, mit einem schwierigen Kunden, und wer hat die goldene Himbeere bekommen? Davon wird Ihre Beziehung die nächsten Wochen noch etwas haben. Das denken Sie kurz, bevor Sie entsetzt feststellen: »Ups… ich habe vergessen einzukaufen, heute wäre ich dran gewesen, und ich habe doch schon letztes Mal …« Sie können sich leicht vorstellen, dass der Abend nun nicht unbedingt eine erfreuliche Wendung nehmen wird.

Ein zweites Szenario: Sie kommen abends erschöpft von der Arbeit nach Hause. Ihr Partner/Ihre Partnerin ist schon da. Sie wissen schon, dass heute kein guter Tag ist, denn Sie haben bereits mittags eine Nachricht auf Ihrem Smartphone erhalten: »Schatz hat heute bereits drei Tafeln Schokolade intus und zu 80 Prozent mehr Raucherpausen eingelegt als üblich. Das ist eine signifikante Abweichung vom Normalzustand. Was willst du dagegen unternehmen?« Zur Auswahl stehen folgende Optionen: Zutaten für das Lieblingsgericht nach Hause liefern lassen, Blumen ins Büro ordern, einen Restauranttisch für heute Abend bestellen. Sie haben sich für das Lieblingsgericht und die Blumen entschieden (Abend retten und gleichzeitig Erste Hilfe leisten). Sie öffnen abends die Tür – und haben einen netten Abend.

Das dritte Szenario geht noch einen Schritt weiter: Vielleicht werden wir abends künftig von einem humanoiden Roboter begrüßt, der bereits weiß, wie unser Tag war und uns entsprechend mit Wohlfühlmusik, Schokolade und Rotwein begrüßt? Der uns emotional an der Türschwelle abholt, zuerst ein Kompliment zum erfolgreichen Meeting heute vom Stapel lässt und uns sanft durch den Abend dirigiert, mit dem es keinen Streit über Altpapier im Keller gibt und der auch gerne selbstlos im Bett zu Diensten ist. In einem solchen Szenario wäre der Roboter ein echter Konkurrent für zwischenmenschlichen Kontakt. Werden wir also bald ausgetauscht?

Sophia, ihres Zeichens humanoide Roboterdame der Firma Hanson Robotics, kommt dieser Vision bisher vermutlich am nächsten, spezialisierte Sexroboter mal unberücksichtigt gelassen. Sophia betreibt eigene Social-Media-Kanäle aus der Ich-Perspektive (gibt jedoch im Interview mit der Schweizer Zeitung *20 Minuten* zu, ein Social-Media-Team zu haben), fragt ihre Follower auf Instagram wie ein menschlicher Influencer, was sie von ihren Outfits halten und gibt tagebuchartig Einblicke in ihr Leben. Sie war bereits Gast bei den Vereinten Nationen, plauderte mit Angela Merkel über das Ausscheiden der deutschen Fußballnationalmannschaft bei der Fußball-WM 2018: Hier legte Sophia aber eher Klugscheißerqualitäten zu historischen Erfolgen der deutschen Elf an den Tag, die unsere Bundeskanzlerin gekonnt im Sinne »ja schon, aber heute Abend sind wir alle sehr traurig« konterte. Sophia bekam die Staatsbürgerschaft von Saudi-Arabien verliehen – ob das als westliche Frau jetzt unbedingt erstrebenswert ist, lassen wir mal dahingestellt. Fest steht: Der weibliche Robotererzeugt eine enorme Resonanz.

Warum sie so beliebt ist? Anders als Sprachassistenten wie Alexa oder Siri hat Sophia einen Körper, doch das allein ist es nicht. Gina Smith beschreibt auf der Webseite von Hanson Robotics die speziell menschlichen, emotionalen Eigenschaften, die Sophia von anderen, selbst humanoiden, Robotern unterscheiden. Ihr Gesicht ist zu komplexen emotionalen Ausdrücken jenseits platter Mimik fähig, wie wir sie auf menschlichen Gesichtern finden: ein angedeutetes Lächeln, Verwunderung – all diese Sachen. Es ist laut Smith kein technologischer Unterschied, der die Ausnahmestellung von Sophia begründet, sondern ein emotionaler. Genau darum geht es in Hinblick auf die Zukunft.

Das kann man auch als Kampfansage an den Menschen verstehen. Wenn Roboter unser komplettes Verhalten analysieren, uns in- und auswendig kennen und entsprechend reagieren, können sie all unsere Bedürfnisse antizipieren. Manch einer mag eine Beziehung mit einem Roboter vorziehen, wenn er von Menschen zu sehr enttäuscht wurde oder sich für den zwischenmenschlichen Kontakt nicht gewappnet fühlt. Ein Blick nach Japan zeigt, dass dieser Gedanke nicht weltfremd ist. Die Hersteller von Sexrobotern versprechen sogar, wir könnten Menschen langweilig finden, wenn wir erst einmal mit einem Roboter geschlafen hätten, was sich in der Zukunftsstudie *Homo Digitalis* des Fraunhofer-Instituts für Arbeitswirtschaft und Organisation IAO, BR, Arte und ORF immerhin jeder dritte Befragte gut vorstellen kann. Vom Prinzip her einleuchtend: Der digitale Partner lernt, was uns gefällt, und bietet mehr davon – wobei sich hier die Frage auftut, ob der Mensch dessen nicht vielleicht auch mal überdrüssig wird und sich nach neuen Abenteuern sehnt, Stichwort Midlife-Crisis. Oder hat der empathische Roboter auch das im Griff?

Die Meinungen zu humanoiden Robotern gehen selbst in der Fachwelt auseinander. Ökonomin Sarah Spiekermann etwa fordert im Interview mit der *Süddeutschen Zeitung*, Roboter nicht menschenähnlich zu bauen, um die Grenze zur Maschine aufrechtzuerhalten. Der Mensch solle nicht Gott spielen, sich also keine Schöpferrolle zuschreiben. Der Roboter als Ebenbild des Menschen legt so eine Assoziation nahe. Auch wenn viele Entwickler von einem Wunsch nach technischer Kontrolle über die Welt getrieben seien, werde das der vielfältigen Realität nicht gerecht.

Ein Blick in die Entwicklungsabteilungen zeigt, dass natürlich trotzdem daran gearbeitet wird. Daher bleibt die Frage, ob wir bald digitale Konkurrenz im eigenen Wohnzimmer bekommen. Wir haben bereits über die Anforderungen des Arbeitsmarktes gesprochen. Wie aber müssen sich Menschen eigentlich strategisch aufstellen, um auch im Privaten nicht ausgetauscht zu werden? Mitgefühl, Kreativität, Witz – solche Attribute können nur in gewissen Maßen einprogrammiert werden. Beim Sexroboter in der TV-Dokumentation zur Studie *Homo Digitalis* konnten die Nutzer aus verschiedenen Eigenschaften wählen, etwa »glücklich« und »humorvoll«. Aber das komplexe Zusammenspiel solcher Eigenschaften in der zwischenmenschlichen Interaktion und das Unvorhersehbare sind ein primär menschliches Hoheitsgebiet. Dazu gehören auch Fettnäpfchen, Überraschungen und Streit, Ergriffenheit, Trauer, Spontaneität – alles, was echt ist, individuelle Gefühle hervorruft, die mit unserem innersten Wesen zusammenhängen. In anderen Worten: alles, was uns von Mitmenschen unterscheidet und was uns gleichzeitig mit ihnen zusammenbringt. Menschlichkeit bedeutet auch, nicht die letzte Kontrolle zu haben, verletzlich zu sein, emotional. Nach diesen Momenten sucht die Kunst bereits seit Menschengedenken. Vielleicht ist es eine zu romantische Vorstellung, dass uns gerade in Zeiten digitaler Disruption die Literatur, Musik, bildende und darstellende Kunst wieder verstärkt Anregungen geben, was es bedeutet, Mensch zu sein. Vielleicht aber auch nicht.

Sicherheitshalber könnten Sie Ihre Kinder mal zum Klavierunterricht schicken.

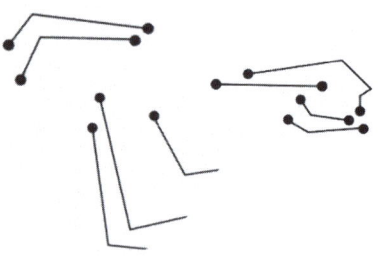

Nachwort

Die nächste Generation steht schon in den Startlöchern. Vielleicht werden wir sie künftig als AI Natives bezeichnen, die KI-Anwendungen wie selbstverständlich in ihr Leben integrieren. Amazons Hardware-Chef Dave Limp erzählte im Dezember 2018 in einem Interview von seinen Kindern: Sie seien es gewohnt, zu Hause per Sprachsteuerung das Licht anzuschalten. Seien sie woanders und das funktioniere nicht, denken sie, das Haus sei kaputt. Ein anderes Beispiel: Der sechsjährige Jariel aus New Jersey wurde Anfang 2019 durch ein Twitter-Video seiner Mutter berühmt, wie er Alexa seine Mathehausaufgaben diktierte und sie brav antwortete. Auch in vielen anderen Kinderzimmern rund um den Erdkreis dürften entsprechende Versuchsanordnungen laufen, vermutlich aktuell mit mehr (Mathe) oder weniger (Gedichtanalyse) Erfolg.

Ach KI, das ist nicht so einfach mit dir. Eines steht aber fest: Jeder muss sich dem Thema stellen. Selbst der Vatikan hat ein KI-Projekt gestartet. Sein Name lautet: in codice ratio.

Bei so viel göttlichem Beistand kann dann ja nichts schiefgehen.

Über die Autoren

Prof. Dr. Stefan Gröner zählt zu den renommiertesten Strategieberatern, Führungskräftetrainern und Vortragsrednern im deutschsprachigen Raum. Er war unter anderem in Top-Führungspositionen (z..B. Verlagsleiter, Geschäftsführer) für Gruner+ Jahr und die Bauer Media Group beschäftigt. Seit über 10 Jahren ist er als Strategieberater und Professor und Studiendekan für »Digitales Management« an der Hochschule Fresenius tätig.

Prof. Dr. Stephanie Heinecke ist Professorin und Studiendekanin an der Hochschule Fresenius und eine ausgewiesene deutsche Forscherin zu dem Thema Digitale Transformation in der Medien-, Telekommunikations- und IT-Branche. Außerdem war sie für Solon Management Consulting tätig, einer der renommiertesten Strategieberatungen Deutschlands.

Literaturverzeichnis

ADAC (2018): »Autonomes Fahren: Die 5 Stufen zum selbstfahrenden Auto«, adac.de vom 07.11.2018, Abruf unter https://www.adac.de/rund-ums-fahrzeug/autonomes-fahren/autonomes-fahren-5-stufen/ (21.01.2019).

ADAC (2018): »So funktioniert ein automatisiertes Auto«, adac.de vom 29.08.2018, Abruf unter https://www.adac.de/rund-ums-fahrzeug/autonomes-fahren/auto-automatisiert/ (21.01.2019).

Adobe (2018): »Movers, Shakers, Experience Makers«, Abruf unter https://www.adobe.com/de/enterprise/experience-makers.html#carnival (13.01.2019).

Alibaba Group (2017): »2017 Investor Day: Alibaba Cloud – Strategies for Growth«, Abruf unter https://www.alibabagroup.com/en/ir/pdf/170609/Alibaba_Cloud-Strategies_for_Growth.pdf (21.08.2018).

Alibaba Group (2017): »2017 Investor Day: Strategic Perspective of the Alibaba Economy«, Abruf unter https://www.alibabagroup.com/en/ir/presentations/Investor_Day_2017_Daniel.pdf (21.08.2018).

Alibaba Group (2018): »March Quarter 2018 Results«, Abruf unter https://www.alibabagroup.com/en/ir/presentations/pre180504.pdf (21.08.2018).

Alphabet (2018): »Form 10-K«, Abruf unter https://abc.xyz/investor/pdf/20171231_alphabet_10K.pdf (21.08.2018).

Apotheke Adhoc (2017): »DocMorris strebt zur Plattform-Ökonomie à la Amazon«, apotheke-adhoc.de vom 22.11.2017, Abruf unter https://m.apotheke-adhoc.de/nachrichten/detail/markt/docmorris-strebt-zur-plattform-oekonomie-a-la-amazon-neue-kampagne/ (01.12.2018).

Amazon (2018a): »AWS-Whitepaper. Übersicht über die Amazon Web Services«, Abruf unter https://d1.awsstatic.com/whitepapers/de_DE/aws-overview.pdf (21.12.2018).

Amazon (2018b): »Form 10-K«. Abruf unter http://phx.corporate-ir.net/phoenix.zhtml?c=97664&p=irol-sec&control_selectgroup=Annual%20Filings (22.07.2018).

Amazon (2019): »Amazon Comprehend Medical«, Abruf unter https://aws.amazon.com/de/comprehend/medical/ (09.01.2019).

Anker, Jens (2018): »Rolls-Royce baut Zentrum für Künstliche Intelligenz«, morgenpost.de vom 23.11.2018, Abruf unter https://www.morgenpost.de/brandenburg/article215863051/Rolls-Royce-baut-Zentrum-fuer-Kuenstliche-Intelligenz.html (22.01.2019).

Armbruster, Alexander (2017): »Computer schreibt sechstes Buch von Game of Thrones«, faz.net vom 30.08.2017, Abruf unter https://www.faz.net/aktuell/wirtschaft/kuenstliche-intelligenz/game-of-thrones-kuenstliche-intelligenz-schreibt-sechstes-buch-15175025.html (19.01.2019).

Aunkofer, Benjamin (2017): »Maschinelles Lernen: Klassifikation vs Regression«, data-science-blog.de vom 20.12.2017, Abruf unter https://data-science-blog.com/blog/2017/12/20/maschinelles-lernen-klassifikation-vs-regression/ (09.12.2018).

Automationspraxis (2019): »Trumpf: Maschinen lernen vor allem im Verbund«, automationspraxis.de vom 18.01.2019, https://automationspraxis.industrie.de/industrie-4-0/trumpf-maschinen-lernen-vor-allem-im-verbund/ (18.01.2019).

Bala, Christian/Schuldzinski, Wolfgang (2016): »Neuer sozialer Konsum? Sharing Economy und Peer-Produktion«. In: Bala, Christian/Schuldzinski, Wolfgang (Hrsg.): Prosuming und Sharing – neuer sozialer Konsum. Aspekte kollaborativer Formen von Konsumption und Produktion. Beiträge zur Verbraucherforschung, Band 4. Düsseldorf: Verbraucherzentrale NRW, S. 7–29.

Baller, Susanne (2019): »Mutter erwischt Sechsjährigen, der Alexa seine Hausaufgaben machen lässt«, stern.de vom 02.01.2019, Abruf unter https://www.stern.de/familie/kinder/mutter-erwischt-sechsjaehrigen--der-alexa-seine-hausaufgaben-machen-laesst-8513012.html (06.01.2019).

Barth, Matthias (o. J.): »Apples Erfolgsgeheimnis: Warum Apple Kult ist und Samsung nur ein Computer-Hersteller«, Abruf unter http://www.startworks.de/apples-erfolgsgeheimnis/ (22.07.2018).

Bertelsmann (2017): »Bertelsmann Digital Media Investments beteiligt sich an Video-Start-up Wibbitz«, Pressemitteilung vom 24.10.2017, Abruf unter https://www.bertelsmann.de/news-und-media/nachrichten/bertelsmann-digital-media-investments-beteiligt-sich-an-video-start-up-wibbitz.jsp (19.01.2019).

Berthold, Peter/Kassel, Dieter (2009): »Vögel kennen keine Führer. Ornithologe Berthold: Bild vom Leitvogel ein Mythos«, deutschlandfunkkultur.de vom 04.05.2009, Abruf unter https://www.deutschlandfunkkultur.de/voegel-kennen-keine-fuehrer.954.de.html?dram:article_id=144225 (01.01.2019).

Beutin, Nikolas/PWC (2018): »Share Economy 2017. The new business model«, Abruf unter https://www.pwc.de/de/digitale-transformation/share-economy-report-2017.pdf (11.11.2018).

Bialdiga, Kirsten (2018): »Status-Symbole«, rp-online.de vom 01.01.2018, Abruf unter https://rp-online.de/panorama/so-wird-2018/status-symbole_aid-17695765 (11.11.2018).

Blank, Steve (2014): »Blue River Technology Founders Story. 2 Minutes to See Why«, youtube.com vom 28.10.2014, Abruf unter https://www.youtube.com/watch?time_continue=8&v=Tniuzj2AjHQ (30.12.2018).

Blue River Technology (2018): »Company History«, Abruf unter http://about.bluerivertechnology.com/ (29.12.2018).

BMW Group (2018): »BMW Group Investor Presentation. December 2018«, Abruf unter https://www.bmwgroup.com/content/dam/bmw-group-websites/bmwgroup_com/ir/downloads/en/2018/Investor_Presentation/BMW_Group_Investor_Presentation.pdf (29.12.2018).

Bögeholz, Harald (2017): »Künstliche Intelligenz: AlphaGo Zero übertrumpft AlphaGo ohne menschliches Vorwissen«, heise.de vom 19.10.2017, Abruf unter https://www.heise.de/newsticker/meldung/Kuenstliche-Intelligenz-AlphaGo-Zero-uebertrumpft-AlphaGo-ohne-menschliches-Vorwissen-3865120.html (05.12.2018).

Bloomberg, Jason (2018): »Why Amazon Web Services Is The Mother Of All Candy Stores«, forbes.com vom 03.12.2017, Abruf unter https://www.forbes.com/sites/jasonbloomberg/2017/12/03/why-amazon-web-services-is-the-mother-of-all-candy-stores/#2a5983575d18 (21.12.2018).

Blum, Claudia (2017): »Führen wie die Wölfe? Auf die Erfahrung kommt es an!«, managementcircle.de vom 13.03.2017, Abruf unter https://www.management-circle.de/blog/fuehren-wie-die-woelfe-auf-die-erfahrung-kommt-es-an/ (01.01.2019).

Boos, Chris (2018): »Künstliche Intelligenz und Freiheit«, Rede am 18.02.2018 im Hayek Club in Frankfurt, Abruf unter https://www.youtube.com/watch?v=Pd0rLx2lgJM (31.10.2018).

Bork, Henrik (2019): »Toyota feuert die Roboter«, tagesspiegel.de vom 04.01.2019, Abruf unter https://www.tagesspiegel.de/themen/reportage/kuenstliche-intelligenz-toyota-feuert-die-robo-ter/23821418.html (23.01.2019).

Bös, Nadine (2016): »Wird Tesla seine Patente doch nicht verschenken?«, faz.net vom 01.09.2016, Abruf unter https://www.faz.net/aktuell/wirtschaft/unternehmen/zweifel-an-tesla-chef-elon-musks-patentverzichts-verkuendung-14415428.html (23.12.2018).

Botsman, Rachel/Rogers, Roo (2011): What's Mine is Yours: How Collaborative Consumption is Changing the Way We Live. London: Collins.

Botsman, Rachel (2013): »The Sharing Economy Lacks a Shared Definition«, fastcompany.com vom 21.11.2013, Abruf unter https://www.fastcompany.com/3022028/the-sharing-economy-lacks-a-shared-definition (11.11.2018).

Bott, Georgina (2018): »Das Ziel von Conversational AI ist eine echte Konversation«, marconomy. de vom 15.11.2018, Abruf unter https://www.marconomy.de/das-ziel-von-conversational-ai-ist-eine-echte-konversation-a-772683/ (16.01.2019).

BR (2018): »Homo Digitalis. Ergebnisse der Zukunftsstudie«, br.de vom 22.05.2018, Abruf unter https://www.br.de/br-fernsehen/sendungen/homo-digitalis/homo-digitalis-ergebnisse-zukunfts-studie-100.html (04.01.2019).

BR (2018): »Homo Digitalis – Sexroboter und der digitale Höhepunkt. ‚Die Zukunft der Sexu-alität' (3/7)«, br.de/mediathek vom 15.02.2018, Abruf unter https://www.br.de/mediathek/video/die-zukunft-der-sexualitaet-37-homo-digitalis-sexroboter-und-der-digitale-hoehepunkt-av:5a6203d7ee06e30017875255 (04.01.2019).

Brandt, Mathias (2018): »16 % der Unternehmen nutzen Roboter«, Abruf unter https://de.statista. com/infografik/16286/roboter-in-unternehmen-des-verarbeitenden-gewerbes/ (23.01.2018).

Brauns, Bastian/Völlinger, Veronika (2016): »Supermarkt der Zukunft«, zeit.de vom 06.12.2016, Abruf unter https://www.zeit.de/wirtschaft/unternehmen/2016-12/amazon-go-supermarkt-lebensmittel-service-einkaufen-daten-schutz-zukunft/komplettansicht (23.07.2018).

Bundeskartellamt (2015): »Digitale Ökonomie – Internetplattformen zwischen Wettbewerbsrecht, Privatsphäre und Verbraucherschutz, Hintergrundpapier zur Tagung des Arbeitskreises Kartell-recht am 01.10.2015«, Abruf unter https://www.bundeskartellamt.de/SharedDocs/Publikation/ DE/Diskussions_Hintergrundpapier/AK_Kartellrecht_2015_Digitale_Oekonomie.pdf?__ blob=publicationFile&v=2 (07.11.2018).

Bundesregierung (2018): »Strategie Künstliche Intelligenz der Bundesregierung, Stand November 2018«, Abruf unter https://www.bmbf.de/files/Nationale_KI-Strategie.pdf (28.12.2018).

Bundesverband der deutschen Industrie (2018): »Deutsche digitale Industrieplattformen«, Abruf unter https://bdi.eu/publikation/news/deutsche-digitale-industrieplattformen/ (11.01.2019).

Bundesverband Digitale Wirtschaft (2018): »Künstliche Intelligenz Revolution für die Gesund-heitsbranche«, bvwd vom 24.07.2018, Abruf unter https://www.bvdw.org/fileadmin/bvdw/up-load/publikationen/connected_health/20180724_Praesentation_KI_Health.pdf (17.01.2019).

Bundesverband Musikindustrie (2018): »Musikindustrie in Zahlen 2017«, Abruf unter http:// www.musikindustrie.de/fileadmin/bvmi/upload/02_Markt-Bestseller/MiZ-Grafiken/2017/BV-MI_ePaper_2017.pdf (23.11.2018).

Bunk, Patrick (2018): »Vortrag auf dem Kommunikationskongress 2018, gefunden über Martina Lenk/Twitter vom 24.09.2018, Abruf unter https://twitter.com/helgaerna/sta-tus/1045319503633108992 (01.12.2018).

Business Today/Ng, Andrew (2018): »AI is the new electricity, says Coursera's Andrew Ng«, businesstoday.in vom 05.03.2018, Abruf unter https://www.businesstoday.in/opinion/interviews/ ai-is-the-new-electricity-says-courseras-andrew-ng/story/271963.html (31.10.2018).

Breuer, Hubertus (2017): »Daten treiben Züge an«, siemens.com vom 15.12.2017, Abruf unter https://www.siemens.com/innovation/de/home/pictures-of-the-future/digitalisierung-und-software/from-big-data-to-smart-data-heading-for-data-driven-rail-systems.html (18.01.2019).

Capgemini Research Institute (2018): »Conversational Commerce. Why Customers Are Embracing Voice Assistants in Their Lives«, Abruf unter https://www.capgemini.com/wp-content/uploads/2018/01/Conversational-Commerce-Report_Digital.pdf (26.12.2018).

Carter, Mark (2017): »Artificial intelligence in agriculture. Deere acquires Blue River Technology«, ontariograinfarmer.ca vom 01.11.2017, Abruf unter https://ontariograinfarmer.ca/2017/11/01/artificial-intelligence-in-agriculture/ (30.12.2018).

Celotti, Manlio (2018): »Das Musik-Label ist tot, es lebe der Künstler!«, welt.de vom 07.02.2018, Abruf unter https://www.welt.de/wirtschaft/bilanz/article173207720/Do-It-Yourself-Das-Musik-Label-ist-tot-es-lebe-der-Kuenstler.html (14.07.2018).

Chang, Sue (2018): »One chart puts mega tech's trillions of market value into eye-popping perspective. Big 5 tech companies together are worth more than 282 other companies«, marketwatch.com vom 19.07.2018, Abruf unter https://www.marketwatch.com/story/this-1-chart-puts-mega-techs-trillions-of-market-value-into-eye-popping-perspective-2018-07-18 (22.07.2018).

Christensen, Clayton M. (2000): The Innovator's Dilemma. The Revolutionary Book That Will Change the Way You Do Business. New York: HarperBusiness.

Clover, Julian (2012): »German Hulu dealt fatal blow«, broadbandtvnews.com vom 09.08.2012, Abruf unter https://www.broadbandtvnews.com/2012/08/09/german-hulu-dealt-fatal-blow/ (12.07.2018).

Columbus, Louis (2018): »10 Charts That Will Change Your Perspective on Amazon Prime's Customers«, forbes.com vom 04.03.2018, Abruf unter https://www.forbes.com/sites/louiscolumbus/2018/03/04/10-charts-that-will-change-your-perspective-of-amazon-primes-growth/#48f93bb13fee (21.12.2018).

Com-Magazin (2015): »Technik-Fortschritt: PCs, Smartphones & Co. im Leistungsvergleich«, com-magazin vom 18.05.2015, Abruf unter https://www.com-magazin.de/bilderstrecke/pcs-smartphones-co.-im-leistungsvergleich-944682.html (08.12.2018).

Corssen, Jens/Gröner, Stefan/Ehrenschwendner, Stephanie (2017): Der Team-Entwickler. Gemeinsam gewinnen lernen. München: Knaur.

Daimler (2018): »BMW Group und Daimler AG vereinbaren Bündelung ihrer Mobilitätsdienste«. Pressemitteilung vom 28.03.2018. Abruf unter https://media.daimler.com/marsMediaSite/de/instance/ko/BMW-Group-und-Daimler-AG-vereinbaren-Buendelung-ihrer-Mobilitaetsdienste.xhtml?oid=34636751 (26.08.2018).

Daheim, Cornelia/Wintermann, Ole (2016): »2050: Zukunft der Arbeit. Ergebnisse einer internationalen Delphi-Studie des Millennium Project«, Abruf unter https://www.bertelsmann-stiftung.de/fileadmin/files/BSt/Publikationen/GrauePublikationen/BST_Delphi_Studie_2016.pdf (02.01.2019).

Datenethikkommission (2018): »Empfehlungen der Datenethikkommission für die Strategie Künstliche Intelligenz der Bundesregierung, 9.10.2018«, Abruf unter https://www.bmjv.de/DE/Ministerium/ForschungUndWissenschaft/Datenethikkommission/DEK_Empfehlungen.pdf?__blob=publicationFile&v=2 (19.10.2018).

DeepMind (2018a): »The story of AlphaGo so far«, Abruf unter https://deepmind.com/research/alphago/ (21.10.2018).

DeepMind (2018b): »AlphaGo Zero: Learning from scratch«, Abruf unter https://deepmind.com/blog/alphago-zero-learning-scratch/ (02.12.2018).

Delko, Krim (2017): »John Deere setzt auf Agrarroboter«, nzz.ch vom 05.10.2017, Abruf unter https://www.nzz.ch/finanzen/mit-dem-salat-kam-der-durchbruch-ld.1320181 (22.12.2018).

Deloitte (2015): »Video interaktiv. Deloitte Media Consumer Survey 2015«. Abruf unter https://www2.deloitte.com/de/de/pages/technology-media-and-telecommunications/articles/media-consumer-survey-2015.html?cq_ck=1433747428178 (03.07.2018).

Deloitte Deutschland/Sallaba, Milan (2018): »Künstliche Intelligenz – Einsatzbereiche und Business-Implikationen«, youtube.com vom 18.06.2018, Abruf unter https://www.youtube.com/watch?time_continue=149&v=2wm3KzFKRgU (22.12.2018).

Dengler, Katharina/Matthes, Britta (2018): »Wenige Berufsbilder halten mit der Digitalisierung Schritt. Substituierbarkeitspotenziale von Berufen«. In: IAB-Kurzbericht. Aktuelle Analysen aus dem Institut für Arbeitsmarkt- und Berufsforschung, 4/2018, Abruf unter http://doku.iab.de/kurzber/2018/kb0418.pdf (02.01.2019).

Deutschlandfunk Nova (2018): »Blockchain als Bezahlsystem. Mehr Transparenz in der Musikindustrie«, Sendung Hielscher oder Haase vom 03.01.2018, Till Haase im Gespräch mit Anke van de Weyer, Abruf unter https://www.deutschlandfunknova.de/beitrag/transparenz-in-der-musikindustrie-blockchain-soll-fans-und-musiker-zusammenfuehren (15.07.2018).

Desjardins, Jeff (2016): »How Jeff Bezos Built his Amazon Empire«, visualcapitalist.com vom 25.07.2016, Abruf unter http://www.visualcapitalist.com/jeff-bezos-built-amazon-empire/ (19.07.2018).

Dewenter, Ralf/Rösch, Jürgen: Einführung in die neue Ökonomie der Medienmärkte. Eine wettbewerbsökonomische Betrachtung aus Sicht der Theorie der zweiseitigen Märkte. Wiesbaden: Springer.

Die Bundesregierung (2018): »Eckpunkte der Bundesregierung für eine Strategie Künstliche Intelligenz, Stand 18. Juni 2018«, Abruf unter https://www.bmbf.de/files/180718%20Eckpunkte_KI-Strategie%20final%20Layout.pdf (19.10.2018).

DigiiMento Education (2017): »How Uber Cab works | Learn how cab Demand Prediction Algorithm Works using Artificial Intelligence«, youtube.com vom 22.10.2017, Abruf unter https://www.youtube.com/watch?v=IcTJUm8ZDr4 (21.10.2018).

dpa (2013): »Leistungsschutzrecht für Verlage: Google trickst sie alle aus«, taz.de vom 21.06.2013, Abruf unter http://www.taz.de/!5064771/ (18.11.2018).

Döbel, Inga/Leis, Miriam/Vogelsang, Manuel Molina et al. (2018): »Maschinelles Lernen. Eine Analyse zu Kompetenzen, Forschung und Anwendung«, Abruf unter https://www.bigdata.fraunhofer.de/content/dam/bigdata/de/documents/Publikationen/Fraunhofer_Studie_ML_201809.pdf (19.12.2018).

Dörner, Stephan (2016): »Moore's Law. Das fundamentale Computer-Gesetz gilt nicht mehr«, welt.de vom 16.02.2016, Abruf unter https://www.welt.de/wirtschaft/webwelt/article152297214/Das-fundamentale-Computer-Gesetz-gilt-nicht-mehr.html (28.01.2018).

Dörner, Stephan (2016): »In 29 Jahren sind die Probleme der Menschheit gelöst«, welt.de vom 14.02.2016, Abruf unter https://www.welt.de/wirtschaft/webwelt/article152198869/In-29-Jahren-sind-die-Probleme-der-Menschheit-geloest.html (25.08.2018).

Dörner, Stephan (2017): »Digitalisierung: Wer jetzt nicht exponentiell denkt, droht unterzugehen«, t3n.de vom 05.05.2017, Abruf unter https://t3n.de/news/digitalisierung-exponentiell-singularity-820706/ (25.08.2018).

Duberstein, Billy (2018): »The 3 Most Disruptive Accomplishments Inside Amazon's Earnings Report«, Yahoo Finance vom 10.02.2018, Abruf unter https://finance.yahoo.com/news/3-most-disruptive-accomplishments-inside-013300467.html?guccounter=1 (23.07.2018).

Duhigg, Charles (2012): »How Companies Learn Your Secrets«, nytimes.com vom 16.02.2012, Abruf unter https://www.nytimes.com/2012/02/19/magazine/shopping-habits. html?pagewanted=1&_r=1&hp (21.10.2018).

Dutton, Tim (2018): »An Overview of National AI Strategies«, medium.com vom 28.06.2018, Abruf unter https://medium.com/politics-ai/an-overview-of-national-ai-strategies-2a70ec6edfd (01.11.2018).

Eberl, Ulrich (2017): Smarte Maschinen. Wie künstliche Intelligenz unser Leben verändert. Bonn: Bundeszentrale für politische Bildung.

Ericsson ConsumerLab (2018): »#OMG Social Media is here to stay. Exploring the highs and lows of social media usage«, Abruf unter https://www.ericsson.com/assets/local/trends-and-insights/consumer-insights/reports/social-media-and-privacy-consumerlab-report_aw_screen.pdf (02.11.2018).

Erlinger, Dominik (2017): »Wieso John Deere Hunderte Millionen in KI steckt«, krone.at vom 11.09.2017, Abruf unter https://www.krone.at/587404 (22.12.2018).

Evans, Richard/Gao, Jim (2016): »DeepMind AI Reduces Google Data Centre Cooling Bill by 40%«, deepmind.com vom 20.07.2016, Abruf unter https://deepmind.com/blog/deepmind-ai-reduces-google-data-centre-cooling-bill-40/ (12.01.2019).

Farr, Christina (2017): »Amazon is offering a $125,000 prize for the best use of Alexa to combat diabetes«, cnbc.com vom 02.06.2017, Abruf unter https://www.cnbc.com/2017/06/02/amazon-alexa-diabetes-challenge-offers-125000-prize.html (09.01.2019).

Fasse, Markus/Scheuer, Stefan (2018): »Autoindustrie im 5G-Fieber – Deutsche Hersteller wollen ihre eigenen Netze«, handelsblatt.com vom 28.10.2018, Abruf unter https://www.handelsblatt.com/unternehmen/industrie/daimler-bmw-vw-autoindustrie-im-5g-fieber-deutsche-hersteller-wollen-ihre-eigenen-netze/23234494.html (29.12.2018).

Festo (o. J.): »AquaPenguin«, Abruf unter https://www.festo.com/net/SupportPortal/Files/42073/AquaPenguin_de.pdf (20.01.2019).

Festo (2018): »BionicFlyingFox. Ultraleichtes Flugobjekt mit intelligenter Kinematik«, Abruf unter https://www.festo.com/net/SupportPortal/Files/492826/Festo_BionicFlyingFox_de.pdf (20.01.2019).

Fink, Lisa/Petersen, Ulrike/Voss, Angi (2018): »Künstliche Intelligenz in Deutschland. Ein systematischer Katalog von Anwendungen des maschinellen Lernens«, Fraunhofer Allianz Big Data, Abruf unter https://www.bigdata.fraunhofer.de/content/dam/bigdata/de/documents/Publikationen/Studie_KI_in_De_20181107.pdf (18.01.2019).

Fischer, Sophie-Charlotte (2018): »Künstliche Intelligenz: Chinas Hightech-Ambitionen. CSS Analysen zur Sicherheitspolitik, Nr. 220 im Februar 2018«, Abruf unter https://www.ethz.ch/content/dam/ethz/special-interest/gess/cis/center-for-securities-studies/pdfs/CSSAnalyse220-DE.pdf (31.10.2018).

Forbes Human Resources Council (2018): »11 Ways AI Can Revolutionize Human Resources«, forbes.com vom 09.07.2018, Abruf unter https://www.forbes.com/sites/forbeshumanresourcescouncil/2018/07/09/11-ways-ai-can-revolutionize-human-resources/#314c7ce3e304 (16.01.2019).

Fuest, Benedikt (2018): »Das unmögliche Foto macht Smartphones endgültig zur besseren Kamera«, welt.de vom 18.12.2018, Abruf unter https://www.welt.de/wirtschaft/webwelt/article185702370/Fotografie-KI-macht-Smartphones-jetzt-endgueltig-zur-besseren-Kamera.html (15.01.2019).

Frahm, Andrea (2013): »Good Morning, Tel Aviv! Großer Hype in Israel um Wibbitz«, deutsche-startups.de vom 17.06.2013, Abruf unter https://www.deutsche-startups.de/2013/06/17/good-morning-tel-aviv-israel-wibbitz/ (19.01.2019).

Fraunhofer IFF (2018): »Predictive Maintenance. Methoden und Werkzeuge zur Gestaltung einer vorausschauenden Instandhaltung«, Abruf unter https://www.iff.fraunhofer.de/content/dam/iff/de/dokumente/logistik-fabriksysteme/lfs-statelogger-tool-fraunhofer-iff.pdf (18.01.2019).

Freund, Nicolas (2018): »>Intelligente Maschinen gibt es nicht – das ist irreführend<. Die Ökonomin Sarah Spiekermann über digitale Ethik«, sueddeutsche.de vom 23.11.2018, Abruf unter https://www.sueddeutsche.de/kultur/digitale-ethik-intelligente-maschinen-gibt-es-nicht-das-ist-irrefuehrend-1.4223826?reduced=true (04.01.2019).

Furr, Sam (2018): »Millennials rather lose a finger than smartphones!«, tappable.co.uk vom 12.07.2018, Abruf unter https://tappable.co.uk/millennials-rather-lose-a-finger-than-smartphones/ (01.11.2018).

Gartner (2018): »Gartner Identifies Top 10 Strategic IoT Technologies and Trends. Press Release 07.11.2018«, Abruf unter https://www.gartner.com/en/newsroom/press-releases/2018-11-07-gartner-identifies-top-10-strategic-iot-technologies-and-trends (08.01.2019).

Gatys, Leon A./Ecker, Alexander S./Bethge, Matthias (2015): »A Neural Algorithm of Artistic Style«, Abruf unter https://arxiv.org/pdf/1508.06576.pdf (19.01.2019).

DeepArt.io (2019): »Corporate Website«, Abruf unter https://deepart.io/ (19.01.2019).

Goble, Gordon (2012): »Top 10 bad tech predictions«, digitaltrends.com vom 11.04.2012, Abruf unter https://www.digitaltrends.com/features/top-10-bad-tech-predictions/4/ (15.07.2018).

Goldhammer, Klaus/Link, Christine (2011): »BLM Web-TV-Monitor 2011. Internetfernsehen – Nutzung in Deutschland. Goldmedia GmbH Strategy Consulting«, Abruf unter https://www.goldmedia.com/fileadmin/goldmedia/Deutsch/Studien/Goldmedia/2011/Web-TV-Monitor_2011/111103_Goldmedia_BLM_Web-TV-Monitor_2011_Langversion.pdf (28.11.2018).

Google (2018): »Berechtigte Bedenken«. In: Aufbruch Künstliche Intelligenz, S. 12–13.

Gottschalck, Arne (2011): »>Ohne Ego. Ohne Show<. Führen wie die Wölfe«, manager-magazin.de vom 12.11.2011, Abruf unter http://www.manager-magazin.de/lifestyle/artikel/a-790488.html (01.01.2019).

Graff, Bernd (2016): »Rassistischer Chat-Roboter: Mit falschen Werten bombardiert«, sueddeutsche.de vom 03.04.2016, Abruf unter https://www.sueddeutsche.de/digital/microsoft-programm-tay-rassistischer-chat-roboter-mit-falschen-werten-bombardiert-1.2928421 (19.12.2018).

Gray, Naomi (2018): »Why Amazon Is Reluctant to Spin off AWS«, marketrealist.com vom 20.02.2018, Abruf unter https://marketrealist.com/2018/02/amazon-reluctant-spin-off-aws (23.07.2018).

Green, Dennis (2017): »Amazon's bookstores are generating almost no revenue — and there's an obvious reason why«, businessinsider.de vom 27.10.2017, Abruf unter https://www.businessinsider.de/why-amazons-bookstores-are-generating-almost-no-revenue-2017-10?r=US&IR=T (20.12.2018).

Gröner, Stefan (2016): »Digitale Disruption: Ende oder Chance für die Zeitschriften-Industrie?« In: Journal für korporative Kommunikation, 2, S. 17–28.

Grünweg, Tom (2013): »Eine Industrie kommt auf Speed. Modellzyklen der Autohersteller«, spiegel.de vom 10.02.2013, Abruf unter http://www.spiegel.de/auto/aktuell/warum-lange-entwicklungszyklen-fuer-autohersteller-zum-problem-werden-a-881990.html (29.12.2018).

Haenssle, Holger A. et al. (2018): »Man against machine: diagnostic performance of a deep learning convolutional neural network for dermoscopic melanoma recognition in comparison to 58 dermatologists«. In: Annals of Oncology, 29/8, S. 1836–1842. Abruf unter https://academic.oup.com/annonc/article/29/8/1836/5004443#120970609 (18.01.2019).

Hagel IT (o. J.): »Übersicht Cloud-Modelle: Public, Private and Hybrid Cloud«, Abruf unter https://www.hagel-it.de/cloud/uebersicht-cloud-modelle-public-private-und-hybrid-cloud.html (08.12.2018).

Hahn, Moritz (2018): »Nicht nur unser Kunde entwickelt sich stetig weiter, auch wir«, corporate. zalando.com vom 08.03.2018, Abruf unter https://corporate.zalando.com/de/newsroom/de/storys/nicht-nur-unser-kunde-entwickelt-sich-stetig-weiter-auch-wir (13.01.2019).

Hanser, Kira (2016): »Dieses Personal zickt nicht rum und will kein Trinkgeld«, welt.de vom 09.03.2016, Abruf unter https://www.welt.de/reise/deutschland/article153085621/Dieses-Personal-zickt-nicht-rum-und-will-kein-Trinkgeld.html (20.01.2019).

Heartyharvard (2018): »The North Face & IBM Watson: A Winning E-Commerce Combination?«, hbs.org vom 06.11.2018, Abruf unter https://rctom.hbs.org/submission/the-north-face-ibm-watson-a-winning-e-commerce-combination/ (13.01.2019).

Hecking, Mirjam (2018): »Wie Versicherer Betrügern auf die Schliche kommen – dank KI«, manager-magazin.de vom 10.07.2018, Abruf unter http://www.manager-magazin.de/finanzen/versicherungen/kuenstliche-intelligenz-versicherungen-ruesten-gegen-betrug-auf-a-1217651.html (16.01.2019).

Hecking, Mirjam (2019): »Dass die Chinesen uns überholt haben, ist reine Folklore«, manager-magazin.de vom 19.01.2019, Abruf unter http://www.manager-magazin.de/unternehmen/industrie/kuenstliche-intelligenz-deutschand-ist-bei-ki-nicht-von-china-abgehaengt-a-1244761.html (27.01.2019).

Hein, David (2013): »Projekt ›Germany's Gold‹ wird beerdigt«, horizont.net vom 16.09.2013, Abruf unter https://www.horizont.net/medien/nachrichten/Videoportal-Projekt-Germanys-Gold-wird-beerdigt-116753 (12.07.2018).

Heinecke, Stephanie/Berg, Maria/Hinkofer Ludwig (2019): »Trust Me If You Can: From Media Competence to Digital Competence«. In: Osburg, Thomas/Heinecke, Stephanie (Hrsg.): Media Trust in a Digital World. Communication at Crossroads. Cham: Springer.

Heuberger, Sarah (2018): »Das erste KI-Musikalbum, das überzeugt«, wired.de vom 05.02.2018, Abruf unter https://www.wired.de/collection/life/das-erste-ki-musikalbum-das-ueberzeugt (19.01.2019).

Heumann, Stefan/Zahn, Nicolas (2018): »Erfolgsmessung von KI-Strategien. Mit Indikatoren und Benchmarks die Umsetzung der Strategie erfolgreich steuern«, Abruf unter https://www.stiftung-nv.de/sites/default/files/erfolgsmessung_von_ki-strategien.pdf (01.11.2018).

Hill, Kashmir (2012): »How Target Figured Out A Teen Girl Was Pregnant Before Her Father Did«, forbes.com vom 16.02.2012, Abruf unter https://www.forbes.com/sites/kashmirhill/2012/02/16/how-target-figured-out-a-teen-girl-was-pregnant-before-her-father-did/#5f54bdfe6668 (21.10.2018).

Hill, Sam (2017): »A Neural Network Wrote the Next Game of Thrones Book Because George R. R. Martin Hasn't. The Winds of Winter is already here … sorta«, motherboard.vice.com vom 28.08.2017, Abruf unter https://motherboard.vice.com/en_us/article/evvq3n/game-of-thrones-winds-of-winter-neural-network (19.01.2019).

Hochadel, Oliver (2003): Öffentliche Wissenschaft. Elektrizität in der deutschen Aufklärung. Göttingen: Wallstein Verlag.

Hochhaus, Marcus/König, Sven (2016): »39. VDZ-White Paper. Studie ›Trends im Data-driven Content‹«, Abruf unter https://www.goldmedia.com/fileadmin/goldmedia/2015/Studien/2016/VDZ_Whitepaper/160224_Goldmedia_VDZ_white_paper_content_driven_content.pdf (18.11.2018).

Höflehner, Veronika (2016): »TV-Sender vs. Streaming: ›Wir kämpfen hier mit ungleichen Waffen‹«, updatedigital.at vom 21.09.2016, Abruf unter http://updatedigital.at/news/medien/tv-sender-vs-streaming-wir-kaempfen-hier-mit-ungleichen-waffen/3.630.194 (15.07.2018).

Holland, Martin (2014): »>Eugene< und der angeblich bestandene Turing Test: So einfach nun dann doch nicht …«, heise.de vom 10.06.2014, Abruf unter https://www.heise.de/newsticker/meldung/Eugene-und-der-angeblich-bestandene-Turing-Test-So-einfach-nun-dann-doch-nicht-2218151.html (28.01.2019).

Honey, Christian (2018): »Treffen der >Singularity University< in Berlin. Wie die ferngesteuerten Kakerlaken«, tagesspiegel.de vom 04.06.2018, Abruf unter https://www.tagesspiegel.de/wissen/treffen-der-singularity-university-in-berlin-wie-die-ferngesteuerten-kakerlaken/22637712.html (26.08.2018).

Hugendick, David (2016): »Androidenliebe«, zeit.de vom 26.10.2016, Abruf unter https://www.zeit.de/kultur/2016-10/hiroshi-ishiguro-androiden-roboter-kuenstliche-intelligenz (02.12.2018).

Hurwitz, Judith/Kirsch, Daniel (2018): Machine Learning for Dummies. IBM Limited Version. Hoboken, NJ: John Wiley & Sons.

IBM (2018): »IBM Watson als innovative AI-Plattform für Unternehmen«, Abruf unter https://www.ibm.com/watson/de-de/ (24.10.2018).

IDG Research Services (2018): »Studie Machine Learning/Deep Learning 2018«, Abruf unter https://de.nttdata.com/-/media/nttdatagermany/files/2018_de_studie_idg_machinelearning-ki_studie.pdf (29.10.2018).

Informationsgemeinschaft zur Feststellung der Verbreitung von Werbeträgern e.V. (IVW) (2018): »Titelanzeige Bravo«, Abruf unter http://www.ivw.eu/aw/print/qa/titel/1160?quartal%5B20181%5D=20181&quartal%5B19984%5D=19984 (04.07.2018).

Inhoffen, Lisa (2018): »Künstliche Intelligenz: Deutsche sehen eher die Risiken als den Nutzen«, yougov.de vom 11.09.2018, Abruf unter https://yougov.de/news/2018/09/11/kunstliche-intelligenz-deutsche-sehen-eher-die-ris/ (19.10.2018).

Initiative D21 (2019): »D21 Digital Index 2018/2019. Jährliches Lagebild zur Digitalen Gesellschaft«, Abruf unter https://initiatived21.de/app/uploads/2019/01/d21_index2018_2019.pdf (24.01.2019).

Institut für Arbeitsmarkt und Berufsforschung (2018): »Job-Futuromat«, Abruf unter https://job-futuromat.iab.de/ (02.01.2019).

Jaai (Just add AI) (2018): »Transfer Learning – So können neuronale Netze voneinander lernen«, Abruf unter https://jaai.de/transfer-learning-1739/ (19.12.2018).

Janotta, Anja (2016): »Banalität des Drögen: Das Wohnzimmer von Jung von Matt«, wuv.de vom 04.07.2016, Abruf unter https://www.wuv.de/agenturen/banalitaet_des_droegen_das_wohnzimmer_von_jung_von_matt (13.07.2018).

Jensen, Lars (2017): »Die langweiligste Buchhandlung von New York«, faz.net vom 11.06.2017, Abruf unter https://www.faz.net/aktuell/feuilleton/buecher/themen/amazon-eroeffnet-in-new-york-einen-bookstore-15054272.html (20.12.2018).

Jing, Meng (2018): »Alibaba uses AI to speed up detection of pregnant pigs seven times, boosting efficiency of China's hog farms«, scmp.com vom 19.12.2018, Abruf unter https://www.scmp.com/tech/big-tech/article/2178548/alibaba-uses-ai-speed-detection-pregnant-pigs-seven-times-boosting (13.01.2019).

Jobs, Steve (2011): Steve Jobs: His Own Words and Wisdom. Cupertino: Silicon Valley Press.

John Deere (2017): »Übernahme von Blue River Technology – John Deere investiert in Künstliche Intelligenz«, Pressemeldung vom 06.09.2017, Abruf unter https://www.deere.de/de/unser-unternehmen/news-und-medien/pressemeldungen/2017/september/john-deere-investiert-presse.html (22.12.2018).

Juschkat, Katharina (2018): »Nummer 6 lernt: KIT zeigt selbstlernenden humanoiden Roboter«, elektrotechnik.vogel.de vom 08.06.2018, Abruf unter https://www.elektrotechnik.vogel.de/nummer-6-lernt-kit-zeigt-selbstlernenden-humanoiden-roboter-a-722321/ (21.01.2019).

Kecskes, Robert (o. J.): »Millennials und iBrains: Zwei Generationen verändern Märkte«, Abruf unter https://www.gfk.com/de/landing-pages/landing-pages-de/millennials/millennials-und-ibrains/ (26.12.2018).

Keese, Christoph (2017): Silicon Germany. Wie wir die digitale Transformation schaffen. München: Albrecht Knaus Verlag.

Kerkmann, Christof (2019): Kampf um Patente und Talente. KI in Kanada. In: Handelsblatt vom 20.02.2019, Nr. 36, S. 20-21.

Kern, Ekki (2017): »KI in der Finanzwelt: Schweizer Bank analysiert Emotionen in sozialen Medien«, t3n.de vom 02.09.2017, Abruf unter https://t3n.de/news/social-sentiment-index-swissquote-853218/ (13.01.2019).

Kim, Eugene (2015): »Jeff Bezos says Amazon is not afraid to fail — these 9 failures show he's not kidding«, businessinsider.com vom 21.10.2015, Abruf unter https://www.businessinsider.com/amazons-biggest-flops-2015-10?IR=T (19.12.2018).

Knobloch, Tobias (2018): »Vor die Lage kommen: Predictive Policing in Deutschland. Chancen und Gefahren datenanalytischer Prognosetechnik und Empfehlungen für den Einsatz in der Polizeiarbeit«, Abruf unter https://www.bertelsmann-stiftung.de/fileadmin/files/BSt/Publikationen/GrauePublikationen/predictive.policing.pdf (18.01.2019).

Knott, Michael (2017): »Neuer Sony Aibo: Teurer Plastikhund rennt Plastikknochen hinterher – im Abo«, netzwelt.de vom 02.11.2017, Abruf unter https://www.netzwelt.de/news/162654-neuer-sony-aibo-teurer-plastikhund-rennt-plastikknochen-hinterher-abo.html (20.01.2019).

Knupper, Franziska (2017): »E-Textiles: Wenn das Kleid plötzlich leuchtet«, spiegel.de vom 29.11.2017, Abruf unter http://www.spiegel.de/stil/intelligente-kleidung-und-e-textiles-wenn-das-hosenbein-vibriert-a-1180455.html (28.10.2018).

Kolf, Florian / Scheuer, Stephan (2019): Der digitale Supermarkt. In: Handelsblatt vom 27.02.2019, Nr. 41, S. 4-5.

Kostka, Genia (2018): »China's Social Credit Systems and Public Opinion: Explaining High Levels of Approval«, Abruf unter https://papers.ssrn.com/sol3/papers.cfm?abstract_id=3215138 (05.01.2019).

Kowalsky, Marc (2016): »Die Sharing Economy ist eine Blase«, bilanz.ch vom 01.11.2016, Abruf unter https://www.bilanz.ch/people/die-sharing-economy-ist-eine-blase-761397 (03.11.2018).

Krieger, Tatjana (o. J.): »Generation Y: Work smart not hard«, Abruf unter https://arbeitgeber.monster.de/hr/personal-tipps/rekrutierung-verguetung/rekrutierung/generation-y-work-smart-not-hard-110451.aspx (26.12.2018).

Kremp, Matthias (2018): »Google Duplex ist gruselig gut«, spiegel.de vom 09.05.2018, Abruf unter http://www.spiegel.de/netzwelt/web/google-duplex-auf-der-i-o-gruselig-gute-kuenstliche-intelligenz-a-1206938.html (22.12.2018).

Kreye, Adrian (2018): »Berührungspunkte«. In: Süddeutsche Zeitung vom 24./25. November 2018, S. 13–15.

Kröplin, Tim (2018): »Dr. KI hat nun Zeit für Sie«, zeit.de vom 13.11.2018, Abruf unter https://www.zeit.de/wissen/gesundheit/2018-11/bilderkennung-kuenstliche-intelligenz-gesundheit-arzt-diagnose-smart-devices (18.01.2019).

Kroker, Michael (2017): »Weltweite Datenmengen verzehnfachen sich bis zum Jahr 2025 gegenüber heute«, Kroker's Look @ IT auf wiwo.de vom 04.04.2017, http://blog.wiwo.de/look-at-it/2017/04/04/weltweite-datenmengen-verzehnfachen-sich-bis-zum-jahr-2025-gegenueber-heute/ (26.10.2018).

Kroker, Michael (2018): »Totale Disruption: So stark hat die Transformation die Musikindustrie getroffen«, Kroker's Look @ IT auf wiwo.de vom 07.01.2018, Abruf unter http://blog.wiwo.de/look-at-it/2016/01/07/totale-disruption-so-stark-hat-die-digitale-transformation-die-musikindustrie-getroffen/ (13.07.2018).

Krüger, Julia/Lischka, Konrad (2018): »Damit Maschinen den Menschen dienen«, Abruf unter https://www.bertelsmann-stiftung.de/fileadmin/files/BSt/Publikationen/GrauePublikationen/Algorithmenethik-Loesungspanorama.pdf (05.01.2019).

Kühl, Eike (2017): »KI will rock you«, zeit.de vom 26.12.2017, Abruf unter https://www.zeit.de/digital/internet/2017-12/kuenstliche-intelligenz-musik-produktion-melodrive/komplettansicht (19.01.2019).

Kunert, Jessica (2019, im Druck): »Journalists, meet your new colleague algorithm: The impact of automation on content distribution and content creation in the newsroom«. In: Osburg, Thomas/Heinecke, Stephanie (Hrsg.): Media Trust in a Digital World. Communication at Crossroads. Cham: Springer.

Kurzweil, Ray (2017): »Ray Kurzweil claims singularity will happen by 2045«, kurzweilai.net vom 14.03.2017, Abruf unter http://www.kurzweilai.net/futurism-ray-kurzweil-claims-singularity-will-happen-by-2045 (09.12.2018).

Ksienrzyk, Lisa (2018): »Big Brother auf der Kuhweide«, gruenderszene.de vom 25.06.2018, Abruf unter https://www.gruenderszene.de/food/innocow-digitalisierung-landwirtschaft (22.12.2018).

Lecat, Jérôme/Litzel, Nico (2017): »KI, maschinelles Lernen und Deep Learning – das sind die Unterschiede«, bigdata-insider.de vom 29.03.2017, Abruf unter https://www.bigdata-insider.de/ki-maschinelles-lernen-und-deep-learning-das-sind-die-unterschiede-a-588067/ (30.10.2018).

Lee, Felix (2018): »Drang nach vorne«, taz.de vom 02.12.2018, Abruf unter http://www.taz.de/!5551309/ (27.01.2019).

Lee, Felix (2018): »In China ist der Kunde gläsern«, zeit.de vom 11.05.2018, Abruf unter https://www.zeit.de/wirtschaft/2018-05/alibaba-hema-supermaerkte-datenschutz-nutzerdaten (21.08.2018).

Lee, Kai-Fu (2018): »How Does The Artificial Intelligence Scene In China Compare To The United States?«, forbes.com vom 04.10.2018, Abruf unter https://www.forbes.com/sites/quora/2018/10/04/how-does-the-artificial-intelligence-scene-in-china-compare-to-the-united-states/#2c6c5d07a6f3 (27.01.2019).

Lendon, Brad (2014): »U.S. Navy could ›swarm‹ foes with robot boats«, cnn.com vom 13.10.2014, Abruf unter https://edition.cnn.com/2014/10/06/tech/innovation/navy-swarm-boats/index.html (20.01.2019).

Lenzen, Manuela (2018): Künstliche Intelligenz. Was sie kann & was uns erwartet. München: C.H. Beck.

Li, Oscar (2017): »Artificial Intelligence is the New Electricity – Andrew Ng«, Abruf unter https://medium.com/syncedreview/artificial-intelligence-is-the-new-electricity-andrew-ng-cc132ea6264 (31.10.2018).

Lischka, Konrad (2010): »Darum kaufe ich Oma ein iPad (und mir keins)«, spiegel.de vom 28.01.2010, Abruf unter http://www.spiegel.de/netzwelt/gadgets/apple-tablet-darum-kaufe-ich-oma-ein-ipad-und-mir-keins-a-674468.html (26.12.2018).

Litzel, Nico (2017): »Definition: Was ist ein Data Warehouse?«, bigdatainsider.de vom 09.05.2017, Abruf unter https://www.bigdata-insider.de/was-ist-ein-data-warehouse-a-606701/ (30.12.2018).

Litzel, Nico (2018): »Definition: Was ist ein Data Lake?«, bigdatainsider.de vom 15.02.2018, Abruf unter https://www.bigdata-insider.de/was-ist-ein-data-lake-a-686778/ (30.12.2018).

Lorenzen, Meike (2013): »Big Data schafft den Zufall ab«, wiwo.de vom 01.03.2013, Abruf unter https://www.wiwo.de/unternehmen/it/algorithmen-big-data-schafft-den-zufall-ab/7865208.html?isInline=true&outerIndex=0&inIsLarge=true (21.10.2018).

Lückerath, Thomas (2018): »Das Streaming-Dilemma: Wie konnte das nur passieren?«, dwdl.de vom 05.07.2018, Abruf unter https://www.dwdl.de/magazin/67625/das_streamingdilemma_wie_konnte_das_nur_passieren/ (06.01.2019).

Maier, Josefina (2017): »Dr. DaVinci, bitte in den OP. Längst operieren Roboter Menschen. Dabei fühlen sie nichts«, zeit.de vom 12.01.2017, Abruf unter https://www.zeit.de/2017/01/chirurgieroboter-davinci-operation-arzt/komplettansicht (20.01.2019).

mak/dpa (2017): »Sony stellt Neuauflage seines Roboterhunds vor«, spiegel.de vom 01.11.2017, Abruf unter http://www.spiegel.de/netzwelt/gadgets/aibo-sony-stellt-neuen-roboterhund-vor-a-1175864.html (20.01.2019).

Mansholt, Malte (2018): »Wir werden nie Daten weitergeben«, stern.de vom 23.12.2018, Abruf unter https://www.stern.de/digital/online/alexa-chef-im-interview---natuerlich-kann-man-ki-fuer-boese-zwecke-nutzen---8497012.html (09.01.2019).

Manyika, James/Lund, Susan/Chui, Michael et al. (2017): »Jobs Lost, Jobs Gained: Workforce Transitions in a Time of Automation«, Abruf unter https://www.mckinsey.com/~/media/mckinsey/featured%20insights/future%20of%20organizations/what%20the%20future%20of%20work%20will%20mean%20for%20jobs%20skills%20and%20wages/mgi-jobs-lost-jobs-gained-report-december-6-2017.ashx (04.01.2019).

Mayer-Schönberger, Viktor/Cukier, Kenneth (2013): Big Data. Die Revolution, die unser Leben verändern wird. München: Redline.

Medeiros, Jenny (2018): »Here's How North Face Boosted Conversions Using AI«, modev.com vom 01.05.2018, Abruf unter https://www.modev.com/blog/heres-how-north-face-boosted-conversions-using-ai (13.01.2019).

Medtech-zwo (2018): »Was kann künstliche Intelligenz?«, medtech-zwo.de vom 07.11.2018, Abruf unter https://medtech-zwo.de/aktuelles/nachrichten/nachrichten/was-kann-kuenstliche-intelligenz.html (18.01.2019).

Mehner, Matthias (2018): »Mit diesen Bots quatschen wir gerne«, lead-digital.de vom 05.02.2018, Abruf unter https://www.lead-digital.de/mit-diesen-chatbots-quatschen-wir-gerne/ (02.12.2018).

Meier, Christian (2010): »Döpfner im US-TV über das iPad und Israel: ›Jeder Verleger sollte Steve Jobs täglich danken‹«, kress.de vom 08.04.2010, Abruf unter https://kress.de/news/detail/beitrag/103462-doepfner-im-us-tv-ueber-das-ipad-und-israel-jeder-verleger-sollte-steve-jobs-taeglich-danken.html (07.07.2018).

Meier, Christian (2013): »Pubbles. Warum der Digitalkiosk floppte«, meedia.de vom 02.07.2013, Abruf unter https://meedia.de/2013/07/02/pubbles-warum-der-digitalkiosk-floppte/ (18.11.2018).

Meier, Urs (2014): »100 Jahre Riepl'sches Gesetz«. In: Kappes, Christoph/Krone, Jan/Novy, Leonard (Hrsg.): Medienwandel kompakt 2011–2013. Netzveröffentlichungen zu Medienökonomie, Medienpolitik & Journalismus. Wiesbaden: Springer, S. 11–17.

Meineck, Sebastian (2017): »Sie sehen aus, als könnten Sie Vitamine brauchen«, spiegel.de vom 25.11.2017, Abruf unter http://www.spiegel.de/netzwelt/netzpolitik/apotheke-bayer-testet-gesichtserkennung-von-kunden-a-1180126.html (21.10.2018).

Mewes, Bernd (2018): »KI-gesteuertes Marketing: Zalando streicht 250 Arbeitsplätze«, heise.de vom 10.03.2018, Abruf unter https://www.heise.de/newsticker/meldung/KI-gesteuertes-Marketing-Zalando-streicht-250-Arbeitsplaetze-3990425.html (13.01.2019).

Meyer zu Natrup, Torben (2018): »Reinforcement Learning – wenn sich künstliche Intelligenz selbst trainiert«, digitale-exzellenz.de vom 25.06.2018, Abruf unter https://www.digitale-exzellenz.de/reinforcement-learning-wenn-sich-kuenstliche-intelligenz-selbst-trainiert/ (30.10.2018).

Mezak, Steve (2016): »How to Succeed With A Platform Business Model«, forbes.com vom 22.06.2016, Abruf unter https://www.forbes.com/sites/forbestechcouncil/2016/06/22/how-to-succeed-with-a-platform-business-model/ (07.11.2018).

Microsoft Services (2017): »The future banking ecosystem. Evolution and innovation in the digital era«, Abruf unter https://info.microsoft.com/rs/157-GQE-382/images/Future-banking-ecosystem.pdf (15.01.2019).

Microsoft Reporter (2018): »AI in banking: not so risky business«, new.microsoft.com vom 17.09.2018, Abruf unter https://news.microsoft.com/europe/features/ai-in-banking-not-so-risky-business/ (14.02.2019).

Mörs, Michael (o. J.): »Irgendwas mit künstlicher Intelligenz«, Abruf unter https://epic-insights.com/blog/irgendwas-mit-kunstlicher-intelligenz/ (31.01.2019).

Mörstedt, Antje-Britta (2017): »Erwartungen der Generation Z an die Unternehmen«, Vortrag IHK Göttingen, Abruf unter https://www.pfh.de/fileadmin/Content/PDF/forschungspapiere/vortrag-generation-z-moerstedt-ihk-goettingen.pdf (11.11.2018).

Moeser, Julian (2018): »Künstliche Intelligenz in der Bundesliga – SV Werder Bremen nutzt die intelligente Scouting Plattform JAAI Scout«, jaai.de vom 24.08.2018, Abruf unter https://jaai.de/kuenstliche-intelligenz-in-der-bundesliga-sv-werder-bremen-nutzt-die-intelligente-scouting-plattform-jaai-scout-2082/ (16.01.2019).

Moore, Gordon E. (1965): »Cramming More Components onto Integrated Circuits«. In: Electronics, 38/8 S. 114–117. Auch online verfügbar unter https://drive.google.com/file/d/0By83v5TWkGjvQkpBcXJKT1I1TTA/view (24.08.2018).

Müller, Matthias (2018): »Alibaba zeigt, wie der Detailhandel der Zukunft aussieht«, nzz.ch vom 07.06.2018, Abruf unter https://www.nzz.ch/wirtschaft/in-china-entdecken-die-onlinehaendler-das-ladengeschaeft-ld.1392327 (22.08.2018).

Mumme, Thorsten (2018): »Agrar-Startup aus Österreich von US-Firma Zoetis übernommen«, ngin-food.com vom 28.08.2018, Abruf unter https://ngin-food.com/artikel/smartbow-zoetis-uebernahme/ (22.12.2018).

Murai, Shusuke (2018): »Hands-on Toyota exec passes down monozukuri spirit«, japantimes.co.jp vom 15.04.2018, Abruf unter https://www.japantimes.co.jp/news/2018/04/15/business/corporate-business/hands-toyota-exec-passes-monozukuri-spirit/#.XEgjXZPZDIU (23.01.2019).

Nakott, Jürgen (2013): »Die Zukunft der Mobilität«. In: National Geographic, Heft 9/2013, S. 112–135. Auch online verfügbar unter https://www.nationalgeographic.de/umwelt/die-zukunft-der-mobilitaet (23.08.2018).

Netflix (2018): »Form 10-K«, Abruf unter http://d18rn0p25nwr6d.cloudfront.net/CIK-0001065280/105c44c4-a362-4ed5-b606-78f512ff277c.pdf (22.07.2018).

Netzproduzenten (2018): »Automatische Gebotsstrategien mit Smart Bidding: Künstliche Intelligenz für mehr Umsatz«, netzproduzenten.de vom 20.09.2018, Abruf unter https://www.netzproduzenten.de/smart-bidding/ (13.01.2019).

Nezik, Ann-Kathrin (2018): »China revolutioniert das Einkaufen«, spiegel.de vom 17.06.2018, Abruf unter http://www.spiegel.de/wirtschaft/soziales/china-wie-der-onlinekonzern-alibaba-das-einkaufen-revolutioniert-a-1210942.html (21.08.2018).

Neuerer, Dietmar (2017): »Regulierungsferien könnten eine sinnvolle Option sein«, handelsblatt. de vom 09.11.2017, Abruf unter https://www.handelsblatt.com/politik/deutschland/breitbandaus-bau-regulierungsferien-koennen-sinnvolle-option-sein/20561960.html?ticket=ST-13380841-fVTr-Cl2GUcUp6BOJr1D2-ap3 (01.12.2018).

O'Hear, Steve (2018): »This UK startup thinks it can win the self-driving car race with better machine learning«, techcrunch.com vom 22.05.2018, Abruf unter https://techcrunch.com/2018/05/22/wayve/ (22.01.2019).

Oliver Wyman (2013): »Wie sich Category Killer im digitalen Zeitalter behaupten können«, Abruf unter https://www.oliverwyman.de/content/dam/oliver-wyman/global/en/2014/jul/2013_OW_Category_Killer_DE_5.pdf (30.10.2018).

Palan, Dietmar/Rest, Jonas (2019): »Die Bezos-Doktrin«. In: Manager-Magazin, Januar 2019, S. 32–37.

Panetta, Kasey (2018): »5 Trends Emerge in the Gartner Hype Cycle for Emerging Technologies, 2018«, gartner.com vom 16.08.2018, Abruf unter https://www.gartner.com/smarterwithgartner/5-trends-emerge-in-gartner-hype-cycle-for-emerging-technologies-2018/ (05.01.2019).

Papenbrock, Jochen (2017): »KI-Revolution in der Asset & Wealth Management-Branche. Eine realistische Einschätzung intelligenter Methoden zur Verarbeitung komplexer Daten«, Abruf unter https://www.feri-institut.de/media/1632/feri_cfi_firamis_ki_171217_final.pdf (15.01.2019).

Papenbrock, Jochen (2018): »Künstliche Intelligenz – die Finanzbranche ist beim Thema AI sehr spät dran«, veranstaltungen.handelsblatt.com, Abruf unter https://veranstaltungen.handelsblatt.com/bankentechnologie/ai-finanzbranche/ (15.01.2019).

Pauly, Bastian (2018): »Bitkom-Präsident Achim Berg zur Digitalklausur der Bundesregierung«, Pressemitteilung Bitkom vom 14.11.2018, Abruf unter https://www.bitkom.org/Presse/Pressein-formation/Bitkom-Praesident-Achim-Berg-zur-Digitalklausur-der-Bundesregierung (05.01.2019).

Parker, Geoffrey G./Van Alstyne, Marshall W./Choudary, Sangeet Paul (2016): Platform Revolu-tion. How networked markets are transforming the economy and how to make them work for you. New York/London: Norton & Company.

Peitz, Dirk (2018): »Wie man Erfolg bezahlt«, zeit.de vom 03.04.2018, Abruf unter https://www.zeit.de/kultur/musik/2018-03/spotify-musikstreaming-dienst-boersengang-problem (14.07.2018).

Pimpl, Roland (2015a): »Blendle contra Pressreader – die Chefs im Interview«, horizont.net vom 03.07.2015, Abruf unter https://www.horizont.net/medien/nachrichten/Onlinekioske-Blendle-contra-Pressreader--die-Chefs-im-Interview-135176 (18.11.2018).

Pimpl, Roland (2015b): »Magazinverlage starten ›Editorial Media‹-Kampagne, horizont.net vom 02.11.2015, Abruf unter https://www.horizont.net/medien/nachrichten/Statt-Print-wirkt-Maga-zinverlage-starten-Editorial-Media-Kampagne-137200 (30.01.2019).

Pimpl, Roland (2017): »Wie Zeit Online seine Leser zum Abo bittet/Absage an den Einzelverkauf von Texten«, horizont.net vom 30.02.2017, Abruf unter https://www.horizont.net/medien/nach-richten/Paid-Content-Premiere-Wie-Zeit-Online-seine-Leser-zum-Abo-bittet--Absage-an-Einzel-verkauf-von-Texten-156862 (20.11.2018).

Pollmann, Kathrin/Janssen, Doris/Vukelić, Mathias/Fronemann, Nora (2018): »Homo Digitalis. Eine Studie über die Auswirkungen neuer Technologien auf verschiedene Lebensbereiche für eine menschengerechte Digitalisierung der Arbeitswelt«, Abruf unter https://www.iao.fraunhofer.de/lang-de/images/iao-news/Studie_HomoDigitalis.pdf (04.01.2019).

Porter, Michael E./Nohria, Nitin (2018): »The Leader's Calendar. How CEOs Manage Time«. In: Harvard Business Review, 7/2018, Abruf unter https://hbr.org/2018/07/the-leaders-calendar (03.01.2019).

Press, Gil (2017): »6 Reasons Why China Will Lead in AI«, forbes.com vom 05.11.2017, Abruf unter https://www.forbes.com/sites/gilpress/2017/11/05/6-reasons-why-china-will-lead-in-ai/#57b8fbe96348 (01.11.2018).

ProSiebenSat.1 Media SE (2018): »Entertainment«. Präsentation auf dem Capital Markets Day am 14.11.2018, Abruf unter https://www.prosiebensat1.com/uploads/2018/11/14/04_Entertainment.pdf (07.12.2018).

PWC (2017): »Sherlock in Health. How artificial intelligence may improve quality and efficiency, whilst reducing healthcare costs in Europe«, Abruf unter https://www.pwc.de/de/gesundheitswesen-und-pharma/studie-sherlock-in-health.pdf (17.01.2019).

PWC (2018): »Will robots really steal our jobs? An international analysis of the potential long term impact of automation«, Abruf unter https://www.pwc.de/de/pressemitteilungen/2018/impact-of-automation-on-jobs-international-analysis-final-report-022018.pdf (22.12.2018).

Rao, Anand S. (2017): »Responsible AI & National AI Strategies. European Union Commission«, Abruf unter https://ec.europa.eu/growth/tools-databases/dem/monitor/sites/default/files/4%20International%20initiatives%20v3_0.pdf (01.11.2018).

Rao, Anand/Chitkara, Raman/Ladda, Sandeep (2018): »The smarter phone. How AI-enabled devices will reshape the Technology, Media and Telecoms industry«, Abruf unter https://www.pwc.de/de/technologie-medien-und-telekommunikation/ai-enabled-smartphone.pdf (15.01.2019).

Reinsel, David/Gantz, John/Rydning, John (2018): »The Digitization of the World. From Edge to Core. An IDC Whitepaper«, Abruf unter https://www.seagate.com/www-content/our-story/trends/files/idc-seagate-dataage-whitepaper.pdf (08.12.2018).

Reifenberger, Sabine (2017): »M&A-Deals im Big-Data-Umfeld bergen neue Risiken«, finance-magazin.de vom 21.03.2017, Abruf unter https://www.finance-magazin.de/deals/ma/ma-deals-im-big-data-umfeld-bergen-neue-risiken-1398881/ (29.12.2018).

Renner, Kai Hinrich (2015): »Blendle im Test. Das kann die neue Zeitungs-App«, handelsblatt.com vom 21.09.2015, Abruf unter https://www.handelsblatt.com/unternehmen/it-medien/blendle-im-test-wen-die-nutzer-vergeblich-suchen/12345374-2.html (18.11.2018).

Rifkin, Jeremy (2014): Die Null-Grenzkosten-Gesellschaft. Das Internet der Dinge, kollaboratives Gemeingut und der Rückzug des Kapitalismus. Frankfurt am Main: Campus.

Rixecker, Tim (2018): »Diskriminierung: Deshalb platzte Amazons Traum vom KI-gestützten Recruiting«, t3n.de vom 11.10.2018, Abruf unter https://t3n.de/news/diskriminierung-deshalb-platzte-amazons-traum-vom-ki-gestuetzten-recruiting-1117076/ (19.10.2018).

Rohaidi, Nurfilzah (2016): »IBM's Watson Detected Rare Leukemia In Just 10 Minutes«, asianscientist.com vom 15.08.2016, Abruf unter https://www.asianscientist.com/2016/08/topnews/ibm-watson-rare-leukemia-university-tokyo-artificial-intelligence/ (02.12.2018).

Rolls-Royce (2018): »Rolls-Royce schafft Zentrum für künstliche Intelligenz in Deutschland«, Pressemitteilung vom 22.11.2018, Abruf unter https://www.rolls-royce.com/country-sites/deutschland/nachrichten/yr-2018/pr-21-11-2018.aspx (22.01.2019).

Rösgen, Maximilian (2018): »Vom Todesurteil für Künstler zur wachsenden Musikwirtschaft«, wiwo.de vom 07.10.2018, Abruf unter https://www.wiwo.de/unternehmen/it/zehn-jahre-spotify-vom-todesurteil-fuer-kuenstler-zur-wachsenden-musikwirtschaft/23134742.html (28.11.2018).

Rötzer, Florian (2017): »Chinesischer Roboter besteht weltweit erstmals Zulassungsprüfung für Mediziner«, heise.de vom 22.11.2017, Abruf unter https://www.heise.de/tp/features/Chinesischer-Roboter-besteht-weltweit-erstmals-Zulassungspruefung-fuer-Mediziner-3894858.html (20.01.2019).

Ruhlig, Klaus/Fraunhofer INT (2014): »Deep Learning«. In: Europäische Sicherheit & Technik, Oktober 2014, S. 76, Abruf unter https://www.int.fraun-hofer.de/content/dam/int/de/documents/EST/EST201410S76.pdf (29.10.2018).

Rungg, Andrea (2016): »Warum Google sich wirklich umbenannt hat«, manager-magazin.de vom 09.05.2016, Abruf unter http://www.manager-magazin.de/magazin/artikel/alphabet-warum-google-sich-wirklich-umbenannt-hat-a-1088043.html (21.08.2018).

rme/aerzteblatt.de (2017): »Arzt versus Computer: Wer erkennt Brustkrebsmetastasen am besten?«, aerzteblatt.de vom 13.12.2017, Abruf unter https://www.aerzteblatt.de/nachrichten/87011/Arzt-versus-Computer-Wer-erkennt-Brustkrebsmetastasen-am-besten (18.01.2019).

Samuel, Arthur L. (1959): »Some Studies in Machine Learning Using the Game of Checkers«. In: IBM Journal of Research and Development, Vol. 3, Issue 3, S. 210–229. Abruf unter https://ieeexplore.ieee.org/document/5392560 (02.12.2018).

Samuel, Arthur L. (1967): »Some Studies in Machine Learning Using the Game of Checkers. II – Recent Progress«. In: IBM Journal of Research and Development, Vol. 11, Issue 6, S. 601–617. Abruf unter https://ieeexplore.ieee.org/document/5391906 (02.12.2018).

Sato, Kaz (2016): »How a Japanese cucumber farmer is using deep learning and TensorFlow«, cloud.google.com vom 31.08.2016, Abruf unter https://cloud.google.com/blog/products/gcp/how-a-japanese-cucumber-farmer-is-using-deep-learning-and-tensorflow (22.12.2018).

Savva, Anna (2018): »Meet the Cambridge duo behind safe driverless car technology«, cambridge.news.co.uk vom 12.08.2018, Abruf unter https://www.cambridge-news.co.uk/news/cambridge-news/uber-driverless-cars-autonomous-self-15014162 (22.01.2019).

Schnor, Pauline (2018): »Eine Künstliche Intelligenz auf Talentsuche im Profifußball«, gruenderszene.de vom 10.09.2018, Abruf unter https://www.gruenderszene.de/technologie/eine-kuenstliche-intelligenz-auf-talentsuche-im-profifussball?interstitial (16.01.2019).

Schmidhuber, Jürgen (2018): »Jetzt mal richtig«, zeit.de vom 21.11.2018, Abruf unter https://www.zeit.de/2018/48/kuenstliche-intelligenz-foerderung-geld-investition-ideen (30.01.2019).

Schmidt, Holger (2017): »Wie deutsche Unternehmen die Plattform-Ökonomie verschlafen«, netzoekonom.de vom 10.02.2017, Abruf unter https://www.netzoekonom.de/2017/02/10/wie-deutsche-unternehmen-die-plattform-oekonomie-verschlafen-2/ (02.11.2018).

Schüller, Anne M./Steffen, Alex T. (2017): Fit für die Next Economy. Zukunftsfähig mit den Digital Natives. Weinheim: Wiley.

Schüller, Thorsten (2018): »Was steckt hinter dem Amazon-PillPack-Deal?«, deutsche-apotheker-zeitung.de vom 29.06.2018, Abruf unter https://www.deutsche-apotheker-zeitung.de/news/artikel/2018/06/29/was-steckt-hinter-dem-amazon-pillpack-deal (09.01.2019).

Schwab, Klaus (2016): »Die Vierte Industrielle Revolution«, handelsblatt.com vom 20.01.2016, Abruf unter https://www.handelsblatt.com/politik/international/davos-2016/davos-2016-die-vierte-industrielle-revolution/12836622-all.html (24.08.2018).

Schwartz, Barry (2004): Anleitung zur Unzufriedenheit. Warum weniger glücklicher macht. Berlin: Ullstein.

Sennaar, Kumba (2018): »AI in Agriculture – Present Applications and Impact«, emerj.com vom 12.12.2018, Abruf unter https://emerj.com/ai-sector-overviews/ai-agriculture-present-applications-impact/ (22.12.2018).

Shoham, Yoav/Perrault, Raymond/Brynjolfsson, Erik et al. (2018): »The AI Index 2018 Annual Report. AI Index Steering Committee, Human-Centered AI Initiative, Stanford University«, Abruf unter http://cdn.aiindex.org/2018/AI%20Index%202018%20Annual%20Report.pdf (06.01.2019).

Shu, Catherine (2018): »Amazon's newest service uses machine learning to extract medical data from patient records«, techcrunch.com vom 27.11.2018, Abruf unter https://techcrunch.com/2018/11/27/amazons-newest-service-uses-machine-learning-to-extract-medical-data-from-patient-records/ (09.01.2019).

Siebenhaar, Hans-Peter (2019): »›Von einer perfekten Gedankenlesemaschine sind wir noch weit entfernt‹, Interview mit John-Dylan Haynes«. In: Handelsblatt vom 02.01.2019, S. 20–21.

Silver, David/Schrittwieser, Julian/Simonyan, Karen et al. (2017): »Mastering the Game of Go without human knowledge«. In: Nature, Vol. 550, S. 354–359 Abruf unter https://www.nature.com/articles/nature24270.epdf?referrer_access_token=pTvrkGdkqqVDJtrPQYOyYNRgN0jAjWel9jnR3ZoTv0PVW4gB86EEpGqTRDtpIz-22SehS6IfIWP6NGb0V5cWu2LcvsD9_UjjEY-8apnV-UQD0u_bFQ5tysgNCF3IsBe4xpZ1dljBqYIll51n0s4e1d4jJWA3mJPKHAK0NlQuInIbpO2GTYYksqfivnIS4SVHehc7QgrdSOdBRYIlFyWfMNIsLShgg6cg1Ay-gEg8OvX5pL-N6ALcTgr79a19gQy14O&tracking_referrer=www.wired.de (02.12.2018).

Sitzel, Harry (2015): »Weshalb Japan keine Angst vor Robotern kennt«, srf.ch vom 16.11.2015, Abruf unter https://www.srf.ch/kultur/gesellschaft-religion/weshalb-japan-keine-angst-vor-robotern-kennt (23.01.2019).

Smart Data Forum (2018): »Schwerpunkte ausgewählter KI-Strategien«, Abruf unter https://smartdataforum.de/services/internationale-vernetzung/international-ai-strategies/ (01.11.2018).

Smith, Gina (2018): »Why Build Robots with Faces?«, hansonrobotics.com vom 01.10.2018, Abruf unter https://www.hansonrobotics.com/why-build-robots-with-faces/ (04.01.2019).

Sporttotal AG (2019): »SPORTTOTAL AG: sporttotal.tv schließt Entwicklungspartnerschaft mit Google Cloud«, sporttotal.com vom 08.01.2019, Abruf unter https://www.sporttotal.com/2019/01/08/sporttotal-tv-jetzt-als-neue-app-fuer-alle-sportarten-auf-allen-mobilen-endgeraeten-3-2-2-2/ (16.01.2019).

Srimalee, Somluck (2018): »Carer robot wired to succeed after Japan market breakthrough«, nationmultimedia.com vom 27.01.2018, Abruf unter http://www.nationmultimedia.com/detail/Corporate/30337262 (20.01.2019).

Startup Genome (2018): »Global Startup Ecosystem Report 2018«, Abruf unter https://startupgenome.com/reports/2018/GSER-2018-v1.1.pdf (21.08.2018).

Statistisches Bundesamt (2017): »Anteil der privaten Haushalte in Deutschland mit Personal Computern von 2000 bis 2017«, Abruf über Statista https://de.statista.com/statistik/daten/studie/160925/umfrage/ausstattungsgrad-mit-personal-computer-in-deutschen-haushalten/ (13.07.2018).

Stocker, Frank (2017): »Wie die Digitalisierung die Landwirtschaft erreicht«, ngin-food.com vom 23.10.2017, Abruf unter https://ngin-food.com/artikel/digitalisierung-landwirtschaft-4-0/ (22.12.2018).

Stüber, Jürgen (2018): »Gemeinsame Mobilitäts-Angebote von Daimler und BMW starten Ende Januar«, gründerszene.de vom 19.12.2018, Abruf unter https://www.gruenderszene.de/automotive-mobility/joint-venture-mobilitaet?interstitial_click (29.12.2018).

Stumpe, Martin (2018): »Applying Deep Learning to Metastatic Breast Cancer Detection«, ai.googleblog.com vom 12.10.2018, Abruf unter https://ai.googleblog.com/2018/10/applying-deep-learning-to-metastatic.html (18.01.2019).

Swafeuer, Mark (2013): »Mondlandung. 4 Kilobyte Arbeitsspeicher brachten die ersten Menschen sicher auf den Erdtrabanten«, pcgameshardware.de vom 22.08.2013, Abruf unter http://www.pcgameshardware.de/Hardware-Thema-130320/News/Mondlandung-4-Kilobyte-Arbeitsspeicher-brachten-die-ersten-Menschen-sicher-auf-den-Erdtrabanten-1079789/ (08.12.2018).

The Artificial Intelligence Channel (2017): »Andrew Ng – The State of Artificial Intelligence«, Abruf unter https://www.youtube.com/watch?v=NKpuX_yzdYs (17.12.2018).

The Economist (2016): »The emporium strikes back. Platforms are the future – but not for everyone«, economist.com vom 21.05.2016, Abruf unter https://www.economist.com/business/2016/05/21/ the-emporium-strikes-back (07.11.2018).

The Telegraph (2016): »Worst tech predicitions of all time«, telegraph.co.uk vom 29.06.2016, Abruf unter https://www.telegraph.co.uk/technology/0/worst-tech-predictions-of-all-time/darryl-zanuck-in-1964/ (08.12.2018).

Thielicke, Robert (2018): »Ein völlig neues Kapitel der Künstlichen Intelligenz«, heise.de vom 12.10.2018, Abruf unter https://www.heise.de/tr/artikel/Ein-voellig-neues-Kapitel-der-Kuenstlichen-Intelligenz-4188415.html (30.01.2019).

Till, Ulrike/Sauer, Candy/Braun, Anja (2018): »Computer erkennt Hautkrebs besser als Ärzte«, swr.de vom 13.09.2018, Abruf unter https://www.swr.de/wissen/kuenstliche-intelligenz-erkennt-hautkrebs-zuverlaessiger-als-fachaerzte-neue-studie/-/id=253126/did=21779082/nid=253126/ngqxjm/index.html (17.01.2019).

tob (2018): »Wie schlau ist dieser humanoide Roboter?«, 20min.ch vom 06.09.2018, Abruf unter https://www.20min.ch/digital/news/story/Wie-schlau-ist-dieser-menschliche-Roboter--28785759 (20.01.2019).

Trumpf (2019): »Problem erkannt – Problem gebannt: Wie Künstliche Intelligenz bei der Achsdiagnose unterstützt«, trumpf.com vom 07.01.2019, Abruf unter https://www.trumpf.com/de_DE/magazin/wie-ki-bei-der-achsdiagnose-unterstuetzt/ (18.01.2019).

Uber (2018): »Uber Elevate«, Abruf unter https://www.uber.com/de/de/elevate/ (29.12.2018).

Uhr, Vincent (2018): »Die beliebtesten Aktien im Investor-Check: Alibaba«, finance.yahoo.com vom 20.12.2018, Abruf unter https://de.finance.yahoo.com/nachrichten/die-beliebtesten-aktien-im-investor-check-alibaba-110610244.html (09.01.2018).

Verhofstadt, Guy (2018): »Gescheiterte Regulierung«. In: Handelsblatt vom 27.12.2018, S. 48.

Weddeling, Britta (2018): »›Europa könnte leer ausgehen‹ – Chinesischer Investor warnt vor KI-Rückstand«, handelsblatt.com vom 30.11.2018, Abruf unter https://www.handelsblatt.com/politik/international/kai-fu-lee-im-interview-europa-koennte-leer-ausgehen-chinesischer-investor-warnt-vor-ki-rueckstand/23697618.html?ticket=ST-797428-BiQy2WFUQNz45HdMxq34-ap4 (05.01.2019).

Weidemann, Tobias (2018): »Zalando: Wie KI zukünftig Modeempfehlungen geben will«, t3n.de vom 31.10.2018, Abruf unter https://t3n.de/news/zalando-wie-ki-zurkuenftig-modeempfehlungen-geben-will-1121446/ (13.01.2019).

Weidman, Seth (2018): »The 3 Tricks That Made AlphaGo Zero Work«, hackernoon.com vom 07.01.2018, Abruf unter https://hackernoon.com/the-3-tricks-that-made-alphago-zero-work-f3d47b6686ef (05.12.2018).

Welt (2018): »›MORALS & MACHINES‹: Roboter fragt Merkel, wie sie über das WM-Aus denkt«, youtube.com vom 28.06.2018, Abruf unter https://www.youtube.com/watch?v=z0F3QxtaG9M (04.01.2019).

Wikipedia (2018a): »Alpha-Beta-Suche«, Abruf unter https://de.wikipedia.org/wiki/Alpha-Beta-Suche (02.12.2018).

Wikipedia (2018b): »AlphaGo«, Abruf unter https://de.wikipedia.org/wiki/AlphaGo (19.10.2018).

Wikipedia (2018c): »Artificial Intelligence«, Abruf unter https://en.wikipedia.org/wiki/Artificial_intelligence (02.12.2018).

Wikipedia (2018d): »Arthur L. Samuel«, Abruf unter https://de.wikipedia.org/wiki/Arthur_L._Samuel (02.12.2018).

Wikipedia (2018e): »Deep Blue«, Abruf unter https://de.wikipedia.org/wiki/Deep_Blue (19.10.2018).

Wikipedia (2018f): »Dota 2«, Abruf unter https://de.wikipedia.org/wiki/Dota_2 (19.12.2018).

Wikipedia (2018g): »Geschichte der künstlichen Intelligenz«, Abruf unter https://de.wikipedia.org/wiki/Geschichte_der_k%C3%BCnstlichen_Intelligenz (22.10.2018).

Wikipedia (2018h): »Sharing Economy«, Abruf unter https://de.wikipedia.org/wiki/Sharing_Economy (11.11.2018).

Wikipedia (2018i): »Sozialkredit-System (VR-China)«, Abruf unter https://de.wikipedia.org/wiki/Sozialkredit-System_(VR_China) (26.10.2018).

Wikipedia (2018j): »Uber (Unternehmen)«, Abruf unter https://de.wikipedia.org/wiki/Uber_(Unternehmen) (02.11.2018).

Wikipedia (2019): »Uncanny Valley«, Abruf unter https://de.wikipedia.org/wiki/Uncanny_Valley (20.01.2019).

Wikipedia (2018k): »Watson (computer)«, Abruf unter https://en.wikipedia.org/wiki/Watson_(computer) (24.10.2018).

Wikipedia (2018l): »Watson (Künstliche Intelligenz)«, Abruf unter https://de.wikipedia.org/wiki/Watson_(K%C3%BCnstliche_Intelligenz) (24.10.2018).

Winterbauer, Stefan (2017): »Fünf Gründe, warum Blendle in Deutschland (noch) nicht aus der Nische kommt«, meedia.de vom 27.02.2017, Abruf unter https://meedia.de/2017/02/27/fuenf-gruende-warum-blendle-in-deutschland-noch-nicht-aus-der-nische-kommt/ (18.11.2018).

Wirtschaftswoche (2012): »Die größten Technik-Irrtümer«, wiwo.de vom 21.05.2012, Abruf unter https://www.wiwo.de/technologie/digitale-welt/top-ten-die-groessten-technik-irrtuemer/6649322.html (08.12.2018).

Wittenhorst, Tilman (2018): »Alexa hört dich husten: Amazon erhält Patent auf Werbeangebote für Kranke«, heise.de vom 14.10.2018, Abruf unter https://www.heise.de/newsticker/meldung/Alexa-hoert-dich-husten-Amazon-erhaelt-Patent-auf-Werbeangebote-fuer-Kranke-4190512.html (14.01.2019).

World Economic Forum (2018): »Jack Ma: ›If we do not change the way we teach, thirty years from now we will be in trouble.‹«, youtube.com vom 24.01.2018, Abruf unter https://www.youtube.com/watch?v=pQCF3PtAaSg (06.01.2019).

Wronski, Bartlomiej/Milanfar, Peyman (2018): »See Better and Further with Super Res Zoom on the Pixel 3«, ai.googleblog.com vom 15.10.2018, Abruf unter https://ai.googleblog.com/2018/10/see-better-and-further-with-super-res.html (15.01.2019).

X (2018): »Company Website«, Abruf unter https://x.company/ (21.08.2018).

Zalando (2018): »Algorithmus mit Modegeschmack«, corporate.zalando.com vom 30.10.2018, Abruf unter https://corporate.zalando.com/de/newsroom/de/storys/algorithmus-mit-modegeschmack (13.01.2019).

Zand, Bernhard (2018): »Digitalisierung in China: Alles unter Kontrolle«, spiegel.de vom 24.10.2018, Abruf unter http://www.spiegel.de/netzwelt/web/chinas-digitalisierung-totale-kontrolle-a-1234695.html (01.11.2018).

Zeeberg, Amos (2017): »D.I.Y. Artificial Intelligence Comes To A Japanese Family Farm«, newyorker.com vom 10.08.2017, Abruf unter https://www.newyorker.com/tech/annals-of-technology/diy-artificial-intelligence-comes-to-a-japanese-family-farm (22.12.2018).

Zeit Online/dpa/AFP (2018): »Deutschland und Frankreich einigen sich bei EU-Digitalsteuer«, zeit.de vom 04.12.2018, Abruf unter https://www.zeit.de/wirtschaft/2018-12/digitalsteuer-deutschland-frankreich-kompromiss (05.01.2019).

Anmerkungen

[1] *Business Today*/Ng (2018).
[2] Zitiert nach: Meier (2010).
[3] Bundesverband Musikindustrie (2018), S. 5, S. 8.
[4] Höflehner (2016).
[5] Goble (2012).
[6] Goldhammer/Link (2011), S. 33.
[7] http://www.derherrderringe.de/geschichte/gedicht/
[8] Mayer-Schönberger/Cukier (2013), S. 229.
[9] Reinsel/Gantz/Rydning (2018), S. 7.
[10] Ebd., S. 2.
[11] Amazon (2018b).
[12] Palan/Rest (2019), S. 36.
[13] Alphabet (2018), S. 3.
[14] Alibaba Group (2017b), S. 1.
[15] Weddeling (2018).
[16] Datenethikkommission (2018), S. 1.
[17] Duhigg (2012).
[18] DeepMind (2018b).
[19] Sato (2016).
[20] Microsoft Services (2017), S. 7.
[21] Barth (o. J.).
[22] Kecskes (o. J.).
[23] Krieger (o. J.).
[24] Lischka (2010).
[25] https://www.volkswagenag.com/de/news/2018/11/audi_flying_taxi_concept.html
[26] Daimler (2018).
[27] Kurzweil (2017).
[28] Daheim/Wintermann (2016), S. 19.
[29] Mayer-Schönberger/Cukier (2013), S. 226.

Stichwortverzeichnis